初めて学ぶ
基礎エンジン工学

長山 勲 著

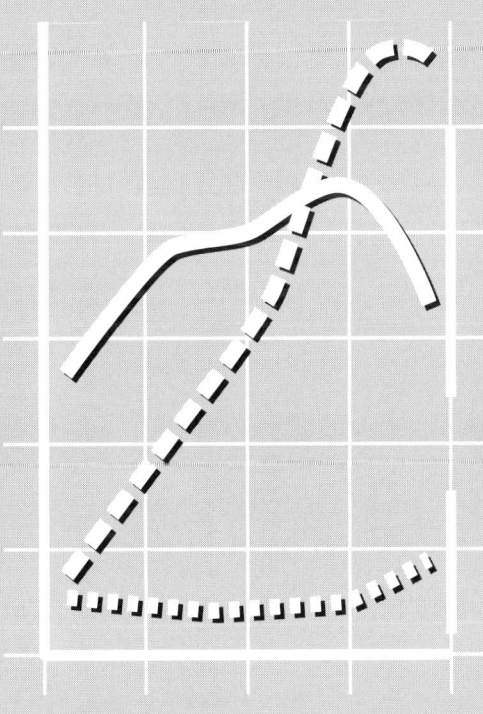

 東京電機大学出版局

はじめに

　現在のわが国の自動車保有台数は8000万台に迫ろうとしており，さらに今後とも緩やかに増加していくと予測されている．その普及状況は，国民1人当たり約0.6台と，極めて普及率の高い商品となっている．言い換えれば，我々にとって自動車は，いろいろな形で非常に密接に関係している対象であるということができる．また，近年自動車の心臓部であるエンジンに，公害，省資源の観点から，ガソリン，ディーゼルエンジンの特異化，燃料電池，ハイブリッドエンジン等のエポックが訪れつつあり，今後，エンジンに関する大きな技術の変革，進歩が予想される．

　そのような状況にあって，これまで自動車メーカーのエンジン開発部門および自動車関係の教育機関に在籍し，自動車用エンジンに携わった者として何かお役に立つことができないだろうか，と考えたのが本書を執筆するに至った動機の1つである．

　次に，この本の利用者を想定させて頂くと，自動車エンジンの設計，実験，製造，整備に関係する方々あるいはそのような仕事に従事することを志す学生諸君と思われるが，本書を通して，エンジンについてのより良い理解がなされ，結果として良いエンジンが世に送り出されることを願っている．

　また，本書の1つの特徴として，近年，エンジンに期待されてきたことを，日欧米自動車メーカー各社が製品開発の中にどのように具体化してきたかも簡単にピックアップしておいたので，何らかのご参考になるかと思う．

　最後に，本書の出版に当たって大変お世話になった東京電機大学出版局の石沢岳彦氏に厚く御礼申し上げたい．

2008年10月

　　　　　　　　　　　　　　　　　　　　　　　　　　　　　　長山　勲

目 次

第1章　エンジンの概説
- 1・1　エンジンの定義 …………………………………………………… 1
- 1・2　エンジンの仕組み ………………………………………………… 2
- 1・3　エンジンの分類 …………………………………………………… 2
- 1・4　エンジンの歴史 …………………………………………………… 9
- 1・5　エンジンに期待されること ……………………………………… 11
- 1・6　エンジンの現状と将来 …………………………………………… 11

第2章　エンジンの基本的原理
- 2・1　エンジンの熱力学 ………………………………………………… 13
- 2・2　サイクル …………………………………………………………… 24
- 2・3　エンジンの基本性能 ……………………………………………… 33
- 2・4　エンジンの燃焼 …………………………………………………… 42
- 2・5　ガス交換 …………………………………………………………… 72
- 2・6　エンジン機構の力学 ……………………………………………… 85

第3章　エンジンの構造と機能
- 3・1　概説 ………………………………………………………………… 103
- 3・2　エンジン本体 ……………………………………………………… 105
- 3・3　主運動部品 ………………………………………………………… 109
- 3・4　動弁系 ……………………………………………………………… 128
- 3・5　吸排気系 …………………………………………………………… 139
- 3・6　燃料供給系 ………………………………………………………… 146
- 3・7　冷却系 ……………………………………………………………… 159
- 3・8　潤滑系 ……………………………………………………………… 168

3・9　電気系 ……………………………………………………… 176

第4章　エンジンの実用性能
4・1　トルク，出力，燃料消費率 …………………………… 183
4・2　エンジン性能試験 ………………………………………… 184
4・3　エンジン性能に影響する主な要素と考え方 ………… 187
4・4　実用性能まとめ …………………………………………… 188

第5章　環境問題と対策
5・1　排出ガスとその対策 ……………………………………… 190
5・2　騒音とその対策 …………………………………………… 203

第6章　センサとアクチュエータ
6・1　概説 …………………………………………………………… 213
6・2　自動車センサおよびアクチュエータに必要な条件 …… 213
6・3　各種センサとアクチュエータ …………………………… 214

第7章　エンジン用油脂
7・1　概説 …………………………………………………………… 217
7・2　燃料 …………………………………………………………… 217
7・3　潤滑油 ………………………………………………………… 229
7・4　冷却水不凍液 ……………………………………………… 235
7・5　代替燃料 ……………………………………………………… 237

第8章　特殊エンジン
8・1　ハイブリッドエンジン …………………………………… 240
8・2　電気エンジン ……………………………………………… 241
8・3　燃料電池エンジン ………………………………………… 242

8・4	天然ガスエンジン	244
8・5	水素エンジン	245
8・6	アルコールエンジン	245
8・7	ガスタービンエンジン	246
8・8	スターリングサイクルエンジン	248
8・9	予混合圧縮自己着火エンジン（HCCI）	249

第9章　エンジン計測法

9・1	出力	251
9・2	流量	253
9・3	ガス流速	255
9・4	ガス圧力	255
9・5	ガス温度および火炎温度	257
9・6	エンジン各部温度測定	257
9・7	潤滑と摩耗	259
9・8	騒音	259
9・9	ガス分析	265
9・10	画像解析	270
9・11	レーザ計測	271

参考文献 ……………………………………………………… 273

付表 …………………………………………………………… 274

索引 …………………………………………………………… 278

第 1 章　エンジンの概説

1・1　エンジンの定義

　我々人類は，各種エネルギーを普段の生活の中で，いろいろな形で取り入れ利用している．これら自然界のエネルギーは，風力，水力，熱，電気等であり，さまざまな形の運動エネルギーに変換され，多方面に利用されている（図1.1）．

　これまで，自動車では，主に燃料を燃焼させて得た熱エネルギーを機械的な運動エネルギーに変換して，必要な動力を得ている．熱をエネルギーに変える水蒸気や燃焼ガスは**動作流体**といい，それらの装置を**エンジン**，特にこのように熱を扱う場合を**ヒートエンジン**（**熱機関**）という．

　しかし，現在では，自動車において運動エネルギーに変わるものは必ずしも熱エネルギーに限定されてはおらず，したがってエンジンの定義は，さらに広義に考えて，「エネルギーを機械的な運動エネルギーに変換して必要な動力を得る装置」ということにしたい．

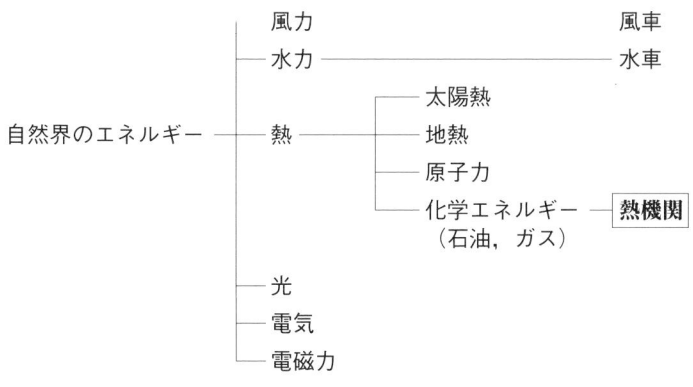

図 1.1　自然界のエネルギー

1・2 エンジンの仕組み

　本章の理解をスムーズにするために，エンジンの中で最も基本的な4サイクルガソリンエンジンの基本的原理を見ておきたい(他のエンジンについては第2章，第8章参照)．その流れとしては，図1.2の4行程をたどっている．おおまかには，③の燃焼行程の圧力をピストン，クランクシャフトに伝え，エンジンの回転運動に変える仕組みとなっている．

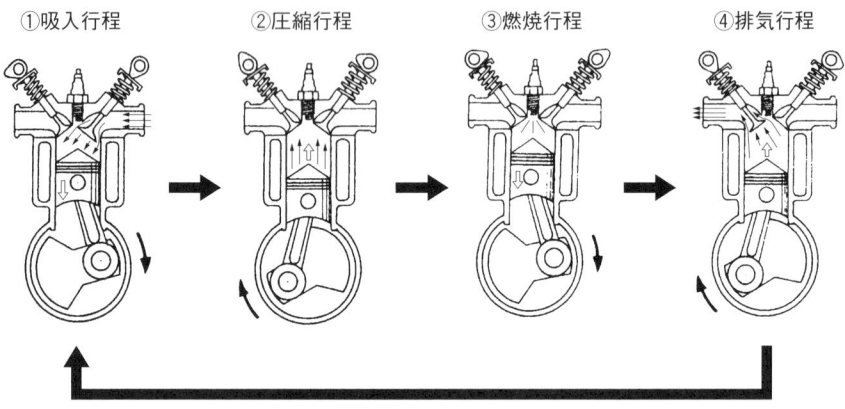

図1.2　4サイクルエンジンの行程

1・3 エンジンの分類

　エンジンは，分類方法によって多くの種類に分けられる．そのいくつかを紹介する．

(1)　エンジンの種類による分類

・ガソリンエンジン（火花点火機関）

- ディーゼルエンジン（圧縮点火機関）
- ガスエンジン（LPG, 圧縮天然ガス等）
- 電気エンジン（電気モータ, 燃料電池等）
- ハイブリッドエンジン（内燃機関と電気モータの組み合わせ）
- 代替燃料エンジン（アルコール, メタノール等）
- ジェットエンジン（燃焼ガスの噴射を利用）
- ガスタービンエンジン（燃焼ガスで回転する翼車を利用）
- スターリングエンジン（気体を加熱, 冷却し, ピストンを作動）
- ソーラエンジン（太陽エネルギーを利用）

(2) 熱機関における分類

(a) 動作流体による分類

- ガスサイクル機関：動作流体が常に気体（火花点火機関等）
- 蒸気サイクル機関：動作流体が液体と気体の2つの状態（蒸気機関等）

(b) 加熱方法による分類

- 内燃機関：燃焼を機関内で行い, 燃焼ガスが動作流体となるもの（ガソリン, ディーゼルエンジン等）
- 外燃機関：燃焼を機関外で行い, その熱エネルギーを他の流体に伝え, その流体が動作流体になるもの（蒸気機関等）

内燃機関の特徴は以下の通りであり, 自動車用エンジンとしては, 外燃機関より内燃機関の方が魅力的である。

長所
- 熱効率が良い：熱エネルギーからの動力変換が直接的
- 負荷変動応答性が良い：自動車の加減速追従性に有利
- 出力当たりの質量, 容積小：燃焼, 動力発生装置が共通

短所
- 低速トルクが小さい
- 大出力エンジンを得ることが困難
- 使用燃料に制限がある：燃焼ガスが動作流体のため, 固体燃料が使えない

・始動装置が必要

(c) **エネルギー変換方法による分類**

● 容積形

　①動作流体の容積変化を利用するもの

　②動作流体室が，往復あるいは回転運動で変化するもの

　　・往復形（ピストン運動主体）：ガソリン，ディーゼルエンジン，蒸気機関等

　　・回転形：ロータリエンジン等

● 流動形（速度形）　　動作流体の熱エネルギーを高速噴流にして羽根車に当てたり，噴流の反動力で動力を得るもので，ジェットエンジン，ガスタービンエンジン等がある．流動形の特徴は次の通りであり，下記短所は，自動車用エンジンとしては，致命的である．

　　|長所|・ピストン，クランク機構不要（比較的構造が簡単）

　　　　・出力当たりの質量が小さく，大出力形

　　　　・燃料に対する自由度大

　　|短所|・熱効率が劣る

　　　　・高級耐熱材を必要とする

　　　　・耐久性が比較的劣る

(3) 内燃機関における分類

(a) **動力取り出し部分による分類**

　・レシプロ（往復動式）エンジン：ピストンの往復運動によるもの（図 1.2）

　・ロータリエンジン：ロータの回転運動によるもの（図 1.3）

　　　レシプロエンジンについては，以降の章でも広く取り上げるので，ここではロータリエンジンの特徴を示す．熱効率，燃費，HC 等の一層の改善がロータリエンジンの将来性への鍵である．

　　|長所|・軽量，コンパクトの割りに高出力

　　　　・回転がスムーズで，振動が少ない

　　　　・排気ガス中の NOx（窒素酸化物）が少ない

|短所| ・構造がシンプルで，部品点数が少ない
・熱効率，燃料消費率が劣る
・排気ガス中のHC（炭化水素）が多い
・燃焼ガスの気密性，潤滑性が劣る

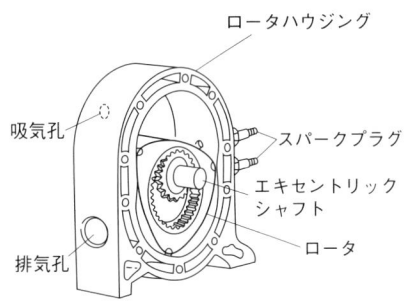

図1.3 ロータリエンジン

(b) 点火方式による分類
・火花点火機関：ガソリンエンジン，火花点火による強制着火
・圧縮点火機関：ディーゼルエンジン，空気の圧縮熱による自然着火

表1.1 内燃機関の主要特性

項　目	ガソリン（レシプロ）エンジン	ロータリエンジン	ディーゼルエンジン
燃　料	ガソリン	ガソリン	軽　油
点火方式	火花点火	火花点火	圧縮点火
燃焼方式(注)	予混合燃焼	予混合燃焼	拡散燃焼
負荷制御方式	吸入空気量制御	吸入空気量制御	燃料噴射量制御
圧縮比	9～13	10	17～23
出　力	中・高速型	高速型	低・中速型
熱効率	25～35％	レシプロより劣る	35～50％
筒内最高圧力	7～9 MPa	同左	8～15MPa
排出物質	CO_2 多い	HC 多い，NOx 少ない	NOx，PM 多い，CO_2 少ない
振動・騒音	低い	最も低い	高い
低温始動性	良好	同左	劣る
耐久性	良好	燃焼ガス気密性難	良好
寸　法	大型化不可能	軽量・コンパクト	大型化可能
主要用途	乗用車，小型トラック	スポーツカー	乗用車，トラック，バス

(注) 予混合燃焼：燃料，空気をあらかじめ混合させ，その混合気を燃焼室へ送り込み燃焼させる方式
　　 拡散燃焼　：燃焼室内に燃料を噴射し，空気と混合，拡散させながら，燃焼させる方式

(c) 主要な燃焼方式による分類（詳細は第2章参照）
・定容サイクル（オットーサイクル）　：ガソリンエンジンが該当
・定圧サイクル（ディーゼルサイクル）：ディーゼルエンジンが該当
・複合サイクル（サバテサイクル）　　：高速ディーゼルエンジンが該当

(d) 作動方式（行程数）による分類
- **4サイクルエンジン（4ストロークサイクルエンジン）**　吸入，圧縮，燃焼，排気のピストン4行程をエンジン2回転で行うもの．
- **2サイクルエンジン（2ストロークサイクルエンジン）**　掃気（掃気・吸気），圧縮，燃焼，排気のピストン2行程をエンジン1回転で行うもの（図2.28参照）．2サイクルエンジンの特徴は次の通りである．

  |長所|・同排気量，回転速度で出力大（爆発回数2倍のため）
  ・動弁機構がないため，構造がシンプルで製造コストが安い
  ・毎回転爆発があるため，トルク変動，回転変動少
  |短所|・掃気が不完全で，新気の吹き抜けがあるため，出力・燃費が低く，未燃HCの排出が多い
  ・オイル消費量が多いため，点火プラグ，排気系統にカーボンの付着が多く，排気中の白煙の原因となる
  ・燃焼室内温度不均一のため，シリンダ内壁の熱による歪み大

(e) 燃料供給方式による分類
- **気化器式**　現在，燃費の向上，排気ガス浄化のための適正空燃比確保の点から限界があり，あまり使用されなくなっているが燃料供給系の理解のため後述する（第3章参照）．
- **燃料噴射式**　エレクトロニクスの急速な進歩で，気化器式に代わり，主流となっている．そして，それぞれ次のような種類がある．

  ① ┌─ 間接噴射（吸気管内噴射）：ガソリンエンジン吸気管内噴射およびディーゼルエンジンの副室内噴射をいう
　　└─ 直接噴射（気筒内噴射）　：高性能，低燃費，低公害のため増加傾向にある

1・3　エンジンの分類

②　┌ 低圧噴射：ディーゼル用は噴射圧力が 50 ～ 100MPa 程度
　　└ 高圧噴射：ディーゼル用コモンレール式が主流で，160MPa 程度から今後は 200MPa を超える噴射圧力の適用が予想される

③　┌ 単純噴射　　：燃料噴射位置および噴霧が一般的なもの
　　└ 層状吸気噴射：ガソリン希薄燃焼エンジン用で，点火プラグ付近に最も点火しやすい混合気を形成させるもの

(f)　その他の分類

● 使用燃料による分類
　・ガソリンエンジン（ガソリン）
　・ディーゼルエンジン（軽油）
　・ガスエンジン（LPG，圧縮天然ガス，水素等）

● 冷却方式による分類
　・水冷式エンジン
　・空冷式エンジン（自然冷却式，強制冷却式）

● 気筒数による分類
　・単気筒エンジン
　・多気筒エンジン（2，3，4，6，8，12 等）

● 気筒配列方式による分類（図 1.4）
　直列型，V 型，水平対向型，星型，その他（X 型，W 型等）

● 吸入方式による分類
　・自然吸気式
　・過給気式（ターボチャージャ，スーパチャージャ）

● 弁配置による分類（図 3.32 参照）
　・サイドバルブ式
　・プッシュロッド（OHV）式
　・ロッカアーム（OHC）式
　・直接駆動（DOHC）式

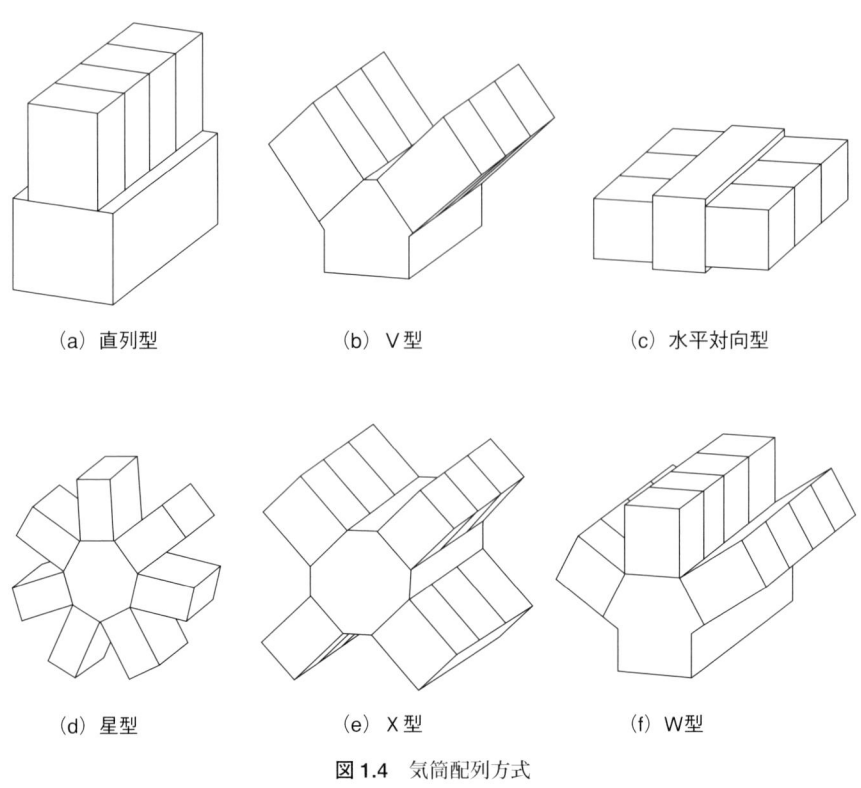

(a) 直列型　(b) V型　(c) 水平対向型
(d) 星型　(e) X型　(f) W型

図1.4　気筒配列方式

（4）　電気機関における分類

● **電気エンジン**　　動力機関は，電動機や補助装置で，電池に蓄えた電気を使い，電動機で走行する．走行中は排出ガスを出さないが，充電器で充電の必要がある．

|長所|・走行中，排出ガスを出さない
・振動，騒音が少ない
・石油に必ずしも依存しない
・減速時にエネルギー回収が可能で，効率が良い

|短所|・航続距離が短く，電池によって有効空間が制限される等，用途に限界がある
・充電時間が必要である

・車両価格が高い
● ハイブリッドエンジン　　複数のエネルギー源または動力源を使用し，それぞれの利点を生かし効率良く用いるもので，内燃機関（エンジン）と電気モータが組み合わされる．すでに国内では数十万台が使用されている．種類としては，シリーズ，パラレル，シリーズ・パラレル，ストロング，マイルドハイブリッド等がある．一時は燃料電池への「つなぎ役」的な評価であったが，低燃費，低公害（排気ガス，騒音）の利点から，認知度が急上昇している．
● 燃料電池エンジン　　水素と酸素を供給し発電する電池で，排出されるのは水のみである．電気エンジンとは異なり，充電の必要はない．

|長所|・エネルギー効率が良い
・有害な排出ガスはない，あるいは少ない
・燃料は，水素，メタノール等で，石油は不要である
・充電の必要がない
|短所|・水素，メタノール等の燃料供給インフラの整備が必要
・性能，耐久信頼性，小型軽量化，開発費等各種課題の解決が必要である

1・4　エンジンの歴史

　自動車用エンジンの歴史は，おおよそ，蒸気，電気，内燃機関の順で発達してきた．しかし，最近ではハイブリッドを含めた電気自動車が，低公害，省エネルギの観点から脚光を浴びるようになってきている．
　いずれにせよ，エンジンの開発が行われるようになったのは18世紀後半の産業革命以降のことであり，この約200年間で構築されたもので，意外にその歴史は短いともいえる．
　さらに，エンジンの足跡を大きな節目で見ると，時代順に蒸気機関の登場，電気自動車の登場，蒸気機関の興亡，内燃機関の登場，ガソリンエンジンの登場と確立，ディーゼルエンジンの登場と確立，各エンジンの公害・省エネルギー問題

対応等を経て今日に至っている．

表 1.2，1.3 に，より詳細な歴史を示しておく．

表 1.2 主なエンジンの歴史（1）（1700〜1900）

年	国名	開発者	開発内容
1769	フランス	N・J・キュニョー	世界初の蒸気機関自動車
1860	フランス	J・E・ルノワール	世界初の内燃機関
1873	イギリス	R・デビッドソン	電気自動車試作
1876	ドイツ	N・A・オットー	4 サイクルガス機関
1879	イギリス	D・クラーク	2 サイクルガス機関
1883	ドイツ	G・ダイムラー	4 サイクルガソリン機関
1894	ドイツ	R・ディーゼル	高圧縮着火機関
1957	ドイツ	F・バンケル	ロータリ機関

表 1.3 主なエンジンの歴史（2）（国内：1900〜2000）

年	開発内容	年	開発内容
1930	日本初の点火プラグ	1983	世界初の電子制御ターボエンジン
1963	日本初の OHC エンジン	1985	セラミックターボ
	日本初の DOHC エンジン	1986	可変バルブタイミング機構
1967	世界初の 2 ロータロータリエンジン	1989	可変バルブタイミング・リフト機構
	日本初の 4 サイクル直接噴射式ディーゼルエンジン	1990	酸化・三元 2 段階触媒コンバータ
		1994	NOx 吸蔵還元型三元触媒
1969	日本初のフルトランジスタ式点火装置	1995	連続可変バルブタイミング機構
			コモンレール式電子制御燃料噴射システム（ディーゼル）
1970	日本初の電子制御燃料噴射装置	1996	ニッケル水素電池電気エンジン
1973	CVCC エンジン		リチウムイオン電池電気エンジン
1979	ターボ付ガソリンエンジン		筒内（直接）噴射ガソリンエンジン
1980	日本初の水冷 DOHC 6 気筒エンジン	1997	ハイブリッド方式
1981	普通乗用車の DOHC エンジン		
	三元触媒システム		
1982	ターボ付 DOHC エンジン		

1・5 エンジンに期待されること

エンジンに対する要求は時代によって変化しており，特に近年では，運転性，耐久性等の基本的性能を除けば，公害およびエネルギーに関する問題が中心である．

公害については，地球環境の悪化に対しての問題，エネルギーについては化石燃料の需給バランスの問題であり，いずれも極めて憂慮すべき状態にある．したがって，新しくエンジンを開発する時にはそれらを中心課題として，下記のようなことがらを具体的に考慮していかなければならない．

- 高出力，高トルク，良好な動力性能
- 運転の容易さ（始動性等を含む）
- 耐久性，信頼性の高さ（メンテナンスフリーを含む）
- 有害物質の排出が少ないこと（公害）
- 低振動，低騒音（公害，商品性）
- 熱効率の良いこと（低燃費）
- 小型，軽量（低燃費）
- 低コスト（製造，運転，保守点検，修理等）
- 航続距離（1回のエネルギー補給での可能走行距離）の長いこと
- サービス網（インフラ）との相性（燃料チャージが容易）

1・6 エンジンの現状と将来

エンジンに要求される主な特性は先に述べたとおりであり，それをさらに具体的に見ようとするならば，最近の技術動向で把握することができる．そこで，参考までに日，欧，米における諸研究機関および自動車メーカー等の研究・製品開発傾向を示す（表 1.4）．

表 1.4 最近の主要な研究・製品技術動向

	項　目	目的・主内容
1	直噴ガソリンエンジン	・希薄燃焼のための成層燃焼化
2	直噴ディーゼルエンジン	・燃費, CO_2, NOx, PM の低減
3	ガソリンエンジン燃焼室	・燃費, HC, 耐ノック性改善
4	燃焼室内乱流制御	・スワール, 斜めスワール, スキッシュ, 斜めスキッシュ, タンブル, 可変スワール
5	ディーゼルエンジン予混合燃焼化	・HCCI（予混合圧縮自己着火エンジン） ・ディーゼルのガソリンエンジン化
6	ディーゼル燃料系の開発	・コモンレール式燃料噴射装置およびその制御
7	動弁系制御装置	・充填効率, 燃焼効率の向上 ・バルブタイミング, バルブリフト, 気筒数の制御
8	吸排気系制御装置	・高充填効率のための可変吸排気システム ・ポート長, ポート径可変制御 ・吸排気抵抗, 動的効果コントロール
9	摩擦損失低減	・摺動部, 回転部, 荷重, 重量, 低粘度油等
10	エンジン軽量化	・燃費, 振動, 騒音, 摩擦等改善
11	エンジン振動, 騒音	・本体部剛性, 運動部分軽量化, 制振材料
12	触媒	・新触媒（PM 用, De-NOx, 尿素還元型, NOx 吸蔵還元型等）
13	フィルタトラップ	・HC, ディーゼルパティキュレート等
14	その他	・コールド EGR, エアアシスト燃料噴射, 可変 2 系統冷却システム, 可変圧縮比, 可変燃焼順序, 低硫黄燃料等

第2章　エンジンの基本的原理

2・1　エンジンの熱力学

(1)　熱力学とは

物体に熱を加える時，その物体は変化を起こす．その変化には，**物理的変化**と**化学的変化**があり，前者は熱を取り去ると再び元の状態に戻るが，後者は元に戻らない．これらの変化のうち，「熱」とこれによって生じる「物理的変化」の関係を論ずるのが「熱力学」であり，エンジンの基礎になっているので，まず学習をしておきたい．

その中でエンジンは多くの場合，ある媒体を利用して，これに熱を加えて仕事をする．その媒体を**動作流体**といい，その状態は**温度** $T〔K〕$（または$〔℃〕$，$〔℉〕$），**圧力** $P〔Pa〕$，**比容積** $v〔m^3/kg〕$ の3要素（**基本3量**）で決まる．

(2)　熱力学用語，記号，単位

熱力学を学ぶに当たって，理解すべき基礎的な用語を以下に述べる．

(a) 温度

絶対温度 $T〔K〕$，摂氏温度 $t〔℃〕$，華氏温度 $t〔℉〕$ とすると，

$$T〔K〕= t〔℃〕+ 273.15$$

$$t〔℉〕= \frac{9}{5} t〔℃〕+32$$

ここで，$0〔℃〕$は純水の氷の融解温度，$100〔℃〕$は純水の沸騰温度である．

(b) 圧力

圧力には，**絶対圧力**と**ゲージ圧力**があり，一般に圧力といえば絶対圧力であり，流体が単位面積に対して及ぼす垂直方向の力をいう．

$$\text{圧力} = \frac{\text{力(重さ)}}{\text{面積}}$$

$$\text{絶対圧力} = \text{ゲージ圧} + \text{大気圧}$$

ゲージ圧は，大気圧との差を，通常ブルドン管圧力で測定する．圧力および真空の関係を図示すると，図2.1の通りである．

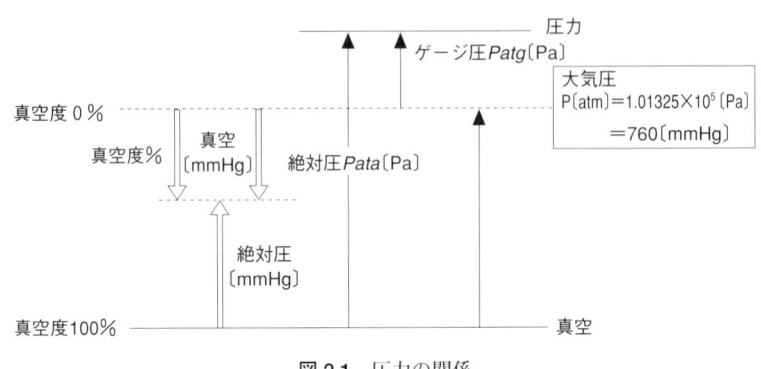

図 2.1　圧力の関係

(c) 容積，比容積

ガス1[kg]の占める容積を**比容積**といい，v[m³/kg]で表す．これに対し，全容積をV[m³]で表す．

(d) 熱量

熱は，分子の運動によって生ずるエネルギーの一形態であり，この熱エネルギーの多少を表すのに**熱量 Q** が用いられ，単位として[kcal]が使われる．1[kcal]とは，純水1[kg]の温度を1[℃]高めるのに必要な熱量である．

(e) 比熱（表2.1）

質量1[kg]の物体を温度1[K]上げるのに必要な熱量をその温度における物体の**比熱**といい，単位は[J/kg-K]で表す．気体では，加熱する条件で次の2つに分けられる．

● **定圧比熱**（C_p）　　圧力を一定に保った状態で加熱した場合の比熱．加えた熱量の一部は気体の温度上昇に使われ，また一部は容積増大のための機械的仕事に

2・1 エンジンの熱力学

使われる．

● **定容比熱**（C_v）　一定容積のもとで加熱した場合の比熱．気体は膨張せず，熱量は気体の温度上昇のみに使用されるので，常に $C_v < C_p$ である．

また，定圧，定容比熱の比を**比熱比**という．

$$\text{比熱比}: \kappa = \frac{C_p}{C_v}$$

表2.1　各種ガスの特性値

物　質	記　号	R(注)	C_p	C_v	$\kappa = C_p/C_v$
空　　気	──	29.27	0.241	0.172	1.40
酸　　素	O_2	26.50	0.218	0.156	1.40
窒　　素	N_2	30.26	0.250	0.178	1.40
水　　素	H_2	420.6	3.408	2.423	1.40
一酸化炭素	CO	30.29	0.250	0.180	1.40
炭酸ガス	CO_2	19.27	0.202	0.157	1.29
亜硫酸ガス	SO_2	13.24	0.151	0.120	1.26
メ タ ン	CH_4	52.90	0.531	0.406	1.31

（注）R：ガス定数

(f) エネルギー ─────────

他の物体に仕事をすることができる状態にある物体は，**エネルギー**を持っているという．エネルギーの大きさは，他の物体になす仕事の大きさで計る．したがってエネルギーの単位は，仕事の単位と同じ**ジュール**〔J〕である．

(g) 仕事量，仕事率（図2.2） ─────────

1〔J〕は，1ニュートン〔N〕の力を加えた点が，その方向に距離1〔m〕動いた時になされた**仕事量**をいう．

$$1 \text{〔J〕} = 1 \text{〔N·m〕}$$

その仕事に必要とした時間を考慮したものが**仕事率**であり，時間的効率である．それは次式で求められる．

$$P[\mathrm{W}] = \frac{F[\mathrm{N}] \cdot L[\mathrm{m}]}{t[\mathrm{s}]}$$

ただし，P：仕事率，F：力，L：距離，t：時間

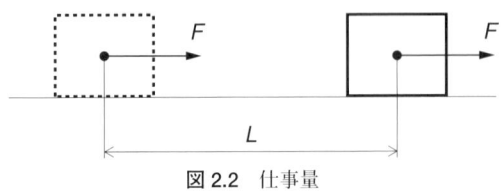

図 2.2 仕事量

(3) 熱量と仕事

(a) 圧力と仕事

仕事の大きさとは，作用した力 $F[\mathrm{N}]$ と移動した距離 $L[\mathrm{m}]$ の積であるが，これをエンジンの作用で考えてみる．

$G[\mathrm{kg}]$ のガスの圧力 $P[\mathrm{Pa}]$ が作用してピストンが微小距離 $dL[\mathrm{m}]$ 移動したとすると，仕事 $W=FL$ において，$F=PA$ (A：ピストン面積 $[\mathrm{m}^2]$) なので，

$$dW = PAdL$$

$AdL = dV$（増加体積）なので，

$$dW = PdV$$

ここで，1 $[\mathrm{kg}]$ のガスの仕事は，

$$dw = \frac{PdV}{G}$$

すなわち，

$$dw = pdv$$

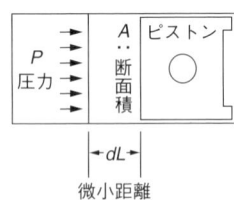

図 2.3 ピストンの仕事量

ただし，dw：1 $[\mathrm{kg}]$ のガスの仕事量，dv：1 $[\mathrm{kg}]$ のガスの容積変化

(b) 熱量と仕事量

熱は機械的仕事に変わり、また機械的仕事は熱に変わり得る。この時、機械的仕事と熱量の比（レート）は、常に一定である。

$$熱量 = 仕事の熱当量 \times 仕事$$

$$仕事 = 熱の仕事当量 \times 熱量$$

$$熱の仕事当量 = \frac{1}{仕事の熱当量}$$

(c) 熱力学の第一法則

● **第一法則の概念** 熱と仕事は本質的に同じで、熱を仕事に変えることも、またその逆もできる。これを、**熱力学の第一法則**という。

《第一法則の実用例》

①エンジンの場合

エンジンにおいて、動作流体が加熱されて（燃焼）、高温、高圧になると、流体は内部エネルギーの変化の他に、膨張して仕事をする。

②ブレーキの場合

ブレーキのエネルギー（仕事）は、一般に熱の形で放散されるので、エネルギーの回収等も注目されている。

(d) 内部エネルギー（記号：U）

物体の内部に蓄えられたエネルギーで、その物体の圧力、温度が決まると必然的に決まる値である。

(e) 熱力学の基礎式

1〔kg〕の物体に熱量 dq を加えて、この内部エネルギーの増加を du とし、外部へなした仕事を dw とすると、

$$dq = 内部エネルギーの増加に使った熱量$$
$$+ 外部へなした仕事に相当する熱量$$

$$dq = du + Adw = du + Apdv$$

上の式を、**熱力学の基礎式**という。

(f) 熱力学の第二法則

熱は自然に高温側から低温側に流れるが，その過程の中で一部は仕事に変換でき，残りの熱は利用できない．これを**熱力学の第二法則**という（図 2.4）．

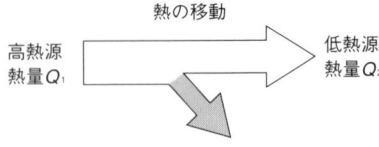

図 2.4 熱力学の第二法則

(g) 永久機関

エネルギーを消費しないで外部に仕事ができるような装置を第一種の**永久機関**というが，エネルギー保存の法則に反し実現不可能である．また 1 つの熱源から熱を得て仕事を行い，それ以外は外界に何の変化も残さずに周期的に働く機関を第二種の永久機関というが，熱力学の第二法則はこの種の機関の存在も否定している．

(h) 熱効率の概念

高熱源から入ってきた熱量 Q_1，外部への仕事 W，低熱源への熱量 Q_2 とした時（図 2.4 参照），

$$熱効率\ \eta = \frac{W}{Q_1} = \frac{Q_1 - Q_2}{Q_1}$$

燃焼時最高温度が高く，排気ガス温度が低い場合，熱効率は高くなる．熱効率が高いエンジンは，燃料消費率（燃費）の良いエンジンといわれる．

(i) エンタルピー（I〔kcal〕，i〔kcal/kg〕）

ガスは，自身の内部エネルギーを持つほか，常に Pv なるエネルギーを持ち，全体として $u + APv$ なるエネルギーを有する．この値を**エンタルピー**と名付ける．

$$i = u + APv$$

単位重量でない場合，エンタルピーは記号 I で示す．

(j) エントロピー（s〔kcal/K〕）

熱量 Q，動作物質の温度を T とする時，

$$ds = \frac{dQ}{T}$$

において，s を動作物質の**エントロピー**と名付け，熱力学的状態量とする．そこで，単位質量当たりのエントロピーを**比エントロピー**という．エントロピーは，熱の受け取り方を示している．

(4) 線図と仕事

エンジンの動作流体の状態は，T，P，v の3量で表されるので，その推移は次の線図を使用する．

(a) Pv 線図

P と v の特定の値に対して T は決まってくる．縦軸に圧力 P，横軸に比容積 v をとり特定の変化における P と v の関係を線図で描くと1つの関係となる．この線図を **Pv 線図**という．

(b) Pv 線図と仕事

今，A点 (P_1, v_1) を最初の状態，B点 (P_2, v_2) を最後の状態とし，途中の変化は図2.5の曲線のようになったとする．

A点からB点までの仕事は，Pdv を曲線 AB に沿って積分した形となり，これは ABB′A′ の面積に等しい．

すなわち，

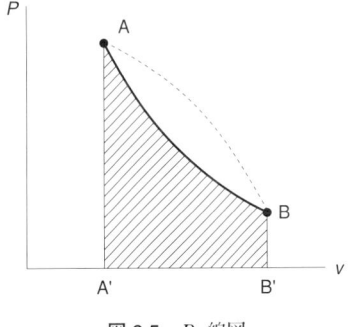

図 2.5　Pv 線図

$$W = \int_A^B Pdv = \text{面積ABB′A′}$$

である．

(c) 指圧線図（インジケータ線図）（図 2.6(a)，(b)）

エンジンのシリンダ内における流体の状態を表すのに，縦軸に圧力 P，横軸にシリンダ容積の変化 V，あるいは時間またはクランク角度 t または θ をとった線図を用い，これを**指圧線図**あるいは**インジケータ線図**という．

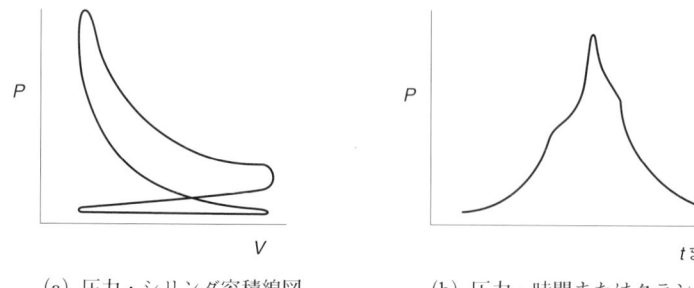

(a) 圧力・シリンダ容積線図　　(b) 圧力・時間またはクランク角線図

図 2.6　指圧線図

(5) 気体の法則

(a) 理想気体の法則および状態式

● **ボイルの法則**　　温度，圧力，比容積の関係において，温度が一定ならば理想気体の比容積はその圧力に反比例する．これを**ボイルの法則**という．

今，P_1〔Pa〕，v_1〔m³/kg〕なる理想気体が一定温度で，P_2〔Pa〕，v_2〔m³/kg〕に変化したとすると，

$$P_1 v_1 = P_2 v_2$$

である．

● **シャルルの法則**　　今 0〔℃〕において，比容積 v_0〔m³/kg〕なる理想気体が，一定圧力 P_0〔Pa〕の下で，t〔℃〕において v_t〔m³/kg〕に変化したとすると，

$$v_t = v_0 (1 + \beta t)$$

ただし，β：気体の体膨張係数

この関係を，**シャルルの法則**という．すなわち，圧力を一定に保ちながら温度を変化させると，容積もそれに応じて変化するということである．

● **ボイルシャルルの法則**　　A なる状態 P_0〔Pa〕，v_0〔m³/kg〕，T_0〔K〕の気体を，一定温度 T_0 の下に，P_0 を P_1 に変化させた状態 B とし，その後一定圧力 P_1 の下に，T_0 を T_1 に変化させて C なる状態 P_1，v_1，T_1 になったとすると，ボイルの法則およびシャルルの法則から，

$$Pv = RT$$

なる関係式ができる．この式を**ボイルシャルルの法則**といい，Rを**ガス定数**という（表2.1 参照）．前式において，vは比容積で，重量G〔kg〕のガスの占める容積をV〔m³〕とすると，

$$PV = GRT$$

が成立する．

● **理想気体の比熱**（表2.1 参照） 質量G〔kg〕の物体に，dQ〔J〕の熱量が加えられて温度がdT〔K〕上昇した時，比熱C（C_p, C_v）〔J/kg-K〕とすれば，

$$C = \frac{1}{G} \cdot \frac{dQ}{dT}$$

$$Q_p = GC_p(T_2 - T_1)$$

$$Q_v = GC_v(T_2 - T_1)$$

である．

● **エネルギー基礎式** 図2.7に示すように，状態1にある気体が外部より熱量Q_{12}を受け，膨張により外部へ仕事W_{12}をなし，状態2になったとする．この場合の，エネルギーの関係は次式となる．

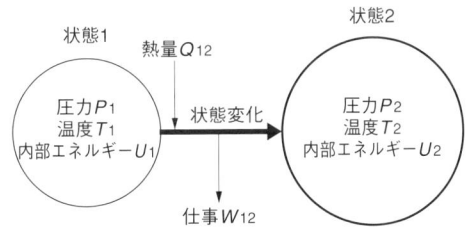

図2.7 状態変化におけるエネルギー

$$Q_{12} = U_2 - U_1 + W_{12}$$

この時，微少の変化の場合は，

$$dQ = dU + dW$$

である．

(b) **理想気体の状態変化** ─────────

● **等温変化**（図2.8） 温度一定で，圧縮または膨張が起こる変化を**等温変化**という．

・状態式：$PV = $ 一定

・加熱量：$dQ = PdV$（加熱量は，すべて外部への仕事となる）

$$Q_{12} = \int_1^2 PdV = W_{12}$$

・仕　事：$W_{12} = \int_1^2 PdV$
$$= GRT \int_1^2 \frac{1}{V}dV$$

● **等容変化**（図2.9）　容積一定で，気体が加熱または冷却する時の変化を**等容変化**という．

・状態式：$\dfrac{P}{T} = $ 一定

・加熱量：$dQ = dU$（加熱量は，すべて内部エネルギーの増加になる）

$$Q_{12} = \int_1^2 dQ = GC_v(T_2 - T_1)$$

・仕　事：$W_{12} = \int_1^2 PdV = 0$

● **等圧変化**（図2.10）　圧力一定の下で，気体が圧縮または膨張する時の変化を**等圧変化**という．

・状態式：$\dfrac{V}{T} = $ 一定

・加熱量：$dQ = dU + PdV$ で加えた熱量は，内部エネルギーの増加と外部仕事になる．加熱量は，

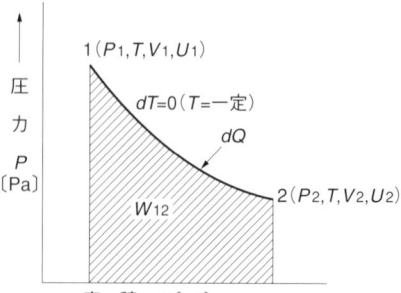

図2.8　等温変化のPV線図

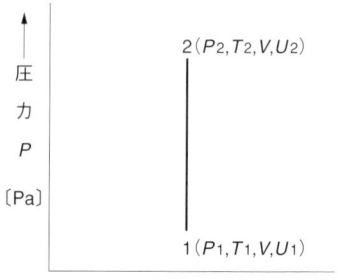

図2.9　等容変化のPV線図

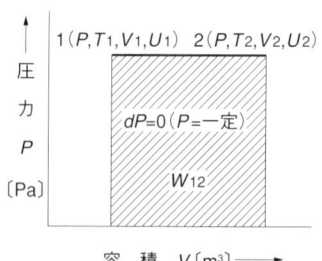

図2.10　等圧変化のPV線図

2・1 エンジンの熱力学

$$Q = \int_1^2 dQ = GC_p(T_2 - T_1)$$

・仕　事：$W_{12} = \int_1^2 PdV = P(V_2 - V_1) = GR(T_2 - T_1)$

● **断熱変化**（図 2.11）　　動作流体と周囲の間で，熱の出入りがない変化を**断熱変化**という．

・状態式：$PV^\kappa = $ 一定

ただし，$\kappa = \dfrac{C_p}{C_v}$（比熱比，断熱係数，表2.1参照）

・仕　事：$W_{12} = \int_1^2 PdV$
$= \dfrac{1}{\kappa - 1}(P_1 V_1 - P_2 V_2)$

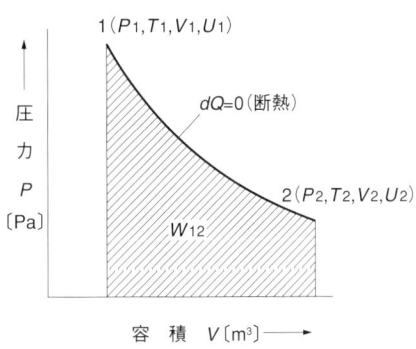

図 2.11　断熱変化の PV 線図

● **ポリトロープ変化**（図 2.12）　　実際のエンジンでは，圧縮行程前半，シリン

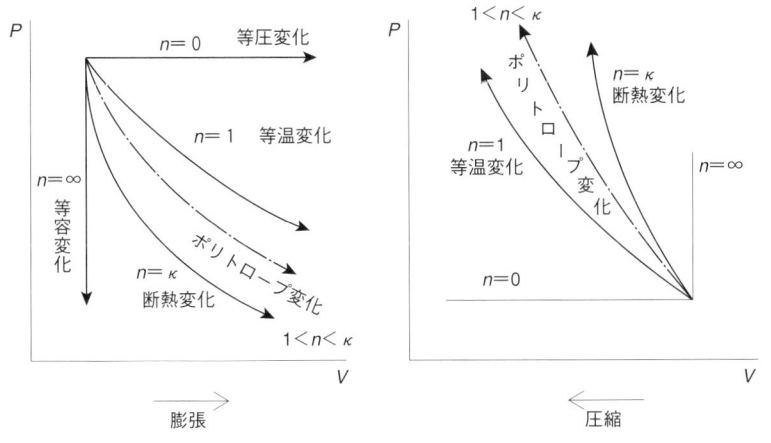

図 2.12　ポリトロープ変化の位置付け

ダ内ガスは，シリンダ壁，ピストン頭部，排気バルブ等から熱を吸収し，圧縮行程後半は，圧縮による熱が逆にそれらの部分に放散する．膨張行程では，燃焼ガスの熱が，シリンダ壁やピストン頭部等から冷却水へ，また輻射熱により外気へ放散する．したがって，圧縮，膨張行程とも完全な断熱変化ではなく，この間にピストンは急速な運動を行うので，等温変化ともいえない．すなわち，これらの変化は，断熱，等温変化の中間的なもので，**ポリトロープ変化**という．

・状態式：$PV^n = $ 一定（ただし，n：ポリトロープ指数）

実際のエンジンの n の値は，κ と 1 の中間で圧縮行程で約 1.32，膨張行程で約 1.23 程度である．

《参考》

$PV^n = $ 一定において，

・等温変化　　　　　：$n = 1$　　　→　$PV = C$
・等容変化　　　　　：$n = \infty$　　→　$V = C$
・等圧変化　　　　　：$n = 0$　　　→　$P = C$
・断熱変化　　　　　：$n = \kappa$　　→　$PV^\kappa = C$
・ポリトロープ変化：$1 < n < \kappa$　→　$PV^n = C$

2・2 サイクル

(1) 空気サイクル

図 2.13 のように，エンジンは，動作流体に熱量 Q_1 を与えて機械的仕事を行う．しかし，継続的に行う必要があるので，熱量 Q_2 を放出して始めの状態に戻し，同じ状態変化を繰り返す．このような連続変化の過程を**サイクル**という．

また，このサイクルにおいて，動作流体が空気の場合，**空気サイクル**という．

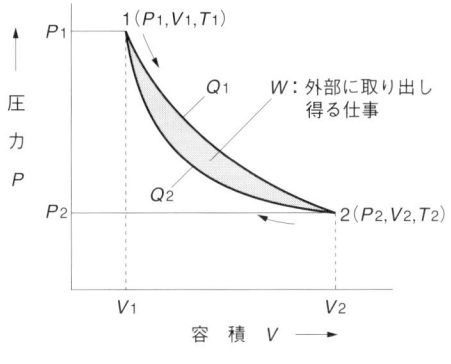

図2.13 エンジンのサイクル

(2) 理論サイクル

理論サイクルとは，実際のエンジンの基本となるサイクルであり，諸因子の影響を明らかにすると共に，熱効率向上の目標値を与えるもので，そのような目的に則した簡略化したサイクルである．

(a) 考慮すべき仮定

そのために，下記のような仮定を置く．

- 動作流体は，理想気体の空気とみなし，ボイルシャルルの法則に従うものとし，比熱等の物理定数は標準状態の空気の値に等しく一定である
- 圧縮，膨張の際，外部との熱の出入りはない
- 動作流体の流入，流出はないものとする
- 燃焼による発熱，排気による放熱は，作動流体の加熱および冷却で置換する
- 各部の摩擦等による損失はないものとする

(b) サイクルの種類

● **カルノーサイクル**（図2.14）　エンジンの基本サイクルとして最も熱効率の良いもので，2つの等温変化と2つの断熱変化で構成されている．実用化はされていないが，実用エンジンの指針として重要である．

$$熱効率：\eta_{th}=1-\frac{T_2}{T_1}$$

高温熱源の T_1 は高いほど，低温熱源の T_2 は低いほど熱効率が良い．

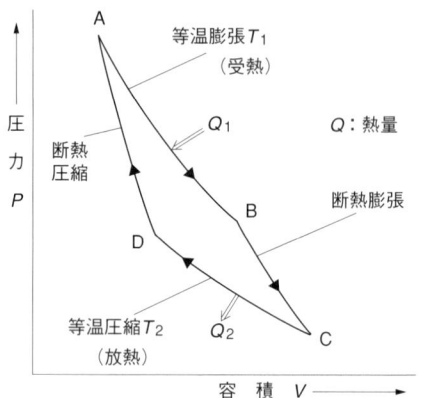

図 2.14　カルノーサイクルの PV 線図

● **オットーサイクル**（定容サイクル，図 2.15）

　・該当エンジン：4 サイクルガソリンエンジン

　・構成　　　　：$\boxed{7}\to\boxed{3}$　　吸入行程

　　　　　　　　　$\boxed{3}\to\boxed{4}$　　断熱圧縮

　　　　　　　　　$\boxed{4}\to\boxed{1}$　　等容加熱（燃焼）

　　　　　　　　　$\boxed{1}\to\boxed{2}$　　断熱膨張

　　　　　　　　　$\boxed{2}\to\boxed{3}$　　等容放熱（排気）

　　　　　　　　　$\boxed{3}\to\boxed{7}$　　排気行程

　・仕事　　　　：面積 $\boxed{1}-\boxed{2}-\boxed{3}-\boxed{4}-\boxed{1}$

　・熱効率　　　：$\eta_{th}=1-\dfrac{1}{\varepsilon^{\kappa-1}}$

ただし，η_{th}＝熱効率，ε＝圧縮比，κ＝比熱比

　オットーサイクルの熱効率を向上させるためには，$1/(\varepsilon^{\kappa-1})$ を小さくする．そのためには，ε，κ を大きくする．すなわち，圧縮比と動作流体の比熱比を大きくする必要がある．

2・2 サイクル

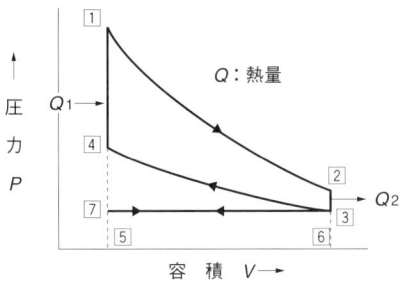

図 2.15 オットーサイクルの PV 線図

● **クラークサイクル**（定容サイクル，図 2.16）
　・該当エンジン：2 サイクルガソリンエンジン
　・構成　　　：1　　　排気孔閉
　　　　　　　　1→2　圧縮
　　　　　　　　2　　　点火
　　　　　　　　2→3　燃焼
　　　　　　　　3→4　膨張
　　　　　　　　4　　　排気孔開
　　　　　　　　5　　　掃気開始
　　　　　　　　5→6　新混合気シリンダ内へ

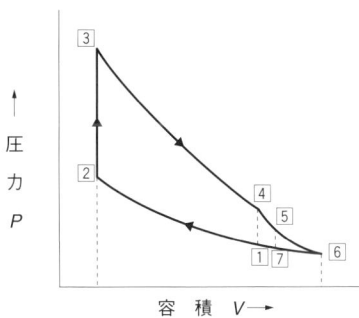

図 2.16 クラークサイクルの PV 線図

　　　　　　　　6　　　下死点
　　　　　　　　5→1　排気
● ディーゼルサイクル（定圧サイクル，図 2.17）
　・該当エンジン：低速ディーゼルエンジン
　・構成　　　　：1→2　断熱圧縮
　　　　　　　　　2→3　等圧加熱（燃焼）
　　　　　　　　　3→4　断熱膨張
　　　　　　　　　4→1　等容放熱（排気）
　・仕事　　　　：面積 1－2－3－4－1

　・熱効率　　　：$\eta_{th} = 1 - \dfrac{1}{\varepsilon^{\kappa-1}} \cdot \dfrac{m^{\kappa}-1}{\kappa(m-1)}$

ただし，m（締め切り比）$= V_3/V_2$

ディーゼルサイクルの熱効率を向上させるためには，圧縮比を大きくするか，締め切り比を小さくすることである．

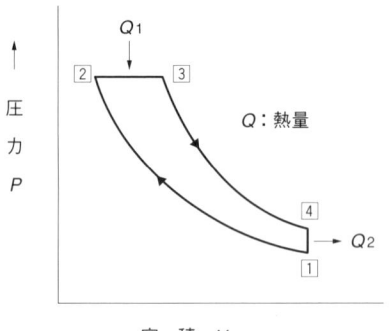

図 2.17　ディーゼルサイクルの PV 線図

● サバテサイクル（複合サイクル，図 2.18）
　・該当エンジン：高速ディーゼルエンジン

2・2 サイクル

- 構成 : $\boxed{1}\to\boxed{2}$ 断熱圧縮
  - $\boxed{2}\to\boxed{3}$ 等容加熱（一挙に燃焼）
  - $\boxed{3}\to\boxed{4}$ 等圧加熱（順次に燃焼）
  - $\boxed{4}\to\boxed{5}$ 断熱膨張
  - $\boxed{5}\to\boxed{1}$ 等容放熱（排気）
- 仕事 : 面積 $\boxed{1}-\boxed{2}-\boxed{3}-\boxed{4}-\boxed{5}-\boxed{1}$
- 熱効率 : $\eta_{th}=1-\dfrac{1}{\varepsilon^{\kappa-1}}\cdot\dfrac{m^{\kappa}\rho-1}{\rho-1+\kappa\rho(m-1)}$

ただし，ρ（圧力比）$=P_3/P_2$, m（締め切り比）$=V_4/V_3$

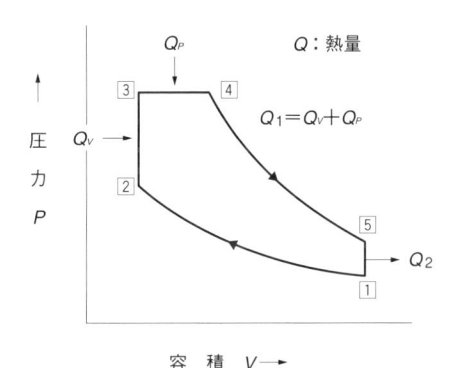

図 2.18 サバテサイクルの PV 線図

● **まとめ** サバテサイクルの熱効率は，オットー，ディーゼル両サイクルの熱効率を包含している．すなわち，サバテサイクルの式において，オットーサイクルは等圧部分がなく（$m=1$），ディーゼルサイクルは等容部分がない（$\rho=1$）状態である．どのサイクルも圧縮比を大きくすると，熱効率（燃費）は向上する．しかし，オットーサイクルではノッキング，ディーゼルサイクルでは構造，強度の面から限界がある．

(3) その他のサイクル

その他の自動車用エンジンに関連のあるサイクルを，以下に簡単に述べる．

● ブレイトンサイクル（図 2.19）

　・該当エンジン：ガスタービンエンジン
　・構成　　　　：$\boxed{1} \to \boxed{2}$　　断熱圧縮
　　　　　　　　　$\boxed{2} \to \boxed{3}$　　等圧加熱
　　　　　　　　　$\boxed{3} \to \boxed{4}$　　断熱膨張
　　　　　　　　　$\boxed{4} \to \boxed{1}$　　等圧冷却

　・熱効率　　　：$\eta_{th} = 1 - \dfrac{Q_2}{Q_1} = 1 - \dfrac{T_4 - T_1}{T_3 - T_2} = 1 - \rho^{-\xi}$

ただし，$\rho =$ 圧力比，$\xi = \dfrac{\kappa - 1}{\kappa}$

熱効率は，比熱比 κ および圧力比 ρ のみによって決まり，それらの値が増大すると向上する．

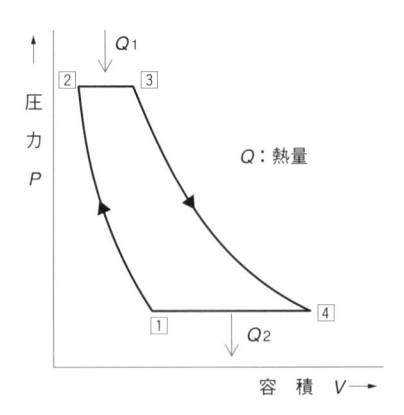

図 2.19　ブレイトンサイクルの PV 線図

2・2 サイクル

- **スターリングサイクル**（図 2.20, p.248 参照）
  - 該当エンジン：スターリングエンジン（容積型外燃機関）
  - 構成　　　　：$1 \to 2$　等温膨張（熱源器より受熱）
    　　　　　　　$2 \to 3$　等容放熱（再生器蓄熱）
    　　　　　　　$3 \to 4$　等温圧縮（冷却器へ放熱）
    　　　　　　　$4 \to 1$　等容加熱（再生器より加熱）
  - 熱効率　　　：$\eta_{th} = 1 - \dfrac{T_2}{T_1}$

熱効率は高く，ディーゼルサイクルに近い．

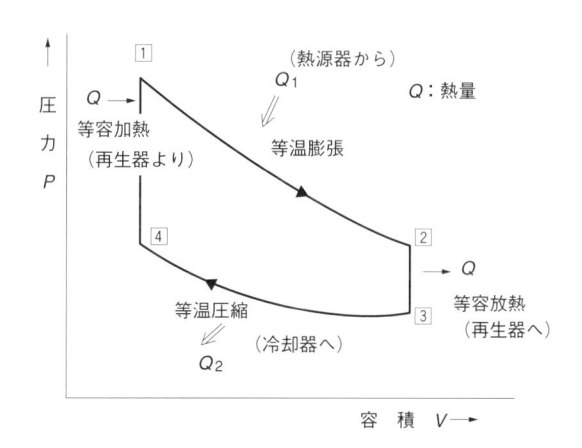

図 2.20　スターリングサイクルの PV 線図

- **アトキンソンサイクル**（図 2.21）
  - 該当エンジン：アトキンソンサイクルエンジン(高膨張比サイクルエンジン)
  - 構成　　　　：オットーサイクルにおおむね同じ．吸気タイミングの調節により，膨張比（膨張行程容積＋燃焼室容積/燃焼室容積）を高め，燃焼圧力が十分低くなるのを待って排気し，実圧縮比を高めることなく，燃焼エネルギーをできるだけ活用する．

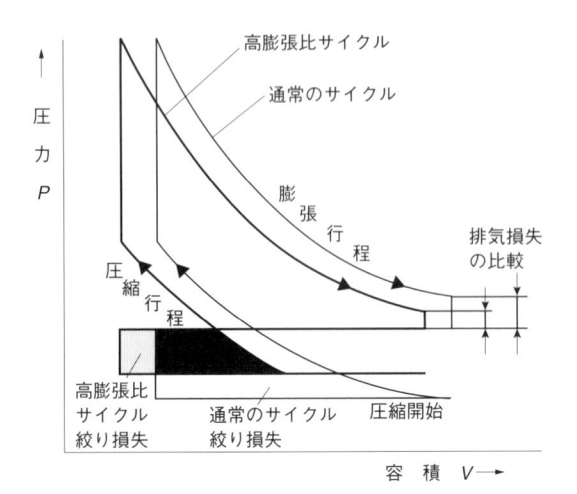

図 2.21　アトキンソンサイクルの PV 線図

● ミラーサイクル
　・該当エンジン：4サイクル過給ガソリンエンジン
　・構成　　　　：過給の途中で，吸気バルブ閉時期を早めるか，逆に圧縮行程で吸気バルブ開時期を遅らせることにより，実質的に圧縮比を下げた状態にし，ノッキングを回避することにより熱効率を向上させる．

(4) 実際のエンジンにおけるサイクル

　実際のエンジンの動作流体は，空気，燃料蒸気，燃焼ガス，それらの混合気からなり，その仕事，熱効率は，理論上の空気サイクルおよび燃料，空気サイクルより低い．その理由は，実際のエンジンには，下記のような諸損失があるためである．
　・動作流体の変化に伴う損失
　　　動作流体の温度変化による比熱変化のための損失
　　　熱解離による仕事量変化

- エンジンの冷却損失
- 不完全燃焼による損失
- 燃焼の時間損失(火炎伝播時間)
- ガス交換に伴う損失
    ポンプ損失
    バルブタイミングによる損失
- 動作流体漏洩による損失
- 流動損失(ピストン運動による渦流等)

これらの損失のため,PV線図は,図 2.22 のように面積がせまくなり,性能が低下する.したがって,エンジンの開発に当たっては,これらの改善に努める必要がある.

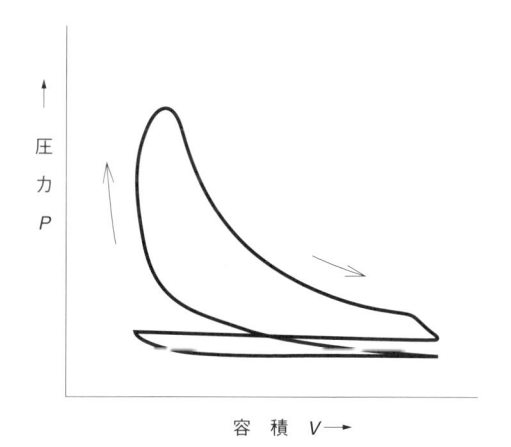

図 2.22 実際のエンジンの PV 線図

2・3 エンジンの基本性能

(1) 用語,記号,単位 (図 2.23)

エンジン性能を考える上で,主に用いる用語,記号,単位等を示す.

- **死点**
  - ピストンが運動する時の両端
  - 上死点（TDC ： Top Dead Center）
  - 下死点（BDC ： Bottom Dead Center）
- **行程（ストローク）**
  - 両死点間の長さ
  - S〔mm, cm, m〕
- **シリンダ内径（ボア）**
  - シリンダ直径
  - D〔mm, cm, m〕
- **行程容積（排気量）**
  - 行程容積（排気量）

    ピストンが1行程の間に排出する容積
    $$V_S = \pi D^2 \frac{S}{4} \text{〔cm}^3\text{〕}$$

  - 総行程容積（総排気量）

    多気筒エンジンの場合の排出する容積
    $$V_T = V_S n = \pi D^2 S \frac{n}{4} \text{〔cm}^3\text{〕}$$

    ただし，n：シリンダ数

- **燃焼室容積（すき間容積）**
  - ピストンが上死点にある時のピストンとシリンダヘッド間の容積
  - V_C〔cm^3〕
- **シリンダ容積**
  - 行程容積と燃焼室容積の和
    $$V_B = V_S + V_C \text{〔cm}^3\text{〕}$$

2・3 エンジンの基本性能

- 圧縮比（第4章参照）

$$\varepsilon = \frac{シリンダ容積}{燃焼室容積} = \frac{V_B}{V_C} = \frac{V_S + V_C}{V_C} = 1 + \frac{V_S}{V_C}$$

- エンジン回転速度
  - 毎分回転数
  - $N \, [\min^{-1}, \mathrm{s}^{-1}]$
- 行程数
  - 4サイクルエンジン：4（1サイクル当たり）
  - 2サイクルエンジン：2（1サイクル当たり）
- 平均有効圧力
  - $Pm \, [\mathrm{Pa}]$
- 平均ピストン速度（第4章参照）
  - $V_{mean} = SN/30 \, [\mathrm{m/s}]$
- エンジンのトルク，出力，燃料消費率
  - トルク：$T \, [\mathrm{N \cdot m}]$
  - 出力：$P \, [\mathrm{W, \, kW}]$

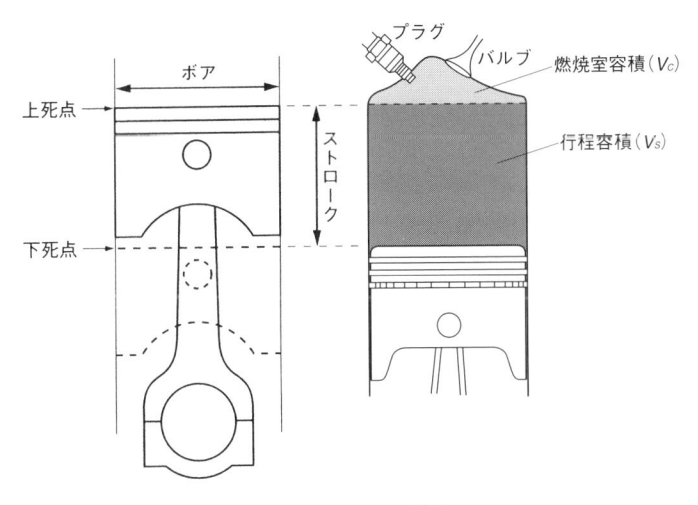

図 2.23 用語の説明

・燃料消費率：f〔g/kWh〕

(2) 出力，平均有効圧力

(a) 出力（第4章参照）

エンジンの**出力**は，エンジンから得られる動力のことで，エンジンが単位時間になした仕事をいい，**仕事率**ともいう．

したがって，次式で求められる．

$$\frac{W}{t} = \frac{FL}{t} \text{〔N·m/s〕}$$

ただし，W：仕事量〔N·m〕，t：時間〔s〕，F：力〔N〕，L：距離〔m〕

(b) 平均有効圧力

平均有効圧力は，1サイクルの仕事を行程容積で除したもので，排気量や作動方式の異なるエンジンの性能を比較する場合等に用いられる．平均有効圧力には，仕事の種類により，**理論平均有効圧力**，**図示平均有効圧力**，**正味平均有効圧力**の3種類がある．それぞれの仕事およびそれらの関係は，図2.24の通りであるので，仕事の大小は，

　　　　　理論仕事 ＞ 図示仕事 ＞ 正味仕事

となっている．

```
[仕事の分類]      [仕事の内容]                    [仕事間の差違]
         ┌─理論仕事──理論サイクルにおいて求めた仕事─┐
         │                                          ├─冷却損失
         │          シリンダ内で動作流体がピストン  │  吸排気損失
  仕事──┼─図示仕事─に与えた仕事（指圧線図で求めら─┤
         │          れる）                          ├─摩擦損失
         │                                          │  補機駆動損失
         └─正味仕事──エンジンのクランクシャフトから─┘
                      取り出した仕事
```

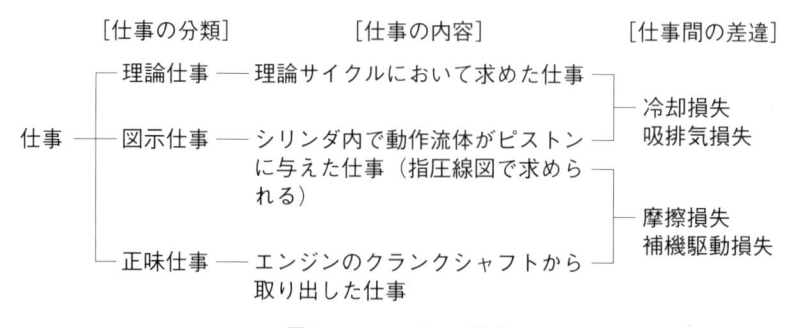

　　　　　　　　　　　図 2.24　エンジンの仕事

2・3 エンジンの基本性能

各平均有効圧力は下記の通りである.

● **理論平均有効圧力**　本圧力は,次式で求められる.

$$P_{th} = \frac{W_{th}}{V} = Q \cdot \frac{\eta_{th}}{V}$$

ただし,P_{th}:理論平均有効圧力〔Pa〕,W_{th}:理論仕事〔J〕,V:行程容積〔m³〕,Q:供給された燃料の熱エネルギー〔J〕,η_{th}:理論熱効率

● **図示平均有効圧力**　本圧力は,運転中のエンジンを用い,インジケータによって求められた指圧線図からプラニメータ等により算出した面積 $S_1 - S_2$ を,行程容積を示す長さ ℓ で除したものである(図 2.25).

すなわち,

$$P_i = \frac{S_1 - S_2}{\ell}$$

ただし,P_i:図示平均有効圧力〔Pa〕

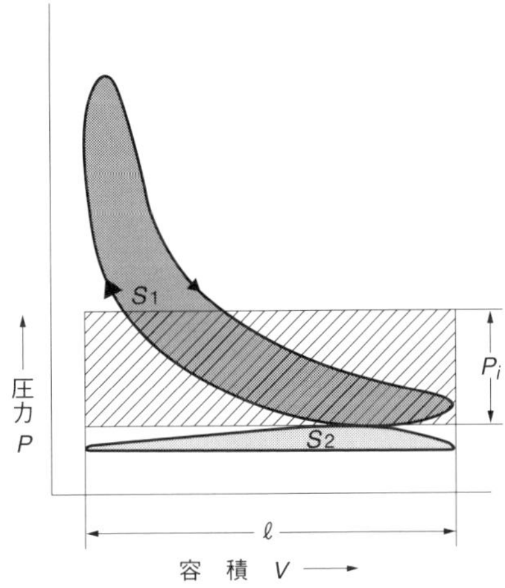

● **正味平均有効圧力**　本圧力は,動力計で実測した軸出力(第 4 章参照)から算出したものであり,4 サイクルエンジンの場合は,次式で求められる.

$$P_e = \frac{2P}{SANn}$$

図 2.25　指圧線図

ただし,P_e:正味平均有効圧力〔Pa〕,P:軸出力〔W〕,S:行程〔m〕,A:シリンダ断面積〔m²〕,N:エンジン回転速度〔min⁻¹〕,n:シリンダ数

(3) 熱効率

エンジンにおいて,仕事に変化した熱量と供給した燃料の熱量との比をそのエ

ンジンの**熱効率**といい，図 2.26 のような種類がある．

$$熱効率 = \frac{仕事に変化した熱量}{供給した燃料の熱量}$$

```
熱効率 ┬ 理論熱効率
       └ 実際（実測）の熱効率 ┬ 図示熱効率
                              └ 正味熱効率
```

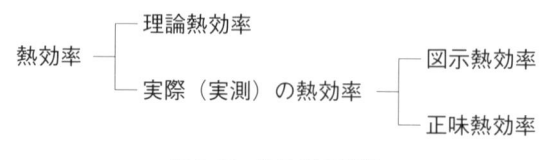

図 2.26　熱効率の種類

(a) 理論熱効率

理論サイクルにおいて，仕事に変えることのできる熱量と供給する熱量との比をいう．

(b) 図示熱効率

シリンダ内で動作流体がピストンに与えた仕事（図示仕事）を熱量に変換したものと，供給した燃料の熱量との比をいう．**図示仕事**は，指圧線図から求めることができる．また，理論仕事に比べ，冷却損失，吸排気損失分小さいので（図 2.24），図示熱効率は理論熱効率より常に小さい．

(c) 正味熱効率

正味仕事を熱量に換算したものと，供給した燃料の熱量との比をいう．

正味仕事とは，実際にエンジンのクランクシャフトから実測される動力で，図示仕事から摩擦損失，補機駆動損失を差し引いたもので自動車に供給される掛け値なしの動力である．

したがって，熱効率は常に，

　　理論熱効率 ＞ 図示熱効率 ＞ 正味熱効率

の関係にある．

正味熱効率は，次式で表される．

$$\eta_e = \frac{P}{H_u B}$$

ただし，η_e：正味熱効率，P：軸出力〔W〕，H_u：燃料低発熱量〔J/kg〕，B：燃料消費量〔kg/s〕

一般に，正味熱効率は，ガソリンエンジンで約 25 ～ 30 ％，ディーゼルエンジンで約 35 ～ 40 ％といわれているが，エネルギー問題改善のため，各方面でその向上を目指した研究が進められている．

(4) 熱勘定と各種損失

(a) 熱勘定

熱効率において，実際のエンジンではいろいろな損失があるので，燃料の発生した熱量がどのように消費されたかを把握することは，その向上のために非常に重要なことである．**熱勘定**（ヒートバランス）とは，燃料の発生した熱量がどのように消費されたかの割合を示すものである．図 2.27 に，ガソリンおよびディーゼルエンジンの一例を示す．

いずれにせよ，エンジンの種類を問わず，正味出力になるのは約 30 ％で，残りの約 30 ％ずつがそれぞれ冷却，排気損失として捨てられるので，可能な限り回収する必要がある．

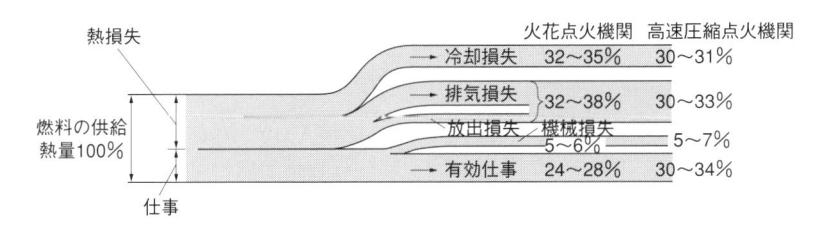

	火花点火機関	高速圧縮点火機関
冷却損失	32～35％	30～31％
排気損失	32～38％	30～33％
放出損失／機械損失	5～6％	5～7％
有効仕事	24～28％	30～34％

図 2.27　熱勘定の一例

(b) 各種損失

各種損失には次のようなものがある．

・冷却損失：冷却水や冷却空気によって失われる損失で，この割合は大きい
・排気損失：排気が外部に持ち去る損失で，ターボチャージャはその回収手段

の1つである
- 輻射損失：各部（排気系，冷却系，クランクケース等）から熱の輻射によって外部に失われる熱量で，その割合は比較的少ない
- ポンプ損失：新気吸入時，排気排出時の，いわゆる吸入損失および排気損失の和をポンプ損失という
- 機械損失：ピストンリングとシリンダ間の摩擦，各軸受け部分の摩擦，補機類の駆動損失等をいう

(5) 吸入効率

(a) 4サイクルエンジンの体積効率（容積効率）

エンジンの出力性能は，吸入空気量の良否に影響される．

吸入空気量は，流路抵抗と吸入空気の温度上昇等により，行程容積に相当する空気量よりも一般的に小さくなる．その良否を表す尺度として次式の**体積効率**および**充填効率**が用いられる．

吸入空気量は，丸形ノズル，熱線風速計，カルマン渦式風量計等で測定される（第9章参照）．

- **体積効率と充填効率**　両者は，外気温度 T，圧力 P，標準状態の外気温度 T_0，圧力 P_0 ($T_0 = 20\,°\mathrm{C}$, $P_0 = 1$ 気圧) とすると，それぞれ，

$$体積効率(\eta_v) = \frac{P と T の状態で吸入した空気の質量}{P と T の状態で総行程容積を占める空気の質量}$$

$$充填効率(\eta_c) = \frac{P と T の状態で吸入した空気の質量}{P_0 と T_0 の状態で総行程容積を占める空気の質量}$$

で表される．

体積効率はエンジンが運転されている周囲の状態を基準にしたもので，吸入空気温度が高くなると低下し，回転速度が高くなると吸入抵抗が増えて吸入圧力が下がり，低下する．

充填効率は，エンジン外部の大気条件が異なれば変わってくるが，エンジンの吸入性能を比較できないので，標準状態の圧力および温度を基準として吸入性能を表すものである．

両効率は，平地ではほとんど同じであるが，高山や低気圧の場合には充填効率が低下し，両者の差は拡大する．体積効率の相場は，ガソリンエンジンが約0.8，ディーゼルエンジンが約0.9である．エンジン出力向上のために体積効率を高める必要があり，吸気系統の改良，過給機の利用等があるが詳細は後述する．

(b) 2サイクルエンジンの掃気効率，給気効率

2サイクルエンジンでは，吸入，排気の独立した行程はない（図2.28，2.29）．すなわち，掃気孔から新気を供給し，新気の流動を利用して燃焼室内の燃焼ガスを排出するのが，2サイクルエンジンの掃気である．

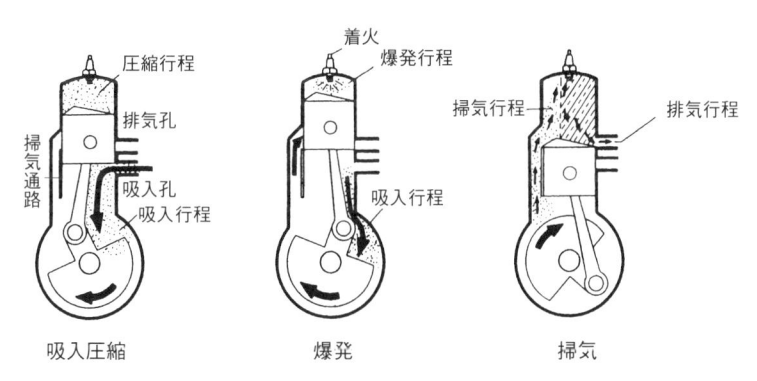

図 2.28　2サイクルガス交換例

4サイクルエンジンでは，長期間にわたり排気，吸気が行われるため，比較的良好なガス交換が行われるが，2サイクルエンジンでは，ピストン運動に直接頼らず，しかも短期間で行うため，ガス交換は困難になる．

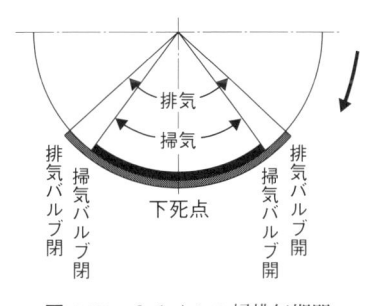

図 2.29　2サイクル掃排気期間

十分な掃気を行おうとすると，新気の一部が排気と共に燃焼室を素通りする．特にガソリンエンジンでは，燃料，空気混合気で掃気を行うので，燃料の損失を避けられなくなる．

ガス交換の良否を評価する指標として，下記のものがある．

● 掃気作用の良否を表す指標

$$掃気効率(\eta_s) = \frac{掃気後燃焼室内の新気の質量}{掃気後燃焼室内の気体の全質量}$$

● 給気の利用度を表す指標

$$給気効率(\eta_t) = \frac{掃気後燃焼室内の新気の質量}{掃気に使用した新気の質量}$$

この両効率は，掃気方式，掃気圧力，流入角，エンジン回転速度等に影響されるが後述する．

2・4 エンジンの燃焼

(1) 燃焼の基礎

(a) 燃焼の形態，反応

● **燃焼形態**　燃焼とは，発熱を伴う酸化反応で，燃料と酸化剤の性状，混合過程，流動条件等に影響を受ける．その形態を分類すると以下のようになる．

① 燃料と酸化剤の混合過程による分類
・拡散燃焼　：燃料，酸化剤の拡散，混合と酸化反応が同時進行する燃焼．燃焼が緩慢で，すすが多く，火炎温度は低い．従来のディーゼルエンジンの燃焼が該当する
・予混合燃焼：燃料と酸化剤との混合により可燃性混合気が形成された後，酸化反応が生じる燃焼で，燃焼が速くてすすが少なく，火炎温度は高い．ガソリンエンジンの燃焼が該当する

② 流動条件による分類
・乱流燃焼：燃焼場が乱流である場合で，実際のエンジンでは，ほとんどがこ

2・4 エンジンの燃焼

の燃焼である
- 層流燃焼：燃焼場が層流である場合をいう

③燃焼の連続性による分類
- 連続燃焼：燃料および酸化剤の供給が連続的な場合で，ガスタービンエンジン等が該当する
- 間欠燃焼：燃料および酸化剤の供給が間欠的な場合で，ガソリンエンジン，ディーゼルエンジン等が該当する

④燃料，酸化剤の相による分類
- 均一燃焼　：空気等のように酸化剤，燃料共に気相の場合をいう
- 不均一燃焼：酸化剤が気相で，燃料が液相あるいは固相の場合をいう

⑤混合気形成による分類
- 均質燃焼：燃焼室内の燃料濃度分布がおおむね均質の場合をいう
- 成層燃焼：点火しやすい濃度の混合気を点火プラグ周辺に形成し，その外側に希薄混合気を配置することにより，高い点火性能を確保しながら全体として**希薄混合気燃焼**を図るような場合である

● **燃焼反応**　　炭化水素 C_nH_m と酸素分子との反応は，次のような化学反応式で表される．

$$C_nH_m + \left(n + \frac{m}{4}\right)O_2 = nCO_2 + \frac{m}{2}H_2O$$

この式は，反応の最初と最後の化学種の組成を示す．

● **所要空気量と発熱量**　　1〔kg〕の燃料を完全燃焼させるのに必要な空気質量を，**理論空気量**という．理論空気量を求めるには，燃料の組成と空気中の酸素量を知る必要がある．

必要な空気量は，

$$m_a = 11.48c + 34.2h + 4.31(s - o) \,\text{〔kg〕}$$
$$v_a = 8.89c + 26.5h + 3.33(s - o) \,\text{〔m}^3\text{〕}$$

ただし，燃料1〔kg〕に含まれる炭素，水素，硫黄，酸素の質量をそれぞれ c，h，s，o〔kg〕とする．

各種燃料の理論空気量を示したものが表2.2である.

空気と燃料との質量比を**空燃比**といい,理論空気量に相当する混合気の場合を**理論空燃比**という.空燃比の逆数が燃空比である.また,混合気の空燃比を理論空燃比で除した値が**空気過剰率**であり,燃空比を理論燃空比で除した値を**当量比**という.

また,燃料が完全燃焼した場合,最初の温度まで冷却される時に発生する熱量を**発熱量**という.燃焼前の温度が常温の場合,水の蒸発潜熱が放出される.これを含めたものを**高発熱量**,除いたものを**低発熱量**という.エンジンの熱効率計算等に使用するものは,一般に低発熱量である.

表 2.2 各種燃料の理論空気量

種類	組成（質量比）				比重	理論空気量
	C	H	S	N		
ガソリン	0.855	0.145	0	0	0.69〜0.77	14.79
灯油	0.859	0.141	0	0	0.80〜0.84	14.70
軽油	0.858	0.127	0.004	0.010	0.84〜0.89	14.22
重油	0.862	0.115	0.004	0.010	0.90〜0.95	13.86

(b) 可燃性混合気の燃焼

● **着火**　燃焼反応が開始し持続する現象を**着火**,点火,発火等という.また,混合気全体を高温に保つと,一定の待ち時間の後,混合気中に火炎核が現れ,急速に燃焼を起こす.これが**自己着火**（自発着火）であり,待ち時間を**着火遅れ**という.

混合気の一部に何らかの方法（例えば火花点火等）でエネルギーを与えると,混合気中に火炎核の発生が見られる.これを**強制点火**という.この時,ガソリンエンジンの火花点火においては,混合気を点火するのに必要な点火エネルギーがあり,これを**最小点火エネルギー**という.最小点火エネルギーと当量比,点火電極間隙,混合気流速の関係を図2.30に示す.

図2.30(a)において,最小点火エネルギーは,当量比の変化と共に最小値を示

2・4 エンジンの燃焼

すが，燃料の種類によって異なる．ガソリンはヘプタンに近く（分子量），混合比を濃くすると点火性が向上する．

図 2.30(b) において，電極間隙は，小さくすると電極の冷却作用が増加するため，最小点火エネルギーは増加する．

図 2.30(c) の混合気流速については，点火しやすい最適流速が存在する．流速が低いと，火炎核が電極の近傍に長時間存在して冷却されやすく，流速が速すぎ

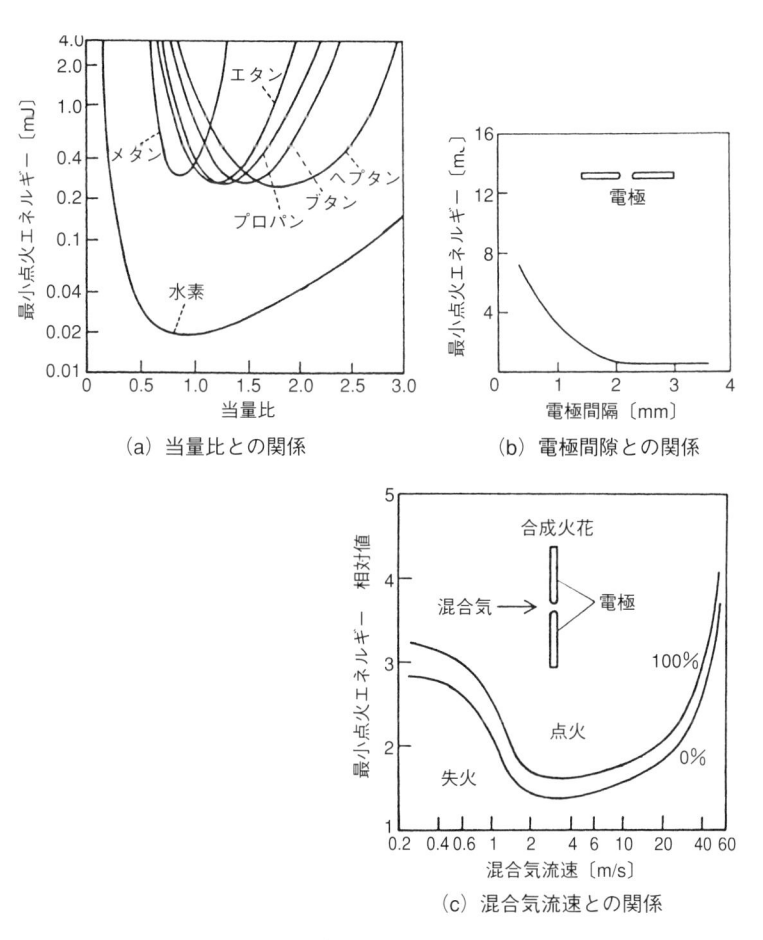

(a) 当量比との関係

(b) 電極間隙との関係

(c) 混合気流速との関係

図 2.30 最小点火エネルギーとの関係[1]

ると乱流になり，火炎核の成長が困難になるためである．

その他，混合気温度，圧力が低下すると最小点火エネルギーは増加する．また，点火火花の成分分担も点火能力に影響する等，他にもいろいろな影響要因がある．

燃料と空気との混合気が燃焼し得る濃度限界を**可燃限界**（燃焼限界，爆発限界）という．さらに，過濃側と希薄側の限界間の範囲を**可燃範囲**という．

● **燃焼速度**　　混合気中を火炎が伝播する速度を，固定座標系から測定した場合，**火炎伝播速度**，未燃混合気に相対的な火炎伝播速度の火炎面法線方向の分速度を**燃焼速度**という（図2.31）．

a：未燃混合気の流入角度
U_u：未燃混合気の流入速度
U_b：燃焼ガスの流出速度
S_u：燃焼速度

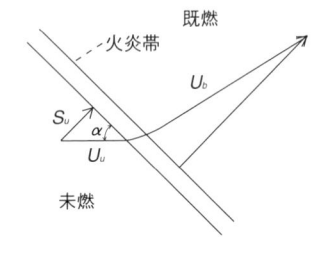

図 2.31　燃焼速度 [1]

● **消炎**　　燃焼室壁面近傍では，冷却作用と活性化学種の失活により消炎が起こる．また，ガソリンエンジンから排出される未燃炭化水素の多くの部分は，消炎の領域で生成される．

(c) ガソリン，軽油，LPGの燃焼 ─────────

エンジンの主要な使用燃料について，簡単にそれぞれの燃焼内容を述べる．詳細については，後述する（第7章参照）．

● **ガソリン**　　ガソリンは，炭化水素の混合物で構成されており，燃焼させるためには液体を気体に変え，さらに空気と混合する必要がある．着火は，点火プラグによる電気火花点火で行う．着火点は約 500 ℃，低発熱量は約 44000〔kJ/kg〕である．

● **軽油**　　軽油を使用するディーゼルエンジンは，一般的にまず空気のみをシリ

ンダ内に送り込み，これを高圧縮して高温になった空気内に，燃料として着火性の良い軽油を噴霧にして送り込み，自己着火燃焼させる．したがって，燃料噴射の状態および燃料と空気の混合状態が燃焼の良否を左右する．着火点は約 350 ℃ でガソリンより着火容易であり，低発熱量は約 43000〔kJ/kg〕である．

● **LPG（Liquefied Petroleum Gas）**　ガソリンと同様に炭化水素の混合物で，プロパン，ブタンが代表的なものである．使用状況としては，常温・高圧でボンベに充填されており，減圧・気化して用いられる．着火点は約 500 ℃，低発熱量は約 46000〔kJ/kg〕である．

(d) 異常燃焼

火炎伝播が最後まで正常に続く場合は，正常燃焼になる．ここでは異常燃焼の場合について，図 2.32 に簡単に示した．

なお，エンジンに関する異常燃焼は，燃焼室内のものとして主にノッキングと

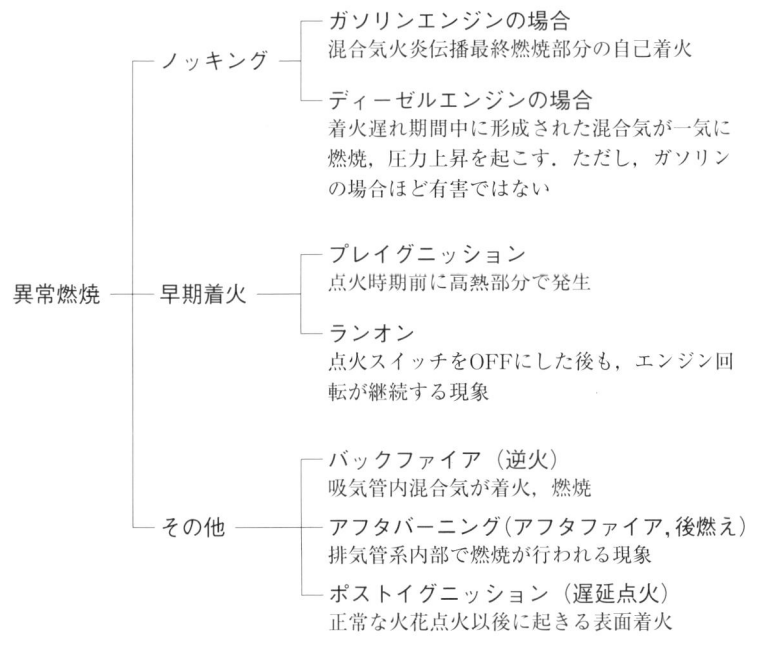

```
                 ┌─ ガソリンエンジンの場合
                 │   混合気火炎伝播最終燃焼部分の自己着火
        ┌ ノッキング ┤
        │        └─ ディーゼルエンジンの場合
        │            着火遅れ期間中に形成された混合気が一気に
        │            燃焼，圧力上昇を起こす．ただし，ガソリン
        │            の場合ほど有害ではない
        │
        │        ┌─ プレイグニッション
        │        │   点火時期前に高熱部分で発生
異常燃焼 ┼ 早期着火 ┤
        │        └─ ランオン
        │            点火スイッチをOFFにした後も，エンジン回
        │            転が継続する現象
        │
        │        ┌─ バックファイア（逆火）
        │        │   吸気管内混合気が着火，燃焼
        │        │
        └ その他  ┼─ アフタバーニング（アフタファイア，後燃え）
                 │   排気管系内部で燃焼が行われる現象
                 │
                 └─ ポストイグニッション（遅延点火）
                     正常な火花点火以後に起きる表面着火
```

図 2.32　異常燃焼の種類

早期着火があるが，燃焼室外のものについても図示しておいた．

特にノッキングについては，後述（p.51～）するので，詳細は参照して頂きたい．

(2) ガソリンエンジンの燃焼

(a) ガソリンの燃焼範囲

ガソリンにおいては，燃焼を継続できる空燃比が存在するが，実際のエンジンではその運転状態に応じて種々の空燃比を表2.3および図2.33のように使い分けている．

(b) 混合気の形成

エンジンにおいて，燃焼特性は混合気の状態に強く支配される．自動車用ガソリンエンジンの場合，燃料供給方式は従来の気化器ではなく，燃料噴射によるものが圧倒的に多くなっている．

いずれにせよ，燃料と空気の気液二相流は最終的には燃焼室内へ流入するが，空気と燃料間の流速に差があるため，特に過渡運転（加速，減速）の場合，瞬間的に空燃比が平均値をはずれ，運転不良，有害排出物の増大につながる．また，気化器の場合には，各シリンダへの混合気分配不良の可能性もあるので注意が必要である．

表2.3　各種空燃比

項　　目	空　燃　比
燃焼範囲（注）	上限約7～下限約22 通常約8～20
出力空燃比	約12.5
経済空燃比	約16
理論空燃比	約15
三元触媒最適空燃比	約15
排気，燃費用空燃比	約15

（注）最近では，例えば成層燃焼等では，燃焼範囲下限が約30～40と拡大している．

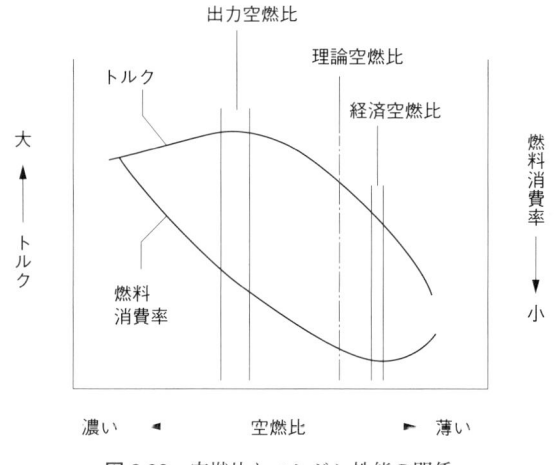

図 2.33　空燃比とエンジン性能の関係

　燃焼室内においても，燃料は燃焼室壁の液膜，空気中に浮遊する液滴および蒸気で存在する．それらは吸入，圧縮行程中に蒸発し，空気および残留ガスと混合する．しかし，燃料蒸発が不十分の場合，壁面上の液膜は，エンジンの始動性および排出未燃 HC 濃度に悪影響を及ぼす．
　一方，気相中の液滴は，燃料蒸気濃度分布，着火特性，火炎伝播特性，排気特性等に関係する．そのために，燃料噴射弁の開発が行われており，混合気形成メカニズムの研究は一層重要になりつつある．

(c) **燃焼過程**

　シリンダ内に吸入された混合気は圧縮後，図 2.34 の A 点で点火される．点火して火炎核が現れた後，乱流伝播火炎へと成長する．火炎が伝播し，熱発生が進行し，燃焼室圧力が上昇する．
　燃焼過程は，火炎放電から混合気が燃焼拡大して燃焼を継続し得るだけの核を形成する期間（火炎核形成期間，第 1 期）と，主燃焼期間（第 2 期）とに分けることができる．
　それぞれの期間に影響のある要因（○），影響のない要因（×）は次の通りである．

図 2.34　シリンダ内圧力

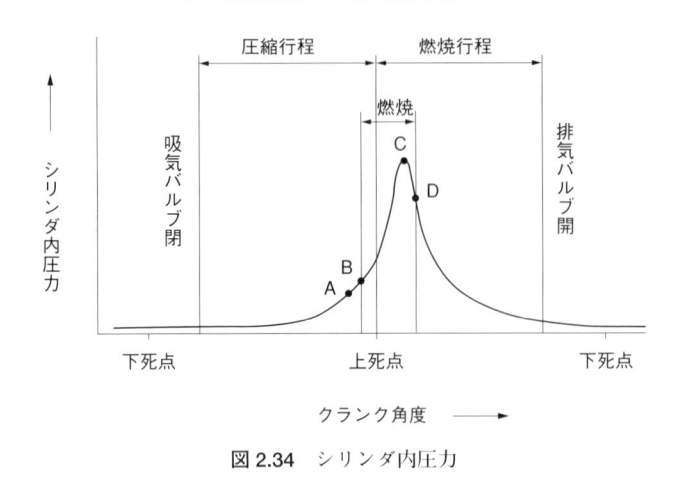

- **第 1 期**（火炎核形成期間，着火遅れ，A → B 点）

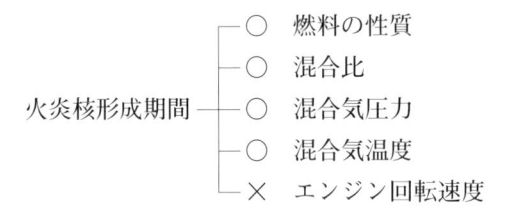

  火炎核形成期間 ─┬─ ○　燃料の性質
  　　　　　　　　├─ ○　混合比
  　　　　　　　　├─ ○　混合気圧力
  　　　　　　　　├─ ○　混合気温度
  　　　　　　　　└─ ×　エンジン回転速度

- **第 2 期**（主燃焼期間，圧力上昇期間，B → C 点）

  主燃焼期間 ─┬─ ○　混合気の燃焼速度
  　　　　　　└─ ○　エンジン回転速度

- **後燃え**（C 点以降）　燃焼は未だ完了せず，膨張行程まで継続する．この期間をいう．

　燃焼特性は，点火時期により大きく異なり，最適点火時期において最高出力が得られる．燃焼ガスの押し下げ力を最も有効に利用するためには，最高圧力を示す C 点が，クランク回転角度で上死点後 10 ～ 15°ぐらいになるようにする必要があり，その条件を満足する点火時期を設定する（実際はトルク，出力を見ながら設定する）．

2・4 エンジンの燃焼

(d) ノッキング現象と防止策

エンジンの出力，熱効率を向上させるためには燃焼温度および燃焼圧力を上昇させる必要がある．そのためには圧縮比，過給圧を高めたり，点火時期を早めたりすることになるが，その副作用としてノッキングの問題が生じる．

● **ノッキング現象**　ガソリンエンジンの**ノッキング**とは，低回転急加速時あるいは急登坂時に「キンキン」あるいは「カリカリ」というようなエンジン打音が発生する現象である．ノッキングが発生すると，異音による不快感がもたらされるのみでなく，エンジン出力の低下，熱損失の増加，エンジン各部の機械的・熱的負荷の増大によるエンジン破損等に及ぶ場合がある．

● **発生原因**（図 2.35）　原因は，点火プラグで点火し燃焼を行っている過程における未燃焼ガスの自己着火によるもので，指圧線図あるいは燃焼写真を調べると，燃焼後半に高周波の衝撃波が認められる．図 2.35 においては，P：シリンダ内圧力，P_K：ノッキング周波数圧力である．

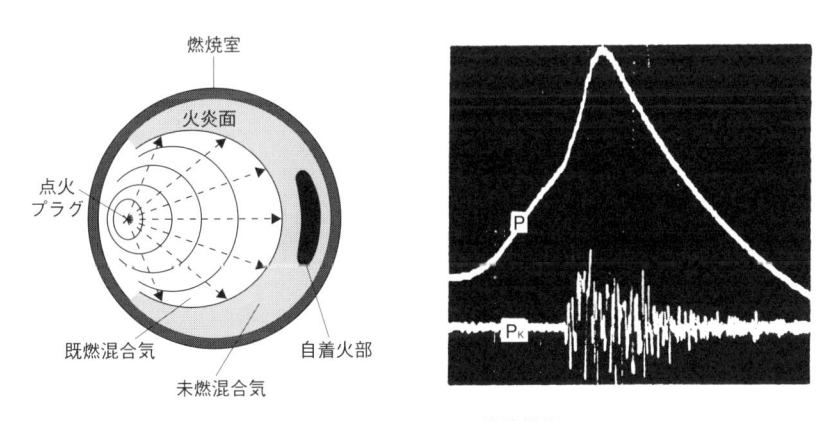

図 2.35　ノッキングの燃焼状態

● **ノッキング防止策**　ノッキングを防止するには，未燃焼ガスの自己着火を抑制すれば良く，要は未燃焼ガスが勝手に着火しないようにするか，あるいは速く正常燃焼を行わせるようにして自己着火発生の時間的余裕を与えないことである．表 2.4 にその方法を整理しておく．なお，内容の一部は詳細に後述している．

表 2.4 ノッキング制御法

	方　法	因　子	具体例
1	高オクタン価燃料の使用	燃料組成,添加剤	ハイオクタンガソリンの使用
2	燃焼期間の短縮 ・火炎伝播距離の短縮 ・燃焼速度の増大	・燃焼室形状 ・点火位置 ・ガス流動	・コンパクト燃焼室 　(半球形,ペントルーフ形等) ・中心点火,点火プラグ数増加 ・スワール,タンブル,スキッシュ
3	エンドガスの温度低減 ・燃焼室壁温の低下 ・残留ガス低減 ・エンドガス部冷却	・冷却水温 ・ヘッド,シリンダ ・ピストン ・バルブ開閉時期 ・吸排気による吸着 ・ガス流動 ・吸気温低下	・冷却水流れ改善等 ・燃焼室壁薄肉化等 ・オイルジェット等 ・スキッシュ
4	エンジンセッティング	・圧縮比の低下 ・点火時期の遅角 ・過給圧の低下 ・ノックセンサ＋点火時期制御	

(e) 燃焼影響要因と向上策

　ここでは,ガソリンエンジンの燃焼に影響する因子について触れておきたい.これらは,最終的には後述するエンジン性能(第 4 章)および公害対策(第 5 章)に関係していく部分の基礎編である.

● **ガス流動**　　燃焼室内に混合気の乱れを発生させ,その流動によって燃焼を促進させる.その方法には,主に以下の 3 種類がある.

①スワール(横渦,図 2.36(a),表 2.5)

　燃焼室内に吸入された混合気を,シリンダの中心軸に垂直な面の方向に旋回さ

2・4 エンジンの燃焼

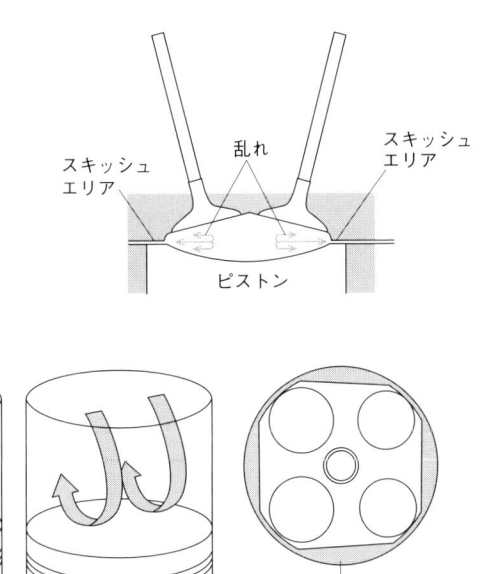

(a) スワール　(b) タンブル　(c) スキッシュ

図 2.36　ガス流動

表 2.5　各種ガス流動

	スワール	タンブル	スキッシュ
定　義	渦流（横渦）（注）	渦流（縦渦）	押し込み渦流
タイミング	吸入行程	吸入行程	圧縮行程，膨張行程
ねらい	混合気の混合改善	混合気の混合改善 成層燃焼の形成	燃焼促進
主な結果	希薄限界，EGR 限界の拡大	希薄限界，EGR 限界の拡大	同左および燃焼速度向上
作り方	・吸気ポートと燃焼室内壁で流れ形成 ・ポート形状接線化ガイド等	・吸気ポートとピストン頭部形状との共同	・シリンダヘッド底面とピストン頂面で形成 ・スキッシュ面積大，スキッシュ厚さ小→スキッシュ強さ大

（注）その他，斜めスワールあり．

せるものである．

②タンブル（縦渦，図2.36(b)，表2.5）

吸入された混合気を縦方向に旋回させるものである．

③スキッシュ（押し込み渦流，図2.36(c)，表2.5）

シリンダヘッド底面とピストン頂面間で形成される間隙部を混合気および燃焼ガスが出入りし，乱れを発生するものである．

● 燃焼室形状

①燃焼室のバリエーション

表2.6にこれまでの燃焼室形状の変遷を示すが，最近のエンジンに対する主要な公害，エネルギー等の課題から球形，ペントルーフ形が主流となっている．

表2.6 ガソリンエンジンの燃焼室形状

形　状	図	特　徴
サイドバルブ形		・バルブ位置がカムシャフトに近く，動弁機構が簡単，振動・騒音少ない ・火炎伝播距離が長く，ノックが発生しやすい．圧縮比を高くできない ・S/V比が大きく，熱効率低い
バスタブ形 （浴槽形）		・吸排気バルブが直立で同一直線上にあるので，生産性が高い ・スキッシュを作りやすい

2・4 エンジンの燃焼

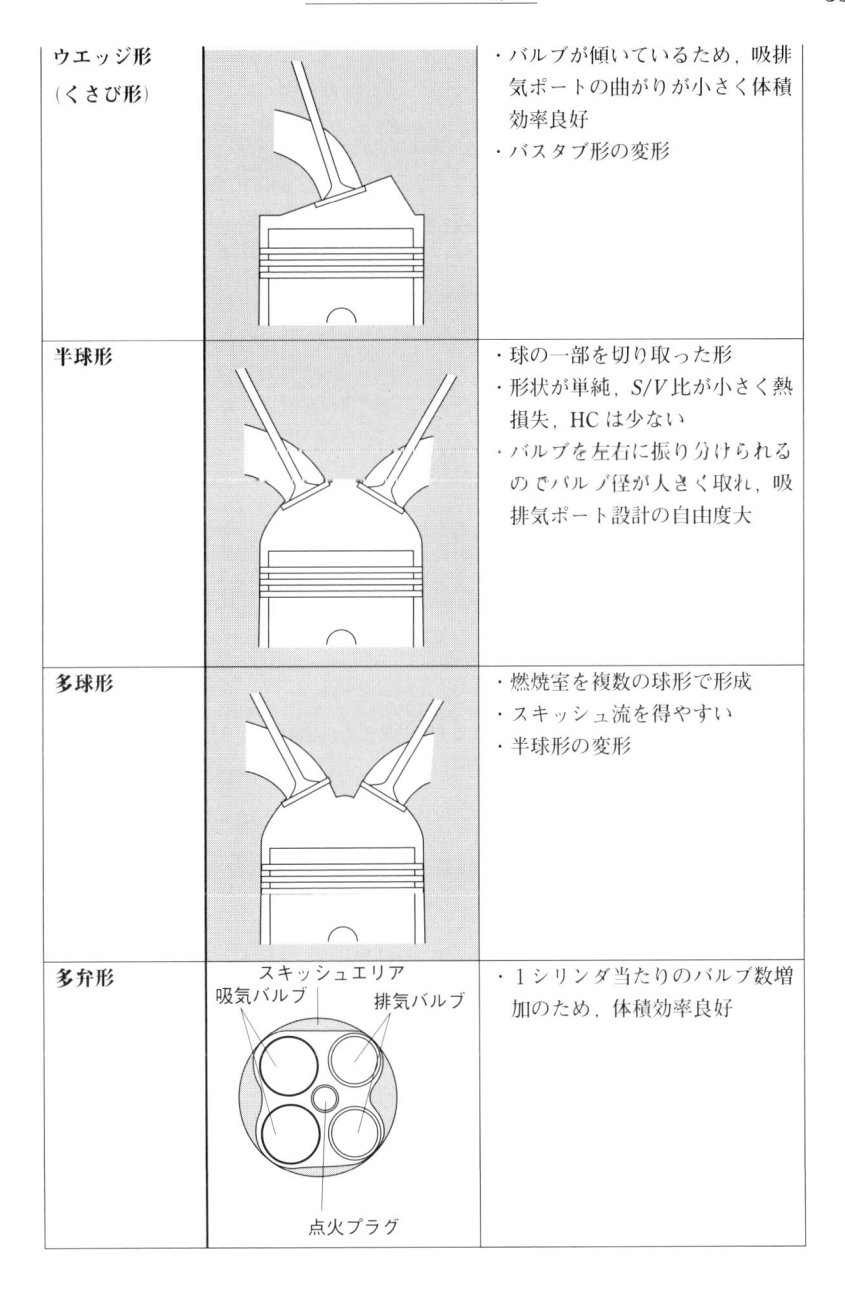

ウエッジ形 (くさび形)		・バルブが傾いているため,吸排気ポートの曲がりが小さく体積効率良好 ・バスタブ形の変形
半球形		・球の一部を切り取った形 ・形状が単純,S/V 比が小さく熱損失,HC は少ない ・バルブを左右に振り分けられるのでバルブ径が大きく取れ,吸排気ポート設計の自由度大
多球形		・燃焼室を複数の球形で形成 ・スキッシュ流を得やすい ・半球形の変形
多弁形	スキッシュエリア 吸気バルブ　排気バルブ 点火プラグ	・1シリンダ当たりのバルブ数増加のため,体積効率良好

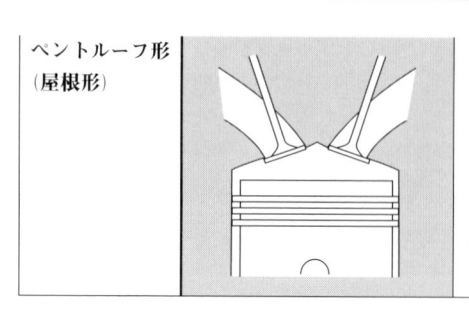

ペントルーフ形 （屋根形）	・4バルブ専用 ・吸排気バルブ挟み角を狭めることにより，コンパクト燃焼室化が可能で，アンチノック性高く，圧縮比向上可能 ・点火プラグの中央化が容易． ・火炎伝播距離が短く，長所が多い形状

② S/V 比 （Surface Volume Ratio）

上死点時の燃焼室表面積／燃焼室容積．

S/V 比を大きくすると冷えやすいタイプとなり，排出物中の HC が多くなり，燃費が不良となる．

燃焼室形状としては，半球形，ペントルーフ形で S/V 比が小さくなり，エンジンとして良好になる．

③コンパクト燃焼室

燃焼室をコンパクト化することにより，火炎伝播距離が短くなり，燃焼時間の短縮につながる．その結果，アンチノック性が高まり，高い圧縮比が確保でき，性能向上がもたらされる．前述のペントルーフ形燃焼室等は，それを指向したものである．

④点火プラグ中央化

点火プラグを可能な限り燃焼室の中心に配置することも，火炎伝播距離，燃焼時間を短縮することになり，燃焼速度を高めたものと同じ効果がある．

⑤点火プラグ数の増加

点火プラグ数の増加も火炎伝播距離の短縮となり，かつ確実に点火が行われるようになる．ただし，燃焼騒音の増加傾向もあるので，それに対応する必要もある．

● **高圧縮比化**　　圧縮比が高いほど熱効率等が向上することは本章でも説明してきたが，図 2.37 にもあるように，圧縮比の上昇に伴って，平均有効圧力，燃料

消費率が向上する．これは高圧縮比化によって混合気の温度が上昇し，燃焼後のガスの温度，圧力も高くなること，また燃焼時間が短くなり熱エネルギーが有効に仕事に変換され，結果的に排気ガスとして外部に排出される熱量が減少する等の理由からである．ただし，圧縮比が大きくなるとノッキングが発生するので，一般的には10程度であるが，一部には12程度の圧縮比のエンジンもある．

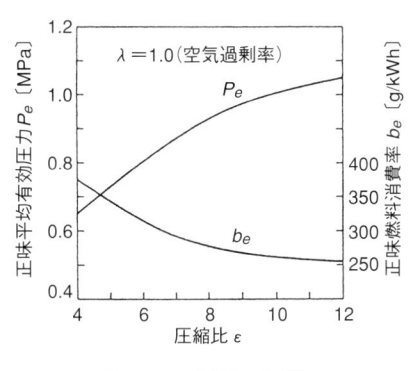

図 2.37　圧縮比の影響[1]

● **過給圧**　過給を行うと吸入空気量を増やすことができ，その分多くの燃料を燃焼させることが可能となって，出力が向上する．燃焼的にも，過給圧を高めると空気密度が増加して圧縮比を高くしたのと同じことになるが，ノッキングが発生するので過給圧にも限度がある．

● **層状吸気法による混合気の形成**　燃焼に関して混合気の形成は，非常に重要な問題の1つである．**層状吸気法**は，点火しやすい濃度の混合気を点火プラグ周辺に形成し，その外側に希薄混合気を配置する方法で，その燃焼を**層状燃焼**という．

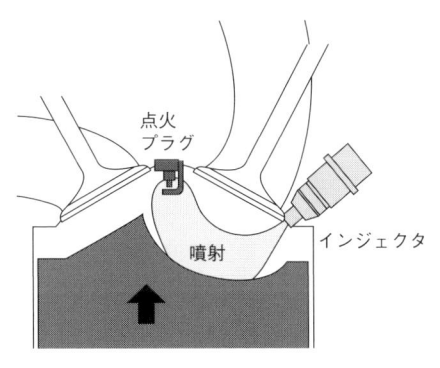

図 2.38　層状燃焼コンセプト

● 空燃比　図 2.39 のように，理論空燃比より過濃な空燃比で最大火炎速度が発生し，出力も最大となる．最小燃費混合比は 16 〜 18 である．

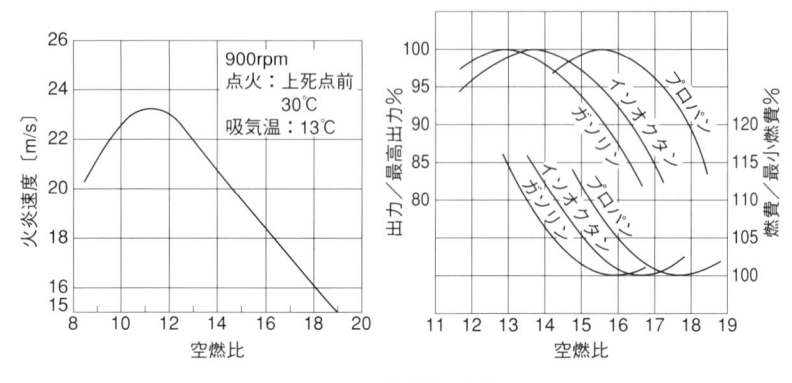

図 2.39 空燃比の影響

● 点火時期　良好な燃焼を得るためには，点火時期は上死点前の適切な時期を選ばなければならない．図 2.40 は，点火時期と燃焼室圧力を示したもので，A 点での点火では上死点前の圧力上昇が早過ぎ，負の仕事が増加する．C 点では遅過ぎて有効仕事が減少し，B 点が最適点火時期となる．また，混合気が薄いほど，最適点火時期は進角する．

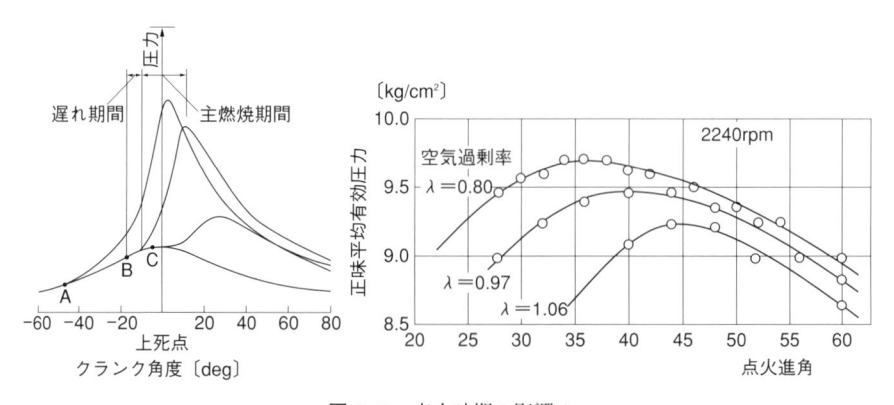

図 2.40 点火時期の影響[1]

2・4 エンジンの燃焼

- **吸気温度** 温度が上昇すると吸入空気量が減少することから，火炎速度は若干減速する．

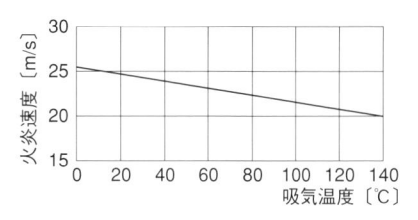

図 2.41 吸気温度の影響例

- **吸気圧力** 圧力が上昇すると火炎速度は増速する．

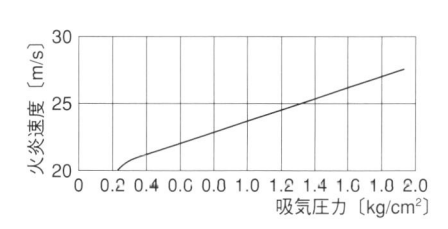

図 2.42 吸気圧力の影響例

- **排気圧力** 排気圧力が上昇すると残留ガス量が増加し，火炎速度は低下する．

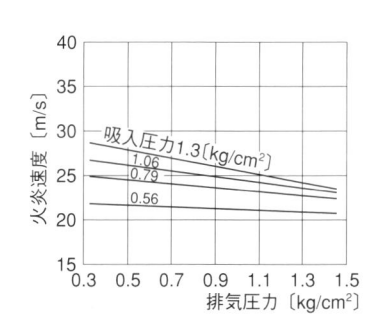

図 2.43 排気圧力の影響例

- **湿度** 空気中の水分（水の蒸気圧）が増加するにしたがい，火炎速度は減少する．

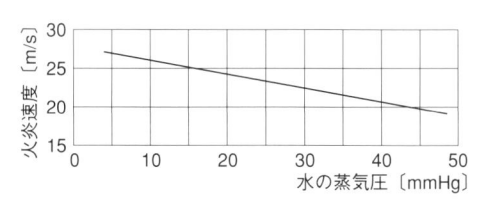

図 2.44 湿度の影響

● **エンジン回転速度**　回転速度が上昇すると，火炎速度は増加する．これは，シリンダ内乱流の増大によるもので，その結果，燃焼時間が短縮されている．

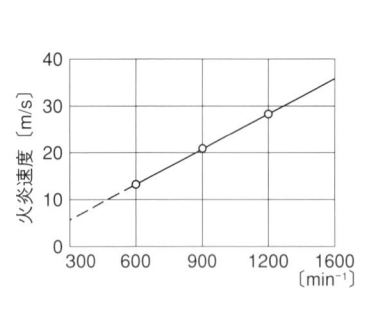

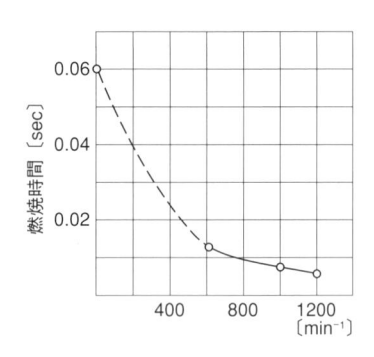

図 2.45　エンジン回転速度の影響

(f) 燃焼過程のモデリングと最適制御法

　最近では，数値計算手法のレベルアップ，コンピュータの利用，実験データの蓄積等により，計算による燃焼のモデリングの進歩は目覚しいものがあり，それによるエンジン諸元の適合法の精度向上が図られ，開発期間の短縮も大幅に実現されている．

　これらは，ガソリン，ディーゼルエンジンの双方にいえることであるが，ここではガソリンエンジンの燃焼の中で述べることとする．

● **モデリング**　手法としては，初期の火炎伝播を無視した熱力学的モデルから，火炎伝播を理想化して適当な乱流燃焼モデルを導入した球形火炎モデル，さらには物質，運動量，エネルギー保存の連立方程式を数値的に解く非定常方程式モデルに進化してきているが，さらに開発が行われている．

　この活用例としては，
- 吸気，シリンダ内，排気ガス流動予測
- 噴射弁，燃焼室内燃料流動予測
- 燃焼室内混合気分布，火炎伝播予測

- 汚染物質（NOx，すす等）の生成モデル
- 燃焼モデルの予測
- ノッキングモデルの予測

等があり，それによって燃焼過程，エンジン出力および排気生成物の予測によるエンジン設計および燃焼制御のイメージ作り，さらにはそれらの発想による燃焼制御手法の確立が期待される．

● **エンジン最適化制御**　　一方，モデリングと実験データ（制御変数と性能，排気ガス，運転性等）を統合した最適制御（オプティマイゼーション）により，一層精緻で応答性に富んだエンジンセッティングが行われている．そして，これらの技術により運転性，公害，省エネルギーに対する総合的なレベルアップが得られている．

(3) ディーゼルエンジンの燃焼

(a) 空気過剰率

ディーゼルエンジンは，圧縮行程後期の高温，高圧雰囲気の燃焼室内に液体燃料を噴射し，燃料の蒸発と空気との混合を行う拡散燃焼であり，ガソリンエンジンに比べると空気が多めに必要で，ガソリンエンジンの空燃比に対応するものとして空気過剰率が多く用いられている．

空気過剰率は次式で表される．

$$空気過剰率 = \frac{実際にエンジンに吸入された空気質量}{供給された燃料を完全燃焼させる理論空気質量}$$

大体のディーゼルエンジンの空気過剰率の相場は，
- 全負荷（燃料最大噴射）時：1.2～1.4
- 低速，軽負荷（燃料噴射が少ない）時：2.5 以上

となっている．

(b) 燃焼の特徴

ディーゼルエンジンでは，燃料が噴射されてから気化，拡散，自己着火，燃焼という過程が非常に短い時間で行われなければならないので，困難な問題が発生

する．そこで次のような特徴が生じる．

● **着火遅れ**　着火遅れが大きいと燃焼室内に多量の燃料が蓄積されるので，それらが急速に着火すると燃焼圧力が急上昇し，過度の場合にはディーゼルノックを発生するので好ましくない．

● **低出力**　拡散燃焼のため，希薄混合気で燃料が少なくなることから，1サイクル当たりの熱の発生量が小さく，ガソリンエンジンに比べ燃焼圧力は高いが低出力となる傾向がある．

● **出力の制御方法**　出力制御は燃料噴射量で行う．このため，吸入行程で空気を絞っておらず，通気抵抗によるポンプ損失が特に低負荷域で少ない．

(c) **混合気形成**

　ディーゼルエンジンの混合気形成は，極めて短時間で終わる非定常現象である．燃料は高温，高圧下で噴射されて噴霧として成長し，噴霧周縁部では乱流混合が行われると共に，微小燃料液滴の蒸発が行われ，可燃混合気に火炎が発生して燃焼，という行程で，極めて複雑に進行する．したがって，最適な混合気形成技術が求められる．

　まず，燃料は噴射弁から高速で噴射される．その燃料は周辺空気との大きな相対速度により微粒化され，噴霧を形成して周囲との混合が行われる．

　エンジンには，さらにスワール流，スキッシュ流等があり，複雑な挙動を示す．また，噴霧は燃焼室壁面に衝突分散するので，噴霧，空気流動，燃焼室形状の間の最適な組み合わせを見出すことが重要になってくる．

　一般的に，混合気形成に関する条件は，図2.46に示すように，燃料供給条件とその受け皿としての燃焼室側の条件の双方に依存する．最近では，高速度写真による観察，測定，解析およびそれらをベースにしたシミュレーションにより，噴霧の成長，シリンダ内流動，混合比分布等の予測が行われ，ディーゼルエンジンの開発が一層進展しつつある．

2・4 エンジンの燃焼

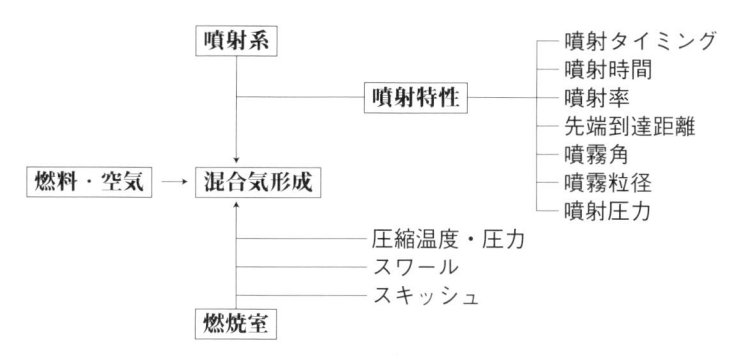

```
噴射系 ─┐                    ┌─ 噴射タイミング
        │                    ├─ 噴射時間
        ├─ 噴射特性 ─────────┼─ 噴射率
        │                    ├─ 先端到達距離
燃料・空気 → 混合気形成      ├─ 噴霧角
        │                    ├─ 噴霧粒径
        │                    └─ 噴射圧力
        ├─ 圧縮温度・圧力
        ├─ スワール
        ├─ スキッシュ
燃焼室 ─┘
```

図 2.46 ディーゼル混合気形成に関係する因子

(d) 燃焼過程

ディーゼルエンジンの場合,燃焼室内では混合比は一様ではなく,噴霧の中心は過濃だがそれ以外は希薄で,燃焼室全体としては平均的に混合比 17 〜 70 ぐらいであり,可燃限界を越えている.燃焼室内に適当な濃度の混合気があれば,1 カ所または数カ所で自己着火し燃焼する.

ディーゼルエンジンでは,燃焼過程を以下の 4 段階に分けて考えることができる (図 2.47).

① 着火遅れ期間 (A → B, 燃焼準備期間)

A で燃料噴射.燃焼圧力は,急激には上昇しない.

② 火炎伝播期間 (B → C, 定容燃焼期間)

圧力急上昇.圧力上昇は,着火遅れ期間に噴射された燃料の量,霧化状態に関係する.

③ 直接燃焼期間 (C → D, 定圧燃焼期間, 制御燃焼期間)

C を過ぎても燃料は噴射されているが,B → C の火炎のため,即燃焼する.

噴射後,同時に燃焼するので,燃料噴射率によって燃焼制御可能である.

④ 後期燃焼期間 (D → E, 後燃え期間)

D で燃料噴射終了.この期間が長くなると排気温度が上昇し,熱効率が低下する.

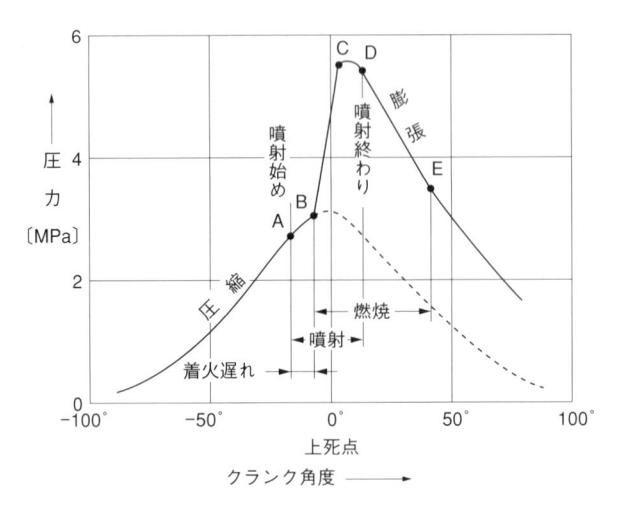

図 2.47　ディーゼルエンジンの燃焼状態

(e) ディーゼルノック現象と防止策

　ディーゼルエンジンは，着火遅れ期間中に蓄積された混合気が初期燃焼期間で急激に燃焼するため，燃焼圧力の上昇が起きる．

　着火遅れが長くなると蓄積される混合気量が増加し，図 2.48 のように圧力上昇率が大きくなって指圧線図上に振動が発生する．この現象をディーゼルノックと呼ぶが，これはガソリンエンジンのノックとは異なる．エンジン回転速度が上昇すると，着火遅れが長くなり，ディーゼルノックが起こりやすい．

　以上をまとめると次のようになる．

- ガソリンエンジンのノッキングとは異なる
- 着火遅れ期間中に形成された混合気が一気に燃焼し，急激な圧力上昇を起こす
- ガソリンエンジンのノックほど有害ではない
- 燃焼最高圧力，圧力上昇率が上がり，エンジン騒音，各部の応力が増大する
- 燃焼最高圧力が高くても，圧力上昇率が低ければディーゼルノックは発生しない（図 2.48：D，E のケースでノック発生）

2・4 エンジンの燃焼

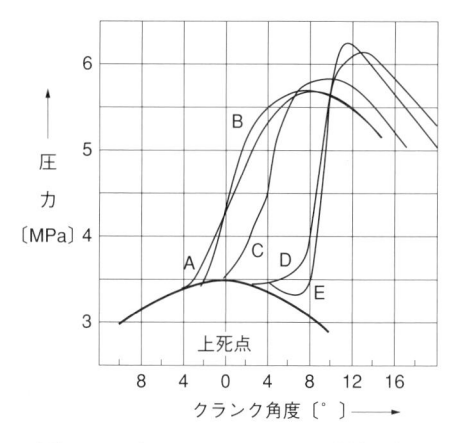

図 2.48 ディーゼルエンジンの燃焼圧力

● **防止策**　ディーゼルノックとガソリンのそれに対する防止策は全く逆になる（表 2.7, 2.8）. 総括すると，以下のようになる.
　①着火遅れ期間の短縮
　②着火遅れ期間中の燃料噴射量の減少

表 2.7　ディーゼル，ガソリンのノック制御比較

項　　目	ディーゼル	ガソリン
燃料の発火点	低い方が良い	高い方が良い
燃料の発火遅れ	短い方が良い	長い方が良い
圧縮比	高くする	低くする
吸気温度	高くする	低くする
シリンダ壁温度	高くする	低くする
吸気圧力	高くする	低くする
機関回転速度	低くする	高くする

表2.8 ディーゼルノック制御法

方　法	因　子	具　体　例
1　着火遅れ期間の短縮	・雰囲気温度，圧力	・吸入空気温度向上 ・シリンダ内温度（圧力）向上 ・冷却水温度の適温化
	・燃焼室形状	・燃焼室形状の適正化 ・圧縮比向上
	・燃料噴射関係	・噴射圧力，噴霧状態の適正化 ・噴射時期の適正化
	・燃料性状	・着火性良好燃料の使用
2　着火遅れ期間中の噴射量減少	・噴射量	・噴射ノズルにおける初期噴射量を減少させる

(f) 燃焼影響要因

　ここでは，ディーゼルエンジンの燃焼に影響する因子について述べることにする．ディーゼルエンジンにおいては，排気ガス中のNOx，PM（Particulate Matter：粒子状物質），振動・騒音の低減が必要で，そのためには「しっかり，そしてじわっと燃焼」を指向して考慮しなければならない．

● **ガス流動**　　スワールを強くすると，一般的に着火遅れが短縮され，黒煙を減らすには良好である．また，NOx，燃料消費率には，最適スワール強さがある．スワール発生方法については，

①ディレクテッドポート

吸気ポートを燃焼室に対して接線方向に設ける方法．

②シュラウド付き弁（マスクド弁）

案内板を設ける方法であるが，空気抵抗損失が大きくなるので要注意．

③ヘリカルポート

吸気ポートをらせん形に設計し，吸入空気に旋回を与える方法で，最近最も多く用いられている．

● **燃焼室形状**　　燃焼室形状は，直接噴射式と副室式の2つに大別されている．前者は燃焼室に燃料を直接噴射するが，後者はシリンダヘッドに組み込まれた副

室に燃料を噴射してその一部が燃焼し，狭い通路を火炎と燃料噴霧が通過し，主室で主な燃焼が行われる．

特性的にいえば，前者は CO_2 低減，燃料消費率に優れるが燃焼騒音が高く，すすと NOx が多い．後者はその逆の傾向がある．

それぞれの燃焼的特徴は次の通りである．

① 直接噴射式

　長所　・構造が簡単であるので，熱効率が良い
　　　　・S/V 比が小さいので，冷却損失が少ない
　　　　・始動が容易である

　短所　・燃料と空気の混合のため，高い噴射圧力が必要である（コモンレールシステム等が必要）
　　　　・エンジン回転速度，負荷，使用燃料，噴霧状態等に対し敏感である
　　　　・ディーゼルノックを起こしやすい

② 副室式（予燃焼室式）

　長所　・使用燃料に対し鈍感で，多種燃料等の使用が可能
　　　　・燃料噴射圧力が低圧で済むので，燃料噴射装置の耐用寿命が長い
　　　　・比較的静粛でディーゼルノックを起こしにくい
　　　　・エンジンの柔軟性がある

　短所　・燃焼室の構造が複雑で，燃料消費率は直接噴射式に比べて劣る
　　　　・S/V 比が大きいので，冷却損失が大きい
　　　　・始動が困難でグロープラグ等の始動補助装置が必要

③ 副室式（渦流室式）

　長所　・エンジンの使用回転範囲が広く，柔軟性がある
　　　　・回転速度，平均有効圧力を高くできる
　　　　・燃料噴射圧力を低圧にできる
　　　　・燃料消費率は予燃焼室式よりも良好である
　　　　・直接噴射式に比べ，NOx，騒音面で有利である

　短所　・燃焼室構造がやや複雑で，S/V 比もやや大きいため熱効率は劣る

・ディーゼルノックはやや起きやすい
・始動には始動補助装置が必要
・直接噴射式に比べ，燃料消費率，PM，耐久性で不利である

＊近年，排気ガス，燃料経済性，出力性能等の見地から，直接噴射式燃焼室プラス燃料高圧噴射（コモンレール）の採用が増加している．

燃焼室のより詳細な説明を表2.9に示す．

表2.9 ディーゼルエンジンの燃焼室形状

分類	形状	図	特徴
直接噴射式	浅皿形 燃料噴霧	燃料噴霧	・中型，中速エンジン用 ・低スワール形（スワール比 2～2.5）（注）
	深皿形 （トロイダル形）		・高スワール形
	リエントラント形		・高スワール形 ・キャビティ入口部にリップを設け，スワール，スキッシュ効果を増大させる

2・4 エンジンの燃焼

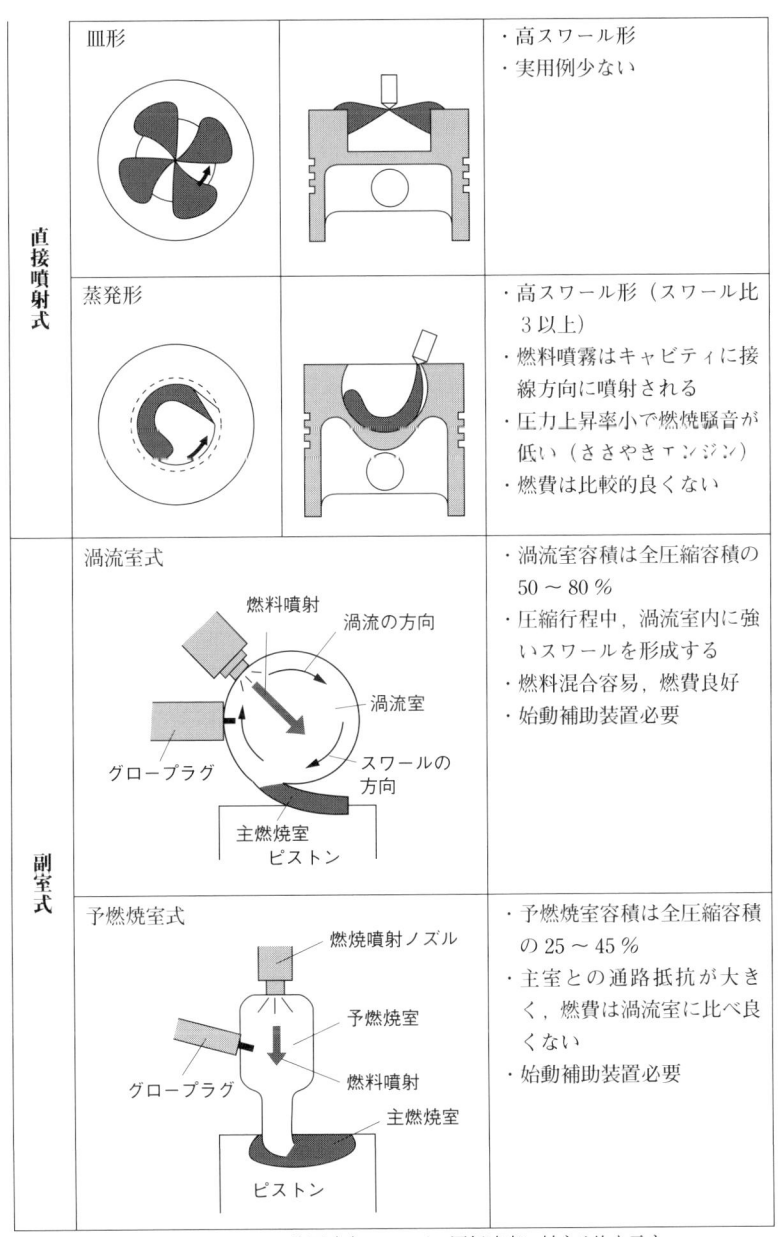

直接噴射式	皿形		・高スワール形 ・実用例少ない
	蒸発形		・高スワール形（スワール比 3以上） ・燃料噴霧はキャビティに接線方向に噴射される ・圧力上昇率小で燃焼騒音が低い（ささやきエンジン） ・燃費は比較的良くない
副室式	渦流室式		・渦流室容積は全圧縮容積の 50〜80% ・圧縮行程中，渦流室内に強いスワールを形成する ・燃料混合容易，燃費良好 ・始動補助装置必要
	予燃焼室式		・予燃焼室容積は全圧縮容積の 25〜45% ・主室との通路抵抗が大きく，燃費は渦流室に比べ良くない ・始動補助装置必要

(注) スワール比とは，スワール旋回速度のエンジン回転速度に対する比を示す．

● **高圧縮比化**　　圧縮比を高くすることにより，圧縮圧力，温度が上昇して着火遅れが短くなり，熱効率，ディーゼルノックは良好になるが，エンジン起動トルク，燃焼最高圧力が高くなり，構造，強度の面で限界がある．したがって許容限度内で高く設定したい．

　最近の市販エンジンでは，圧縮比の相場は，直接噴射式が 16～22，副室式（渦流室式）が 20～23 ぐらいになっている．

● **空気過剰率**　　燃料噴霧周辺の局部的な混合比は燃焼室全体のそれよりも濃厚であるから，空気過剰率が大きくても着火条件は必ずしも良くない．したがって空気過剰率は，エンジンにより適正な制御が必要である．

　一般的に，全負荷（最大噴射量）時 1.2～1.4 程度，低速軽負荷（噴射量少）時 2.5 以上になっている．

● **噴射時期**（図 2.49）　　噴射時期が早過ぎると着火遅れが長くなり，着火直後の圧力上昇率（ $dp/d\theta$ ）が大きくなる．遅過ぎた場合でも着火遅れは長くなる

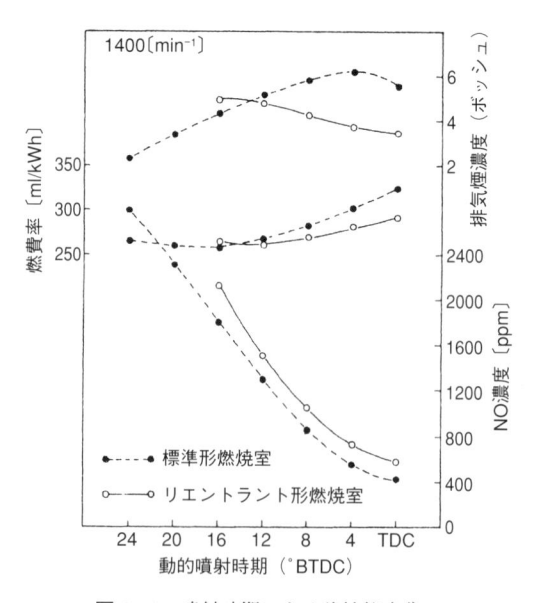

図 2.49　噴射時期による諸性能変化[2)]

が，この場合，膨張行程は着火直後の圧力上昇率を減ずる方向に作用する．いずれにせよ，エンジンにより最適噴射時期が存在する．

● **噴射量**（図2.50）　噴射開始時の噴射量を少なくすれば，最初に着火する燃料が少なくなるので圧力上昇も急激でなくなり，ノックを少なくすることができる．着火後は，燃焼室内が高温になっているので着火が容易であり，したがって噴射開始時に噴射量を絞り，着火後増量するようなノズル構造を設計すると良い．図2.50はその対策例で，**スロットルノズル**といわれるものである．

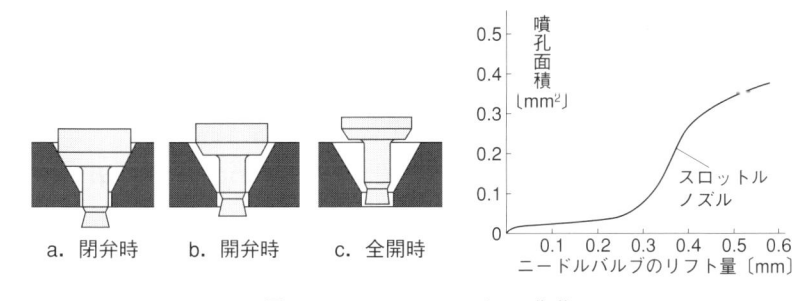

図2.50　スロットルノズルの作動

● **噴射圧力**　噴射圧力が高いほど着火遅れは短くなるが，エンジンによって適正な圧力が存在する．その目的に対し，コモンレール式燃料噴射装置が多用化されている．

● **噴霧特性**　微粒化等の噴霧の最適状態があるので，エンジンによりそれらの最適マッチングが必要である．

● **吸気温度，圧力**　高くすることにより，圧縮温度，圧力が高くなり，着火遅れが短くなる．過給は，それに対する良好な手段の1つである．

● **エンジン回転速度**　回転速度が上昇すると，着火遅れ期間中に噴射される燃料が増加して圧力上昇率が高くなり，ノックが増加する．したがって，高速ディーゼルエンジンでは，高セタン価燃料等の着火性の高い燃料の利用が必要である．

2・5 ガス交換

往復ピストンエンジンでは，サイクルごとに同じ燃焼室の内部で燃焼が繰り返される．燃焼が終わった後は速やかに燃焼ガスを室外に排出し，次サイクルのために新しい混合気か空気を室内に導入する．

この燃焼ガスの排出，新気の導入をガス交換といい，エンジンにとって極めて重要な役割を果たしている．そして，これらを効果的に行うことが，体積効率ひいては熱効率の向上に寄与することになる．

(1) 4サイクルエンジンの体積効率に及ぼす要因

ガス交換効率の諸定義については前述した通りであるので，参照されたい．
体積効率に対する影響因子は，大別すると静的効果（吸排気通気抵抗）と動的効果があり，それらについてここで述べる．

(a) 吸排気通気抵抗

● **吸排気系寸法，エンジン諸元**　　一般的に，吸気系容積が大きいほど吸入空気量は増加する．排気系についても同様である．エンジン諸元については，平均ピストン速度，圧縮比について整理すると，吸入空気量はおおむね一致する．総合すると，吸気ポート径，長さ，形状（曲がり，平滑さ等）やバルブサイズ，数，リフト，開度，燃焼室形状等が通気抵抗に影響する（図 2.51，2.52）．

● **運転条件**　　図 2.53 は，吸気マッハ数 Z と体積効率の関係を示したものである．そこで，

$$Z = \left(\frac{b}{D}\right)^2 \cdot \frac{S}{C_i \cdot a}$$

ただし，D：シリンダ径，b：バルブ径，S：平均ピストン速度，C_i：平均流量係数，a：音速

である．

図 2.53 のように，吸気マッハ数で体積効率を整理するとおおむね一様な傾向

2・5 ガス交換

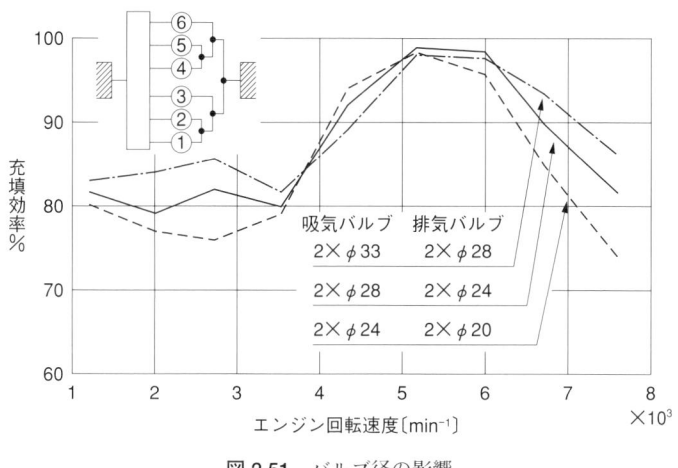

図 2.51 バルブ径の影響

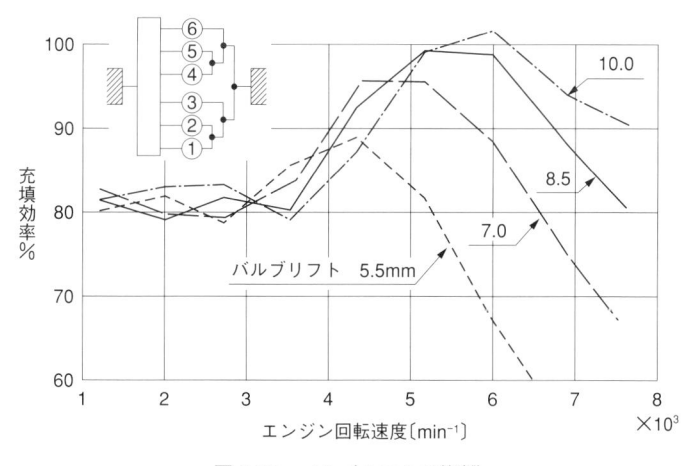

図 2.52 バルブリフトの影響

となる．したがってバルブ寸法やエンジン回転速度による体積効率の変化を予測することができる．

　エンジン壁温が上昇すると冷却水温，吸気温度が上昇するため，吸入空気量は減少し出力は低下する．

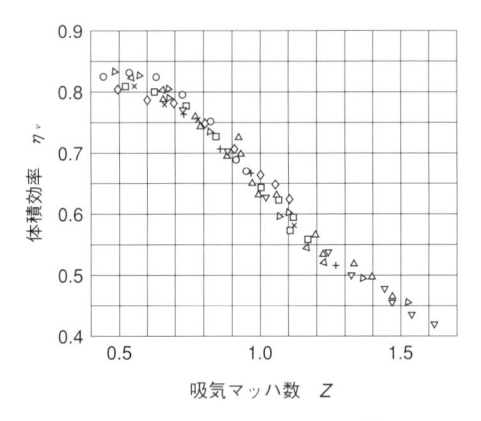

図 2.53 吸気マッハ数と体積効率[3]

- **バルブタイミング**　バルブタイミングは，エンジンおよびその回転速度によりベストタイミングがあるが，一般的に吸入空気量を大きくするためには回転速度増加に伴ってバルブオーバラップを拡げ，吸気バルブ閉時期を遅らせ気味にする方が良い結果が得られている．
- **スロットルバルブ開度**　スロットルバルブを閉じるにしたがって，吸排気損失は大きくなる．ただ，ディーゼルエンジンでは吸気系に絞りがないのが一般的で，問題とはならない．

(b) 動的ガス交換

動的効果には，一般的に次の3種類がある．
- **慣性効果**　正の圧力波（脈動波）が，吸気バルブが開いている時に戻り，体積効率を上げる効果をもたらす．この効果は，バルブタイミング（エンジン回転速度）で変化する．
- **脈動効果**　吸気バルブが閉じている時も圧力波が往復し，次の吸気バルブ開で正の圧力波が同調すると体積効率は向上する．
- **吸気干渉**　多気筒エンジンにおいて，他の気筒の圧力波が干渉しあう現象をいう．

上記の中では慣性効果が最も顕著である．動的効果の具体的なものとしての吸

排気管効果には，さらに以下のものがある．
①吸気管動的効果
　吸気管内の気柱の慣性により，ピストンが下死点を過ぎても新気がシリンダ内に流入し続け，吸気管のない場合よりも体積効率が向上する．これを，**吸気慣性効果**という．

　慣性効果を支配する因子は**慣性特性数** Z 等で，

$$Z = \frac{\pi N \sqrt{\frac{V_s \cdot L_i}{A_i}}}{30 a_i}$$

　ただし，a_i：吸気管系の音速，N：エンジン回転速度，V_s：行程容積，L_i：吸気管長さ，A_i：吸気管系断面積

で表される．体積効率の最大値を与える Z は，有効吸入弁閉じ角の関数となっている．

　慣性効果は，吸気管内に生じた圧力振動が同一吸気行程に影響する現象であるが，前の吸気行程の圧力振動が残存し，次の吸気行程に影響する現象がある．このような効果を**脈動効果**という（図 2.54）．

　今，一端開放の吸気管内気柱の基本振動数とエンジンの吸い込み数の比を**脈動次数** q で表すと，4サイクルエンジンでは，

$$q = \frac{気柱基本振動数}{エンジン吸い込み数} = \frac{\frac{a_i}{4L_i}}{\frac{N}{2 \times 60}} = \frac{30a}{NL_i}$$

で，$q = 1, 2, 3 \cdots$ と整数の時，次の吸気行程に負圧波が同調し体積効率は低下する．また，$q = 1.5, 2.5, 3.5 \cdots$ では正圧波が同調するので体積効率は向上する．しかし，脈動次数が大きくなると，圧力波は減衰し脈動効果は小さくなる．したがって，脈動効果を利用する場合には，エンジン高速回転あるいは絞り変化が少なく，抵抗の少ない長い吸気管にする必要がある．

　なお，この時，エンジンの側でも吸気バルブ閉時期を遅くする等のサポートをすることが望ましい．

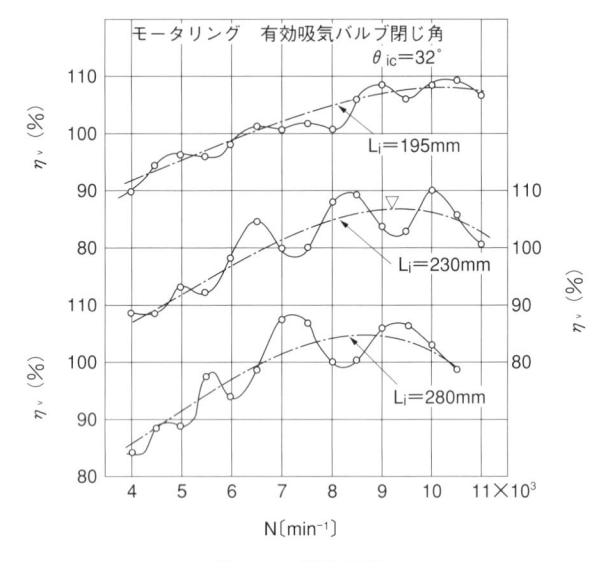

図 2.54 脈動効果[4]

② 吸気マニホールドにおける吸気管効果

多気筒エンジンにおいて，吸気管内圧力が前のシリンダの影響により低下し，吸入空気量が減少することを吸気干渉という．

吸気干渉を避ける必要がある場合は，吸気管長を変える等，特別な配慮が必要になってくる．これに関しては，最近コンピュータを利用したマスモデリング等による設計が行われている．

③ 排気管効果

排気吹き出し（ブローダウン）によって排気管内に誘起される負圧波を，排気行程中に持続させて排気を促進させる排気作用と，これをバルブオーバラップに同調させ，シリンダ内残留ガスを新気で掃気させ体積効率を向上させる作用である．

④ 排気マニホールドによる排気管効果

多気筒エンジンにおいて，排気干渉を避けるため，排気マニホールド集合部のシリンダ組み合わせ等を考慮する場合がある．

⑤吸排気シミュレーションプログラム

以上の応用編として,開発用ツールとしてのシミュレーションプログラムを構築し,それを使用して吸排気系構造の設計を行っている.

(2) 2サイクルエンジンのガス交換

(a) 掃気過程

2サイクルエンジンの場合は,掃気孔から新気を供給し,新気の運動を利用して燃焼ガスを排出する.これが2サイクルエンジンの掃気である.この場合,短時間でこれを行うので,4サイクルエンジンに比べガス交換は困難である.十分な掃気を行おうとすれば,新気の一部が排気と共に燃焼室を素通りすることがあるので,二輪車の小型エンジンを除いて2サイクルエンジンは自動車用にはあまり用いられていない.

(b) ガス交換の方式

● **クランク室圧縮型**　図2.55において,ピストンが下降すると,排気孔が開き燃焼ガスが排出される.ここで,クランクケースでは内部圧力が高まり,掃気孔が開くとクランクケース内の新気は掃気通路を通って燃焼室内に流れ込み,残

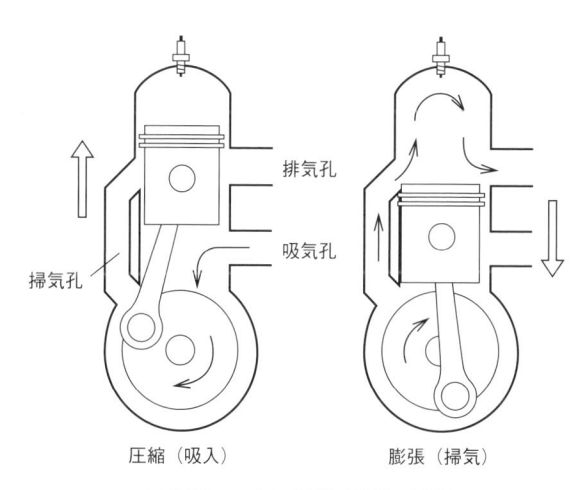

図2.55　クランク室圧縮型の行程

留ガスを排気孔から追い出す方式である．

　この方式は，2サイクルエンジンの基本形で構造がシンプルであり，小型エンジンに用いられている．潤滑油は，あらかじめ燃料に混入するか，あるいはポンプにより吸気通路内やキャブレタに供給する分離潤滑方式を採っている．

● **外部掃気型**　　前方式では，掃気圧力をあまり高くとれないので，クランクシャフトあるいは排気により駆動する掃気ポンプを設置し，新気を加圧して掃気を行うものである．実施例としては，大型船舶用低速ディーゼルエンジン等に用いられている．この方式は，燃焼室内への潤滑油混入防止の利点がある．

(c) **吸気方式**（図 2.56）――――――

　クランク室圧縮型では，新気はまずクランクケース内に導入されるが，吸気方式には次の3種類がある．

● **ピストンバルブ**　　ピストン自体で吸気孔を開閉する方式．シンプルであるが，吸気開始，終了が上死点を中心に対称で，ポートタイミングの自由度に欠ける．また，高速性能を考慮して，吸気孔開時間を長くとると低速で新気の吹き返しが発生し，使用回転範囲が広く確保できない弱点がある．

● **リードバルブ**　　吸気通路内にリードバルブ（逆止弁）を設置した方式．低速

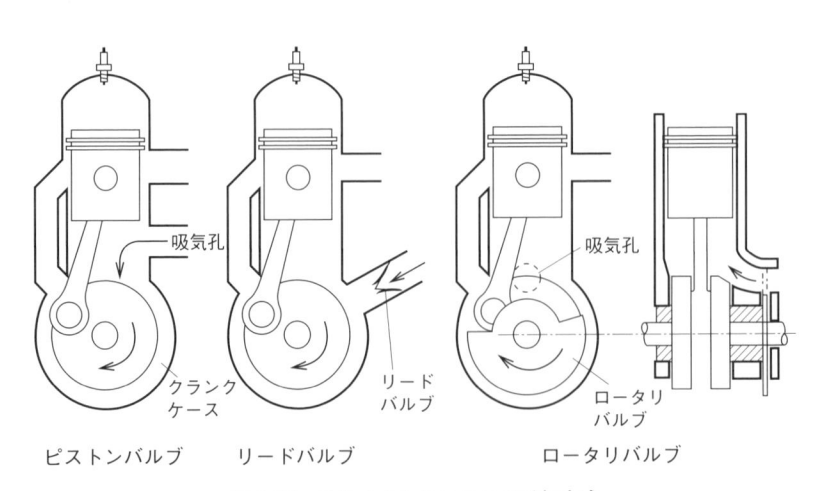

図 2.56　2サイクルエンジンの吸気方式

時の吹き返し防止が可能で，ポートタイミングがピストンの位置に制約されず，広い回転域が得られるので，モータサイクル等，幅広い用途で使われている．

● **ロータリバルブ**　クランクケースの側面に吸気孔があり，クランクシャフトと共に回転するロータリディスクでこれを開閉する方式．ポートタイミングを自由に設定できるが，構造が複雑でコストが高く，エンジン幅が広がる等の欠点があるため一般的でなく，レース用モータサイクル等に限定使用されている．

(d) 掃気方式

代表的なものを3方式挙げる．

● **横断掃気（クロス）方式**（図2.57）　掃気孔および排気孔が燃焼室の互いに反対側に向かい合って設置されており，気流が燃焼室を横断する．掃気圧力のため，ピストンが排気孔側に押し付けられ摩擦が大きくなる傾向にある．また，新気が素通りして燃焼室上部に燃焼ガスが残りやすく，あまり使用されていない．

● **ループ掃気（反転）方式**（図2.58）　燃焼室内を新気がループ状に流動し掃気が行われる．図①のように，掃排気孔がそれぞれシリンダの同じ側に上下に並んで設けられたもので，大型ディーゼルエンジンに用いられている．図②は，シュニューレ掃気といわれるもので，シリンダの両側に対称に配置された掃気孔から新気が互いに衝突するように流入し，シリンダ内で反転して排気孔に向かう．

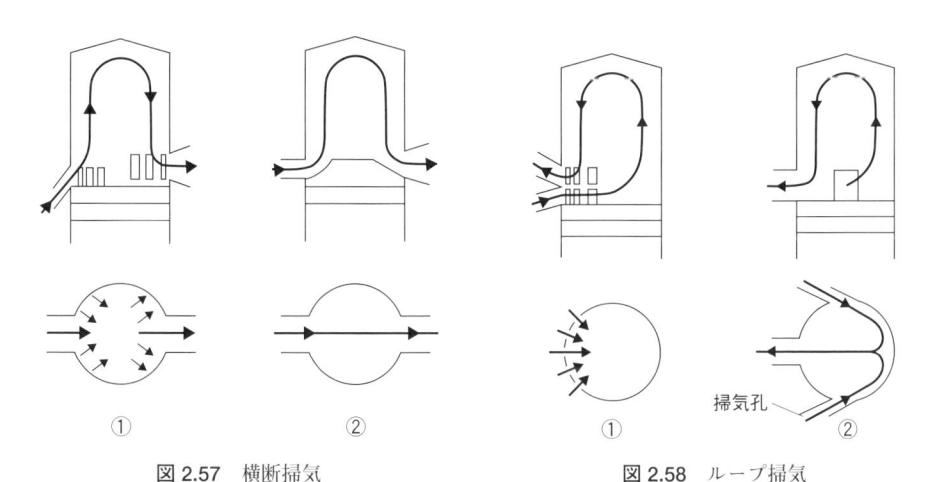

　　　　図 2.57　横断掃気　　　　　　　　　　図 2.58　ループ掃気

一般的な方式で，主として，小型ガソリンエンジンに用いられている．

横断掃気に比べ，素通り損失が少なく，掃気効率は高いが，シリンダ内のガスの流れが複雑になるため，エンジン温度が不均一になり，熱歪みが発生しやすい欠点がある．

● **ユニフロー掃気（単流）方式**（図 2.59）　　燃焼室内を新気が一方向に流れ，掃気を行う方式である．図①のように，シリンダヘッドに排気弁を有するもの，図②のように，シリンダの一端に掃気孔，他端に排気孔を設け，対向ピストンにより開閉を行うもの等がある．長所としては，掃気効率が高い．掃排気孔を全円周に設けることができるため，孔の高さが低く有効行程が長くとれる．また，内壁面に掃気孔を等間隔に配置できるため，大きな掃気孔面積を確保でき，温度分布も均一に近くなる．短所としては，構造が複雑になることである．

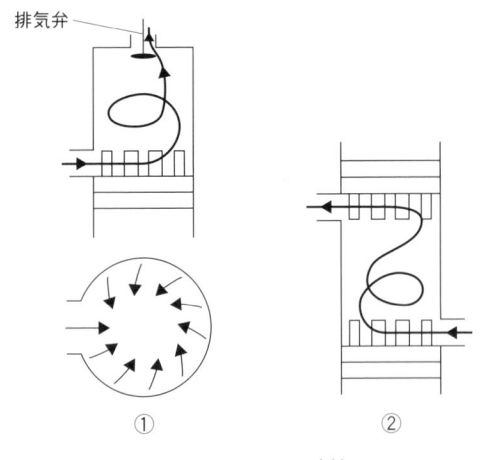

図 2.59　ユニフロー掃気

(e) **排気方式**

クランク圧縮型の排気は，ピストンが排気孔を開閉する方式である．ただし，二輪車用高性能エンジンでは，排気孔付近に可変バルブを設置し，エンジン回転速度に応じてバルブ駆動によりポートタイミングを変化させ，広い回転域での性

能向上を図ったものもある．

(3) 体積効率の向上
(i) 静的効果の向上
(a) 吸排気の通路抵抗

吸排気の通路抵抗が大きいと体積効率は低下する．それらの向上手段には主に次のようなものである．

・断面積の拡大（面積，バルブリフト等）

・曲がりや絞りの少ない形状

・マルチバルブ化による面積拡大

(b) バルブタイミング

・適切なバルブタイミングの設定

・運転条件に合わせたバルブタイミング

適切な時期にバルブを開閉すれば，燃焼室内外の圧力差を上手に利用して，より多量の新気を吸入できる．

バルブタイミングは，高頻度の運転条件（回転速度，負荷）に最適になるよう設定されるが，最近は運転条件に合わせてバルブタイミングを変化させる可変バルブタイミングシステムが多く採用されている．

ここでは，簡単にバルブタイミング適合の方法について説明する（図 2.60）．

①吸入行程（図 2.61）

吸気バルブの開き始めは通路面積が小さく，新気の流入遅れがあるので，上死点より多少前に開け始める．また，バルブ閉時期は，早過ぎると吸入可能な新気が入りきらず，遅過ぎるとシリンダ内圧が高くなって，新気が吸入通路に逆流して体積効率が低下する．そこで，一般的に吸気バルブ開時期は上死点前 5 〜 20°，閉時期は下死点後 30 〜 50°ぐらいの範囲に設定する．

②排気行程

排気バルブ開時期は，早過ぎると燃焼圧力が低下して十分な仕事が行われず，遅過ぎると残留ガスが増加し体積効率が低下する．

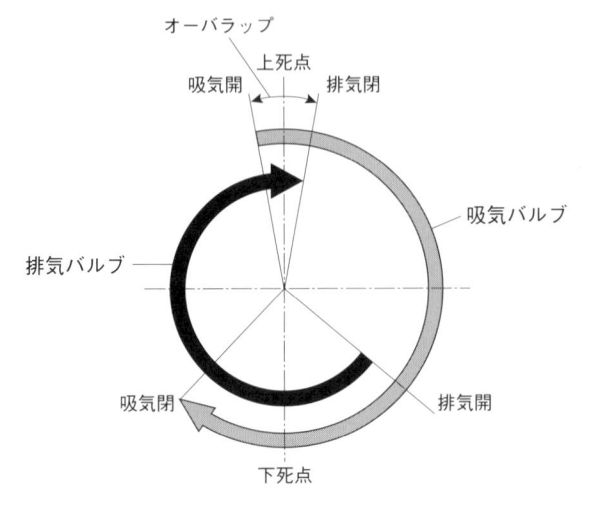

図 2.60　バルブタイミング

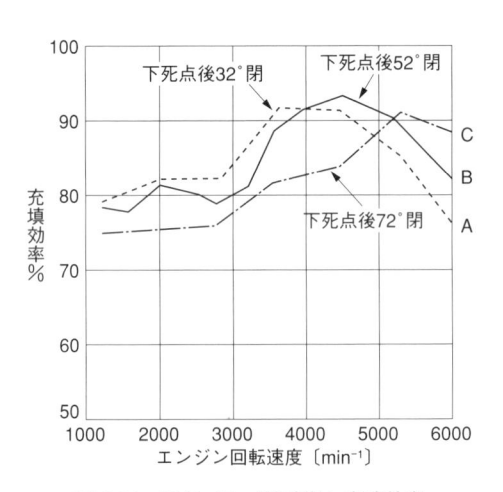

図 2.61　吸気バルブ閉時期と充填効率

　排気バルブ閉時期は，早過ぎると残留ガスが多く残り，遅過ぎると排気通路から燃焼ガスが逆流し，残留ガスが増加する．通常，排気バルブ開時期は下死点前50°前後，閉時期は上死点後 5〜20°前後である．

③オーバラップ

　排気行程から吸入行程に移る上死点前後では，吸排気バルブの両者が同時に開いている時期が短時間存在する．この時間をオーバラップという．

　このオーバラップは，後述する動的効果を有効利用するための手段になるが，低負荷時（特にアイドリング時）に燃焼室内の残留ガスが増加し，エンジン回転が不安定になったり，未燃焼ガスが排出されHCの増加をもたらすので，適切な設定が必要である．

（ii）動的効果の利用

　前述したように，動的効果の利用には，慣性効果，脈動効果，吸排気干渉があるが，その実用例としては下記のような設定がある．
- ・吸排気通路長さ（バルブによる通路長の切り替え）
- ・吸排気集合部までの長さ，集合方法
- ・点火順序等

（iii）過給

(a) 基本原理

　過給とは，圧縮機で空気を加圧し，密度を高めた状態で強制的にシリンダ内に送り込み，吸入空気量を増加させて出力向上を図るものである．この場合，空気に加える圧力（過給圧）が高いほど，出力が向上するように思われるが，ノッキングが発生しやすくなるので限界がある．

　また，圧縮空気は温度が上昇して膨張し密度が下がるので，空気を冷却する必要も発生する．ディーゼルエンジンの場合には，過給により燃焼が改善されるので，有効な手段である．

(b) 過給の種類

● **機械式（スーパチャージャ）**　　エンジンの出力で圧縮機を駆動する方式．エンジン出力の一部が過給機の駆動に消費される．排気タービン式に比べ応答性は良いが，現在は少数派になっている．

- **排気タービン式（ターボチャージャ）（図 2.62）**　　排気のエネルギーを利用し，圧縮機を駆動する方式．過給機の主流になっており，排気エネルギーを回収，利用できるので熱効率的に良い．

　ノッキングを避けるため，圧縮比を下げたり，過給圧をウェイストゲートバルブで逃がす必要がある．また，応答性が良くないという欠点には，セラミックによるタービン羽根の軽量化，羽根形状の改良，過給機数増加による小型化等が行われている．

- **圧力波式**　　排気ガスの圧力波を利用した方式．応答性は良いが，過給圧が低い欠点がある．
- **中間冷却器（インタクーラ）**　　圧縮機で加圧された空気は，温度が上昇して膨張し密度が下がるため，過給効果が低下する．また，ノッキングも発生しやすくなるので，空冷あるいは水冷式インタクーラを使用するケースも多い．

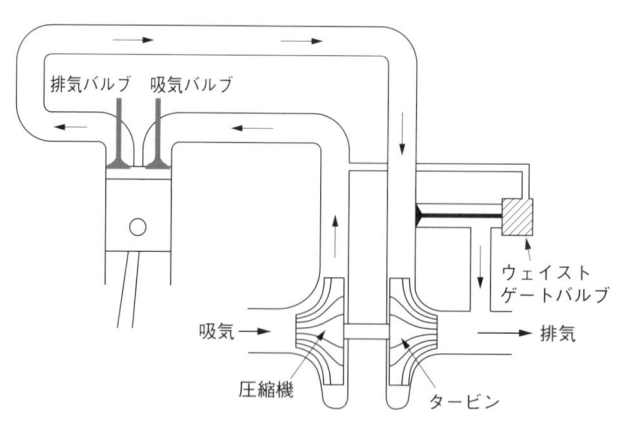

図 2.62　ターボチャージャシステム

2・6 エンジン機構の力学

(1) 往復ピストンエンジン

(a) ピストンエンジンの特徴

燃焼によって発生した熱エネルギーが動力へと変換される過程は，機構（機械）力学のカテゴリーである．また，大部分の自動車用エンジンは往復ピストンエンジンである．

往復ピストンエンジンは，熱エネルギーを最初にピストンの直線運動に変え，次にクランクシャフトの回転運動へ変換する．

その長所，短所は，下記の通りである．

- 長所
  - ・構造がシンプルで製造も容易．耐久性も高い
  - ・熱や圧力によるシリンダ，ピストンの変形が一様
  - ・ピストンリングによるガス気密性が良好である
  - ・上死点，下死点付近でピストンの動きが遅くなるので吸気，点火，燃焼，排気に好都合である
- 短所
  - ・運動部分の慣性力の不釣り合いで，振動，騒音が発生する
  - ・ピストン側圧によるピストンスラップが発生する
  - ・膨張行程が間欠的なので，エンジンの大きさ，重量の割りに出力が小さい

(b) ピストン・クランク機構

燃焼によって発生した熱エネルギーによりピストンは往復運動を行い，コネクティングロッドによってつながれたクランクシャフトは回転運動を行う．

● ピストンの変位　　図 2.63 において，

　x：ピストンの上死点よりの変位

　R：クランク半径＝$S/2$

　L：コンロッドの長さ

　θ：シリンダ軸線からのクランク角度

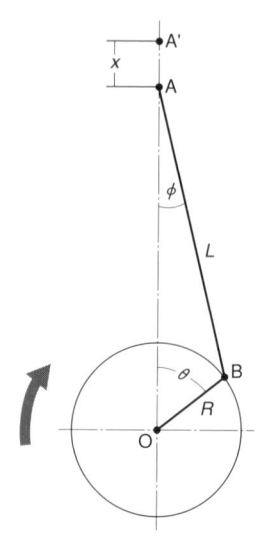

図 2.63 ピストンの変位

　φ：シリンダ軸線からのコンロッド角度
とすれば，近似的に，

$$x = AA' = OA' - (AB\cos \phi + BO\cos \theta)$$
$$\fallingdotseq R(1 - \cos \theta) + (R^2/2L)\sin^2 \theta$$

● **ピストンの速度**　変位 x を時間 t で微分すれば，ピストン速度 v が求められる．ピストンの速度は，各行程の初めは 0 で行程が進むにしたがって増加し，行程の終わりに再び 0 となる．ピストンの最大速度は，コンロッド長さを無限大とすれば，クランク角度 $\theta = 90°$ の時に発生するが，実際のエンジンの場合，長さが有限であるので，コンロッドとクランクアーム軸線がおおむね直角に交わる時である（大体，上死点後 75° ぐらい）．

　図 2.64 にピストン速度曲線の一例を示す．

　次に，平均ピストン速度は，エンジンの比較および危険速度の評価等に用いられ，次式で求められる．

2・6 エンジン機構の力学

ピストンの速度変化 $v(\theta)$

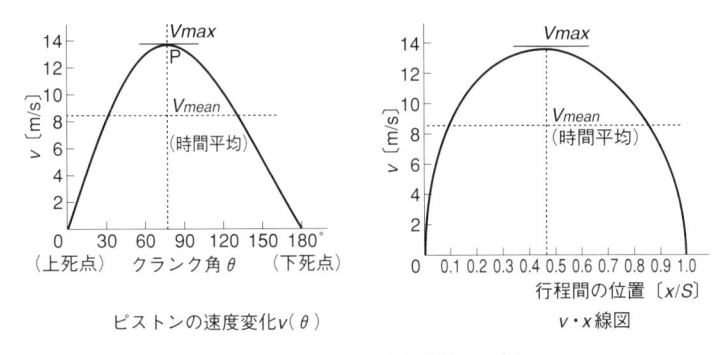

$v \cdot x$ 線図

図 2.64 ピストン速度曲線の一例

$$V_{mean} = \frac{\pi RN}{30} \cdot \frac{2}{\pi} = \frac{RN}{15} = \frac{SN}{30} \ \mathrm{[m/s]}$$

一般に，V_{mean} は，ガソリンエンジンで 15〜20 [m/s]，ディーゼルエンジンで 10〜15 [m/s] ぐらいである．

ピストン最大速度を近似的に求めるためには，

$$V_{max} = \omega R \sqrt{1 + \left(\frac{1}{\lambda^2}\right)} \ \mathrm{[m/s]}$$

ただし，$\lambda = \dfrac{L}{R}$，ωR：クランクピン円周速度

である．

一般に，$V_{max} = (1.6〜1.7) V_{mean}$ であるので，注意を要する．

最近のエンジンは，エンジン回転速度を高めて出力向上を図るものもあるが，そのようにするとピストン速度が上がるので限界がある．そこで，ショートストロークエンジンにするのも一方法である．

● **ピストンの加速度**　　ピストンの加速度は，ピストンの速度式を時間に対して微分することにより，求められる．

$$a = \frac{v_c^2}{R}\left(\cos\theta + \frac{R\cos 2\theta}{L}\right)$$

ただし，$v_c =$ クランクピン速度

図 2.65 にピストン変位 x, 速度 v, 加速度 a の一例を示す.

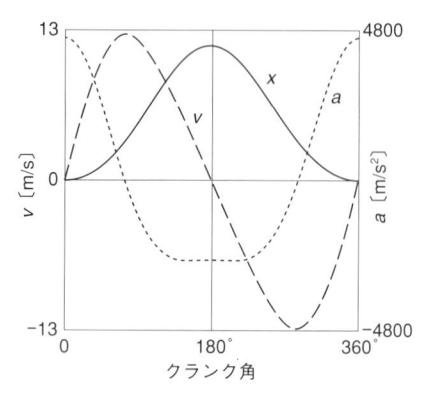

図 2.65 ピストン変位・速度・加速度 [1]

● **慣性力と遠心力**　ピストンおよびコネクティングロッドの運動は, 慣性力と遠心力を引き起こす. ピストン運動は直線的であるから, ピストンによる力は慣性力のみであるが, コネクティングロッドはその一端がピストンに取り付けられ, 他端はクランクピンに取り付けられているので, 必然的に直線, 回転運動を行う. すなわち, 慣性力と遠心力の双方が作用する.

シリンダ軸線方向のピストンに作用する慣性力は,

$$F_i = -\frac{W_i}{g}\omega^2 R(\cos\theta + q\cos 2\theta)$$

ただし, F_i：往復運動部分の慣性力, W_i：往復運動部分の重量, θ：クランク角度, R：クランク半径

$q = \dfrac{R}{L}$：クランク半径とコンロッド長さの比

ただし, ω：エンジンの回転角速度

前式で, 第1項は1次慣性力, 第2項は2次慣性力といわれており, その比率はおおよそ4：1である. この慣性力を消去するためには, クランクアーム外側にバランスウエイトを取り付けなければならない.

クランクピン上に作用する遠心力は，

$$F_c = \frac{W_c}{g}\omega^2 R$$

ただし，F_c：回転運動部の遠心力，W_c：回転運動部の質量

この不平衡力には，クランクアームに平衡錘を取り付け対応する．

● **ガス圧力**　サイクル中の任意のクランク角度に対してピストンに作用するガス圧力は，ピストン頂上の表面積にその時の単位ガス圧力を乗じたものである．その単位ガス圧力は，指圧線図より求める．

● **合成力**（図2.66）　各クランク角度に対するシリンダ軸線方向の合成力は，ガス圧力と慣性力の和である．すなわち，

$$F_a = F_g + F_i$$

ただし，F_a：シリンダ軸線方向の合成力，F_g：ガス圧力，F_i：シリンダ軸線方向の慣性力

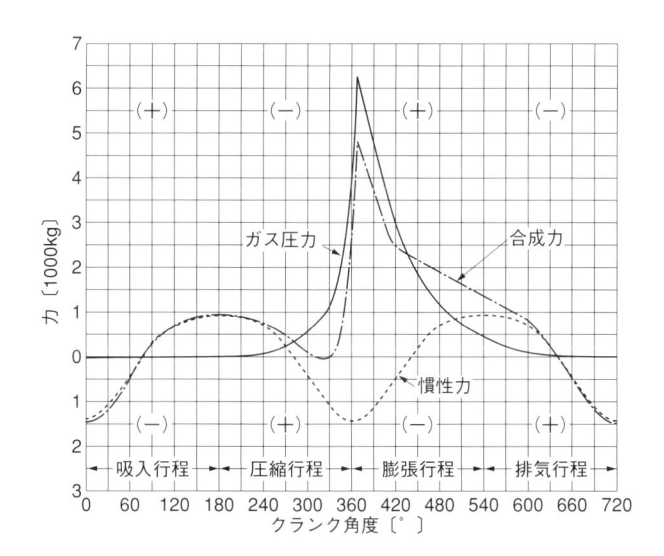

図 2.66　ピストンの合成力 [5]

● **ピストンの側圧力とコネクティングロッド圧縮力**（図 2.67）　シリンダの軸線方向に作用する合成力は，ピストンの側圧力とコネクティングロッド圧縮力とに分解される．

今，ピストンの側圧力を F_s，コネクティングロッドの圧縮力を F_r とすると

$$F_s = F_a \tan \Phi$$

$$F_r = \frac{F_a}{\cos \Phi}$$

ただし，F_a：シリンダ軸線方向の合成力，
　　　　Φ：コネクティングロッドとシリンダ軸線とのなす角

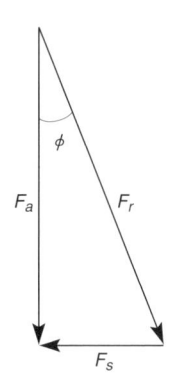

図 2.67　力の分解

● **クランクピンに働く力**　コネクティングロッドは直接クランクピンに連結されているから，クランクピンに働く力 F_p はコネクティングロッド圧縮力に等しい．すなわち，

$$F_p = F_r = \frac{F_a}{\cos \Phi}$$

● **トルク**（図 2.68，2.69）　クランク軸線周りの回転モーメント（回転力）すなわちトルクは，クランクピンに働く接線力にクランク半径を乗じたものである．

2・6 エンジン機構の力学

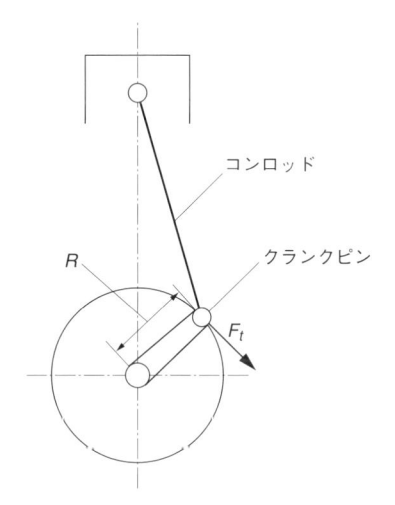

図 2.68 エンジンのトルク

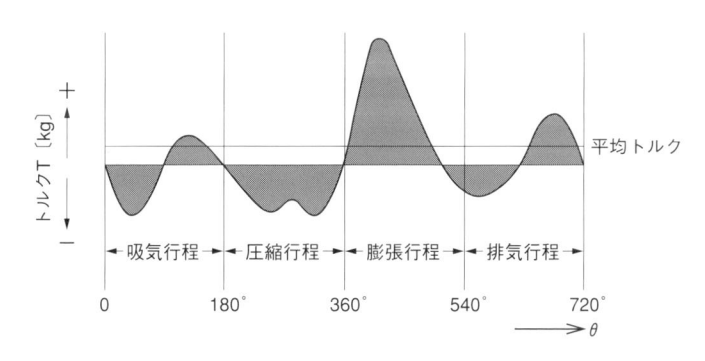

図 2.69 エンジンのトルクおよび平均トルク

すなわち，

$$T = F_t R$$

ただし，T：軸トルク，F_t：クランクピンに働く接線力，R：クランク半径

また，トルクは，各瞬間においてその値に変動がある．この変動をなるべく均一にするために，普通，エンジンにはフライホイール等を装着し，その大きな慣

性を利用してクランクシャフトの角速度を均一化する．

4サイクルエンジンでは，クランクシャフト2回転間のトルクを平均化したものが平均トルクであり，これを主にエンジン性能として用いている．

(c) エンジンの平衡

● **エンジンの振動**　エンジンは，サイクルごとに吸入混合気量，混合比，点火力および点火時期の不同等に基づく燃焼圧力の変化，トルク変動，往復運動部分や回転運動部分の不平衡，構成部品のたわみや歪みによる振動等のため，運転中に振動を誘起する．

振動の原因はいろいろあるが，エンジンの根本原理から来るものとしては，
- トルクの変動
- 往復運動部慣性力の不平衡
- 回転運動部遠心力の不平衡
- クランク軸のねじり振動

等である．

● **エンジン振動低減策**　エンジン振動の低減策としては，以下のようなものがある．

① カウンタウエイトの使用

1次慣性力のバランスをとるために，クランクシャフトにバランスウエイトを使用する．

② 多気筒化

各気筒の慣性力を相互にキャンセルさせて低減を図る．

③ バランサ装置（バランスシャフト）

特に，直列4気筒エンジンの場合，2次慣性力用のバランサ装置がよく使用されている．クランクシャフトの2倍の速度で回転するバランスシャフトにより，逆位相の慣性力を発生させて2次慣性力を打ち消している（図3.29参照）．

④ エンジン支持方法

エンジンの支持部にゴム等の緩衝材を入れたいわゆるラバーマウントを用いることで，エンジンの振動を遮断する方法がある．

2・6 エンジン機構の力学

● **トルク変動**　前述したように，ガス圧力と慣性力の合成力が一定でないため，トルク変動が発生する．

2サイクルエンジンは，4サイクルエンジンに比べ，爆発回数が2倍となるので，トルク変動は半減する．このように，トルク変動は，気筒数が多くなれば減少する．

トルク変動対策としては，最大トルクのエネルギーを吸収し，最小トルク時にこのエネルギーを放出する適当な回転体（フライホイール）を装備する．このフライホイール効果は，重量を大にすると増加するが，加速時の応答性とエンジン重量に関して不利となる．

● **多気筒エンジンの平衡**　多気筒エンジンを採用する大きな目的は，発生トルクの平滑化と慣性力の平衡化であるが，中でも慣性力の平衡化を求めるためには，

・往復および回転運動による慣性力の合成ベクトルが，常に0となること
・慣性力の任意の点周りのモーメントの和が，常に0となること

が必要である．以下に，代表的なエンジン配置の場合を説明する．

①直列2気筒エンジン

オートバイに多用される直列2気筒エンジンの場合で，（イ）はクランク間隔360°，（ロ）はクランク間隔180°である．

（イ）の場合は単気筒2個と同様，1次慣性力，2次慣性力ともに2倍となり，釣り合い錘で1次慣性力を分散させる．

（ロ）の場合は，1次慣性力は相殺されるが2次慣性力は2倍となるため，往復動慣性力の合力の最大値は，（イ）の場合の20％程度に低減される．そのため，

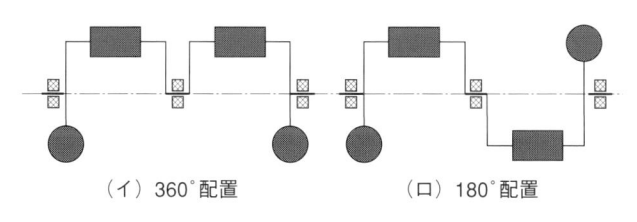

（イ）360°配置　　　　（ロ）180°配置

図2.70　直列2気筒エンジンのクランク配置

4サイクルエンジンでも，高速エンジンでは（ロ）が多用される．ただし，慣性力によるモーメントが発生するので，釣り合い錘で調整する．

②直列4気筒エンジン

大型オートバイ，小中型自動車用4サイクル直列4気筒エンジンで，2気筒ずつが180°の位相差で配置される．

1次慣性力は相殺されるが，2次慣性力は単気筒エンジンの4倍となる．ただし，慣性力のモーメントはなく，トルクは180°等間隔に発生する．

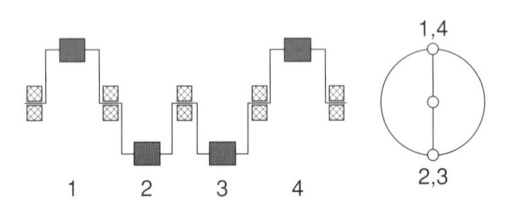

図2.71 直列4気筒エンジンのクランク配置

③直列6気筒エンジン

4サイクル直列6気筒エンジンでは，2気筒ずつが120°の位相差で配置される．

1次，2次慣性力とそのモーメントが完全に釣り合い，平衡の点からは理想的であるが，エンジン全長が長くなるため自動車搭載上の自由度から，V型配置6気筒エンジンに移行しつつあるが，直列6気筒エンジン搭載車を好む顧客層も存在する．

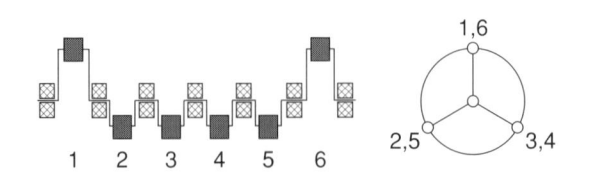

図2.72 直列6気筒エンジンのクランク配置

④V型6気筒エンジン

近年，中大型乗用車用4サイクルエンジンに多用されている．気筒軸間の角度（バンク角）は，点火間隔を120°一定にするために通常60°としている．

1次，2次慣性力は釣り合うが，モーメントが発生し，平衡の点からは直列6気筒の方が有利であるが前述したデザイン上のメリットを採る向きも多い．

⑤V型8気筒エンジン

クランク配置90°位相差，バンク角80°の8気筒エンジンである．

慣性力は釣り合うが，1次慣性力および回転部遠心力のモーメントが発生する．これについては，釣り合い錘により平衡が得られる．点火間隔は，90°一様で，トルク平滑化の面から直列6気筒エンジンより優れている．

● **ピストンスラップ（ピストン叩音）**　前述したように，ピストンには側圧が働いているが，圧縮行程の終わりの慣性力の方向転換に伴って側圧の方向が変わり，コネクティングロッドの傾斜が逆になるため，ピストンがシリンダの片側から反対側に叩きつけられる．この現象をピストンスラップという．特にエンジンが，低温，軽荷重，低回転の時に多く発生する．

ピストンスラップによる不具合としては，エンジン異音の他に，ピストンとシリンダ間の摩擦抵抗の増加，冷却水中のキャビテーションの発生によるシリンダ内壁面の損傷等が挙げられる．

ピストンスラップを防ぐ方法としては，

①ピストンピンあるいはシリンダをオフセットしてコネクティングロッドの傾斜を少なくする

②熱膨張係数の比較的低い材料を使用して，ピストン間隙を小さくする

③ピストン摺動面の形状を，温度勾配に順応した多段テーパ仕上げにして，当たり面を和らげる

④鋼質の調整帯をピストンに鋳込んで，膨張を抑制する

等が考えられる．

● **クランク軸のねじり振動**　クランク軸は，運転中，トルクによるねじりモーメントを受ける．エンジンのトルクは不整なものであるから，クランク軸は瞬間

的にねじられたり戻ったりし，軸心の周りに固有のねじり振動を起こす．

　ねじり振動とシリンダの爆発回転速度の周期が一致すると，共振現象を起こし，振幅が増大してクランク軸が破損に至ることもある．この振動の同調する回転速度を，エンジンの**危険回転速度**という．多くのエンジンは，使用回転範囲内に一あるいはそれ以上の危険回転速度を有する．したがって，エンジンの常用回転速度がこのような危険回転速度に合致しないようにしなければならない．

　危険回転速度の回避方法は，常用回転速度の上あるいは下に避けるのが普通で，そのためにはクランク軸径やバランスウエイトの大きさを変化させるか，外に取り出す軸にばね継ぎ手や流体継ぎ手を挿入して固有振動数を変える等である．

　クランク軸の振動には，ねじり振動の他に，縦振動，曲げ振動（横振動）等もあるが，これらの振動は相互に連成することも多いので，一般にはねじり振動を主眼に調べ，軸受け数の少ない時には曲げ振動も調べる．

　クランク軸の共振は，それが破損しなくても，クランクケース，コネクティングロッド，バルブメカニズム，補機装置等に異常な内力を誘発し，振動・騒音，耐久性に影響を与えるので，適切な対策が必要である．

　その他，自動車用として多用化されている物としては，ダンパ（減衰器）がある．ダンパには，粘性ダンパ，摩擦ダンパ，ダイナミックダンパ（動的減衰器）等がある．

　自動車用として一般的なものとしては，図2.73に示す，クランクシャフト先端のプーリに設けたトーショナルダンパがある．これは，クランクシャフトが一定回転速度を保っている時には，プーリ部はクランクシャフトと一体で回転しているが，ねじり振動を発生した時には中間のラバーが変形し，減衰作用を行うものである．

2・6 エンジン機構の力学

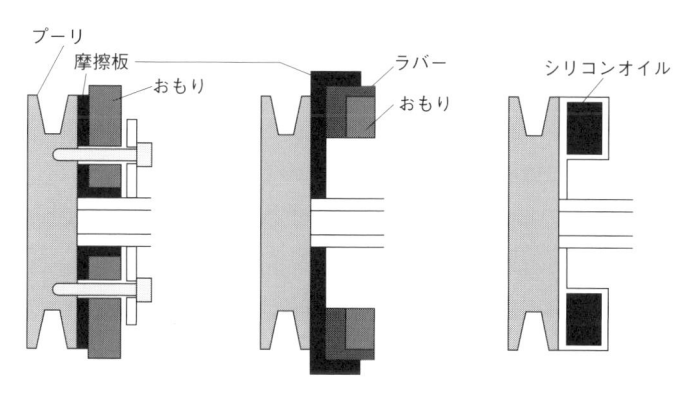

図中ラベル: プーリ　摩擦板　おもり　ラバー　おもり　シリコンオイル

図 2.73 トーショナルダンパ

(2) 2サイクルエンジン

(a) 基本構造

2サイクルエンジンは，2ストロークサイクルエンジンともいい，ピストンの2行程すなわちクランクシャフト1回転で1サイクルが完了する形式である．

ピストンの行程としては圧縮と膨張の2行程のみで，吸入と排気，要するにガス交換のための行程がなく，その代わりに膨張行程の下死点付近で，加圧された混合気によって燃焼ガスを室外に押し出す掃気作用によりガス交換が行われる．

現在，2サイクルエンジンは小型用の少数派である．

わが国で使用されている代表的な2サイクルエンジンは，潤滑方式は分離潤滑で，吸入系あるいはシリンダのクランクシャフト大端ベアリング部のいずれかまたは両方に給油するのが一般的になっている．また，掃気方式は，シュニューレ方式が一般的である（p.79 参照）．

(b) 主要部品

● **シリンダ**　　一般に，水冷式のものは一体形，空冷式のものは分離形である．シリンダは掃排気孔を持ち，各孔の大きさ，開閉時期等は重要な性能影響因子である．

● **シリンダヘッド**　　燃焼室形状は，ピストン頭部の形，点火プラグの位置等に

よる燃焼状況，掃気効果を配慮し設計する．
- **ピストンおよびピストンリング**　ピストン頭部は一般的に球面形であるが，平面形のものもある．

　ピストンリングは一般的に2本だが，3本のものもある．
- **クランクケース**　多気筒の場合，各クランクケース間の気密はリテーナまたはオイルシールにより行われる．
- **潤滑**　一般的に分離給油方式で，常に新しいオイルが供給され，潤滑を行った後，燃焼室で燃焼消費される．ガソリンとの混合割合は，低回転，低開度で50～60：1，高回転，高開度で20～30：1程度である．
- **シリンダ数可変エンジン**　2サイクルエンジンの特徴を生かし，低コスト，省エネルギーが狙いである．エンジンの稼動シリンダ数を，運転状態，負荷状態，暖機状態等により制御するものである．

(3) ロータリエンジン

　エンジンは，最終的に動力を回転運動で取り出すのであるから，動力を発生する仕組みそのものを回転運動にしようというのがロータリエンジンである．

　ロータリエンジンの多くは，回転運動を利用した，いわゆる容積形エンジンである．

(a) 作動原理

　ロータリエンジンの運動は，偏心軸の周りを回る遊星運動で，吸入，圧縮，膨張，排気の4行程が間欠的に繰り返される．基本構造は，ロータハウジング，サイドハウジングで作られた空間内部を，ロータが遊星運動（自転しつつ，出力軸周りを公転）を行う．

　ロータは，三角形に近い形をしており，その3つの外周面とロータハウジング，サイドハウジングにより，ロータ1個当たり3つの燃焼室を形成する．そして，燃焼圧力を受けたロータの偏心運動が，出力軸の回転運動となり動力となる．

　ロータハウジングの摺動面は，ペリトロコイド曲線（まゆ形曲線）を形成し，ロータの三角形は，ペリトロコイド曲線から求められる内包絡線を形成する．

2・6 エンジン機構の力学

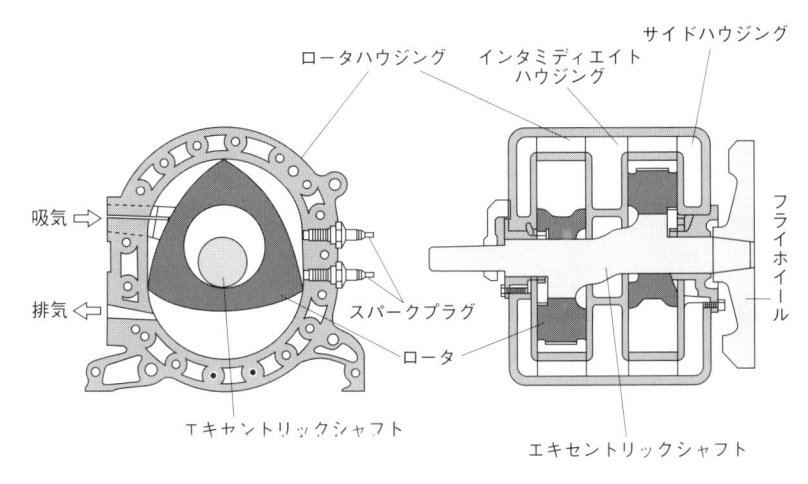

図2.74 ロータリエンジンの構造

ロータの運動は，ロータが1回転する間に出力軸は3回転する．この間に3つの燃焼室ではそれぞれ1サイクルが完了するので，出力軸が1回転するごとに1サイクル（1回燃焼）が行われる．

燃焼室は，最大容積と最小容積間で変化するので，排気量，圧縮比については，往復ピストンエンジンと同様に考えられる．

(b) 基本構造

● **気密**　ロータには，アペックスシール，サイドシール，コーナシールが設けられ，作動室の気密を保つ．シールは，ばねおよび燃焼ガスにより押し付けられている．

● **潤滑**　軸受け部はレシプロエンジンと同じであるが，アペックスシール等はメータリングオイルポンプを設け，計量されたオイルを吸気系の一部または作動室内に供給する．

● **油密**　サイドシールの内側にロータオイルシールを設け，潤滑油が作動室内に漏れることを防止する．

● **冷却**　ハウジングの冷却には，水冷式と空冷式がある．冷却媒体を流す方式には軸流式と周流式があるが，いずれも熱負荷の大きい点火プラグ付近は重点的

に冷却し，トロコイドに沿っての壁温度の均一化を図っている．ロータの冷却には，油冷却式と吸気冷却式がある．前者は，ロータ内部の分割された小室内に潤滑油を噴出してロータから熱を奪った後，オイルクーラに導く方式である．後者は，吸入空気または吸入混合気でロータを冷却する．

● **点火プラグ**　　ワイドレンジの点火プラグが必要で，圧縮比や燃焼室形状等により，最適位置が選択される．

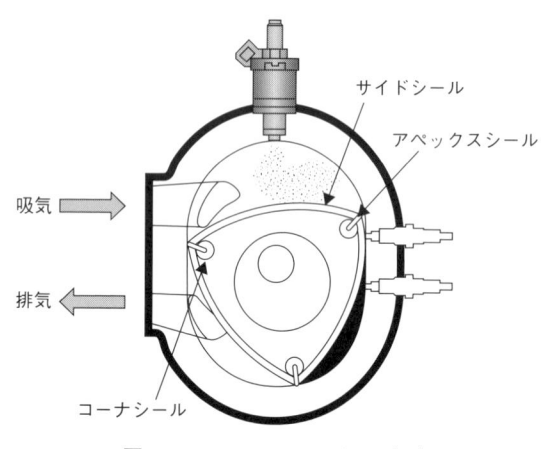

図 2.75　ロータリエンジンの気密

(c) **構造上の特徴**

　長所　・往復運動部分，動弁機構がないので構造がシンプルであり，軽量化にも優れている
　　　　・往復運動部分の慣性力不釣り合いがないので，高速運転が可能．回転がスムーズで振動も少ない
　　　　・出力軸1回転ごとに燃焼があり，大きさ，重量に対し高出力である
　　　　・燃焼温度が低いので，低 NOx である
　短所　・摺動部が多く，燃焼ガスの気密保持，潤滑が困難である
　　　　・燃焼室表面積/燃焼室容積比（S/V 比）が大きいので，冷却損失が多い

・燃焼室形状が必ずしも理想的ではないので，S/V 比と共に熱効率が低い（燃費が悪い）
・燃焼温度が低いので，HC が多い

(d) ガス交換

ロータハウジングの摺動面あるいはサイドハウジングの壁面に設けたポートをロータで開閉する方式で，下記の2種類がある．

● **ペリフェラルポート方式**　ロータリエンジン初期の方式で，ロータハウジングの摺動面にポートが設けられている．そのため，開孔時間が長く，またオーバラップが大きく，したがって高速性能には良いが，低速燃焼は不安定であった．また，排気ポートもこの方式が一般的であった．

● **サイドポート方式**　現在の主流で，吸気ポートをサイドハウジング壁面に設けることにより，低速性能が改善されている．最新の結果では，サイド排気方式も得られている．

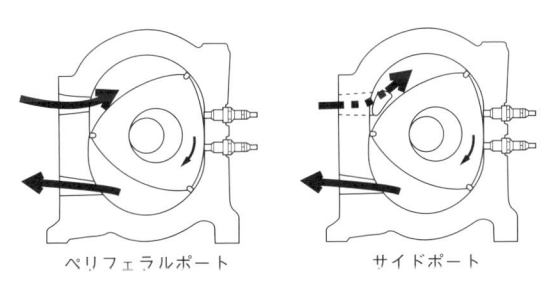

図 2.76　ポート方式

(e) 燃焼，性能，排気ガス

● **燃焼**　燃焼火炎は，回転方向には早く伝播するが，反対方向にはガス流動に妨げられて遅くなる．火炎伝播が遅れる側では燃料が燃え残り，燃費不良の原因となる．

また，S/V 比が大きく，行程時間が長いため，燃焼効率は良くない．

燃焼ガスの気密性については特に問題がある．

- **性能**　吸排気行程が長く,動弁機構がないために抵抗損失が少なく,吸排気効率に優れており,高速化には有利である.さらに,パワフル,低振動,低騒音であるが,燃費は良くない.
- **排気ガス**　NOxは少ないが,HC,CO_2は多く排出する.

(f) ロータリエンジンの将来 ─────────

　燃費,排気ガスという近年,最大のテーマに課題を抱えており,今後それらの改善が必要である.

第3章　エンジンの構造と機能

3・1　概説

　ここでは，代表的な自動車用エンジンの具体的な構造，機能について述べる．

(a)　4サイクルエンジンと2サイクルエンジン

● 4サイクルエンジン（図1.2参照）　　エンジンのサイクルにおいて，吸入→圧縮→膨張→排気の4行程を考えた時に，その4行程（クランクシャフト2回転）を1サイクルで完了するようにしたエンジンの形式を，4サイクルエンジンあるいは4ストロークエンジンと呼んでいる（海外では4ストローク，わが国では4サイクルの呼称が一般的である）．

　このエンジンは，バルブ機構が必要で複雑になるが，燃焼安定性は良好で，トルク変動は少ない．

　一方，回転変動は大きく，フライホイールを必要とする．

● 2サイクルエンジン（図2.28参照）　　ピストンの2行程（クランクシャフト1回転）で1サイクルが完了するエンジンを2サイクルエンジンという．

　ピストンの行程としては，圧縮，膨張の2つで，吸入，排気の行程がなく，膨張行程下死点付近の短い時間に掃気，吸気，排気行程がある．

　バルブ機構はなく軽量化が可能であるが，混合気の排気への吹き抜けが多く，また燃焼安定性が低く，トルク変化が大である．

　回転変動は少なく，フライホイールは小さくて済む．

(b)　気筒配列（図1.4参照）

　エンジンが複数気筒の場合，気筒の配列には表3.1に示すようにいろいろな種類があり，それぞれの特徴がある．現在のエンジンの実用例から，傾向として次のことがいえる．

表 3.1 気筒配列

配列の種類	特徴
直列型	・シリンダが1列に配置された形式 ・エンジンの全長が長くなるのが欠点で,6気筒どまりである
V型	・2列のシリンダが,V字形に配置された形式 ・全長を短縮できコンパクト化が可能であるが,バルブ機構等が複雑になるのが難点である
水平対向型	・クランクシャフトを中心にシリンダが左右水平に配置された形式 ・エンジン高さ,重心が低く抑えられる ・エンジン全幅が広くなるのと,バルブ機構が複雑になるのが難点である
ロータリ型	・往復運動部分がなく,ロータが回転する ・ロータハウジングを1列に配置し,一般的に2ロータハウジングとなっている

・4気筒と6気筒の境界は,振動,騒音の観点から排気量2リットルぐらいのところにある
・直列型は搭載上の長さから,6気筒が限界である
・V型は,6気筒以上のエンジンに用いられている
・水平対向型は,わが国では1社のみが採用している

(c) 各部主要部品

エンジン各部の主要部品とその役割を表3.2に示す.それぞれの詳細については後述する.

表 3.2 エンジン各部の主要部品とその役割

部 位	主な部品	機 能
シリンダヘッドおよびシリンダ	シリンダヘッド シリンダヘッドカバー シリンダヘッドガスケット シリンダブロック	燃焼室,吸排気ポート,動弁系ハウジング 動弁系保護,潤滑油飛散防止 筒内ガス圧力のシール ピストン,クランク軸の保持

ブロック	オイルパン	潤滑油の回収
	クランク軸受け	クランク軸の支持
主運動系	ピストン	燃焼室の形成と筒内ガス圧力の往復力伝達
	コネクティングロッド	ピストンとクランク軸の力伝達
	クランク軸	往復力を回転力に変換
動弁系	吸排気バルブ	吸排気ポートの開閉
	バルブスプリング	バルブ保持と着座力確保
	カムシャフト	バルブ開閉時期の制御
	バルブリフタ	直打式動弁系のカム作動をバルブに伝達
	ロッカアーム	カム作動を伝達しバルブを開閉
吸気系	吸気マニホールド	吸入空気の導入及び吸気慣性効果の付与
	スロットルバルブ	吸入空気量の制御
	エアクリーナ	吸入空気中の塵埃の除去
排気系	排気マニホールド	排気ガスの集合・排出・脈動制御
	触媒コンバータ	排気ガスの浄化
燃料系	燃料噴射弁	燃料噴射，微粒化，混合
	燃料ポンプ（電動）	燃料の供給，昇圧
	デリバリーパイプ	燃料の蓄圧，脈動除去
	燃料フィルタ	燃料中の塵挨，水の除去
冷却系	ウォータポンプ	冷却水の循環
	ラジエータ	冷却熱の大気への放出
	サーモスタット	エンジン内部の冷却水温度制御
潤滑系	オイルポンプ	潤滑油の循環
	オイルフィルタ	潤滑油中の夾雑物の除去
	オイルクーラ	潤滑油の冷却
点火系	点火プラグ	混合気の点火
	イグナイタ	点火エネルギーの供給

3・2 エンジン本体

（1） シリンダブロック，クランクケース

　シリンダブロックは，シリンダヘッドと併せて燃焼室を構成すると共に，エンジン本体の基礎部分であるから，各種負荷に耐え得る強度と剛性が必要である．
　そのための全般的要件としては，

- 強度，剛性
- シリンダ内径の耐摩耗性，耐腐食性
- 冷却性
- 軽量コンパクト性

等が挙げられる．

構造的に大別すると，次のようになる．

```
┌─ 一体形シリンダブロック
└─ 分割形シリンダブロック ┬─ 湿式ライナ形
                          └─ 乾式ライナ形
```

従来は，シリンダとシリンダブロックの一体鋳造が多かったが，近年では軽量化のためにアルミニウム合金製が多用されており，この場合，特殊鋳鉄製シリンダライナを別途圧入するか，シリンダ内面に硬質クロムメッキ等を施し，耐摩耗性を考慮している．

このライナには，湿式あるいは乾式ライナ方式があり，前者はシリンダライナを冷却水に接するように組み込んだもので，冷却性に優れている．さらに摩擦，摩耗を低減するために，精密研磨仕上げ（ホーニング）を行っているものもある．

その他，エンジン長さ短縮のためのサイアミーズシリンダ，軽量化および振動，騒音低減のためのハーフスカート化，同様の目的で，有限要素法を用いた薄肉化および重点補強等の高効率設計も行われている．

図3.1にシリンダブロックのいくつかの実例を示した．

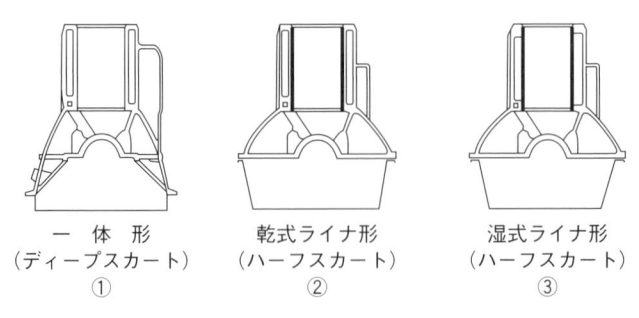

一体形　　　　乾式ライナ形　　　湿式ライナ形
（ディープスカート）（ハーフスカート）（ハーフスカート）
　①　　　　　　　②　　　　　　　　③

図3.1 シリンダブロックの例

(2) シリンダヘッド

シリンダヘッドはシリンダブロックの上部に配置され，ピストン頭部と燃焼室を形成する．常に高温，高圧にさらされるので，要件としては高い強度，剛性，熱伝導性，冷却性等が挙げられる．

構造的には，内部に燃焼室，吸排気通路，冷却水通路，潤滑油通路，外部には動弁系支持部や点火プラグ取り付け孔が設けられており，形状も複雑である．

材質的には，ガソリンエンジンではアルミ合金鋳物が多用されており，バルブシートには特殊鋼製のシートリングが用いられている．ディーゼルエンジンでは，耐久性の点から特殊鋳鉄製シリンダヘッドが用いられている．

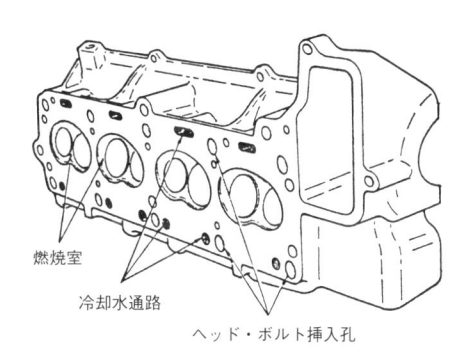

図 3.2 水冷式シリンダヘッド

(3) ヘッドガスケット

シリンダブロックとシリンダヘッド間に挟み込んで，圧縮ガス，燃焼ガス，冷却水，潤滑油の漏洩を防ぐもので，耐圧性，耐熱性，圧縮性等が要求される．

(a) 目的

・圧縮ガス，燃焼ガスの漏れ防止
・冷却水，潤滑油の漏れ防止
・シリンダボア歪みの抑制
・カムシャフト軸受け歪みの抑制

(b) 要件
 ・耐圧性
 ・耐熱性
 ・適度の圧縮性
 ・シール性
 ・耐疲労性,耐クラック性

(c) 種類

大別すると表3.3のようになる．それぞれの特徴は表の通りである．

表3.3 ガスケットの種類

	スチールガスケット	複合ガスケット
構造	・鋼板単体あるいは数枚の軟鋼板の積層構造 ・シール部をビード状（ばね効果）にして圧縮性向上	・金属と非金属材料の複合 ①しん金に軟鋼板 ②圧縮材にゴム系材，膨張黒鉛等 ③外皮に軟鋼板
傾向	・歴史は長い	・現在普及している
長所	・経時変化少ない，耐久性あり，厚さ精度良好	・耐熱性，密着性，圧縮性良好
短所	・圧縮性，凹凸吸収機能，密着性に欠ける	・へたりが大きい

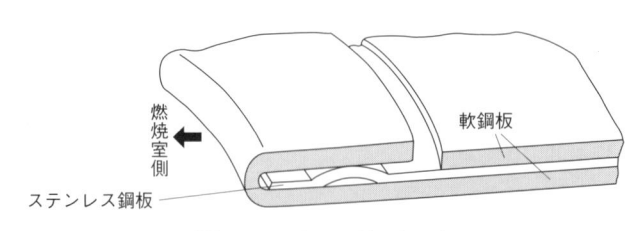

図3.3 スチールガスケット

図 3.4 複合ガスケット

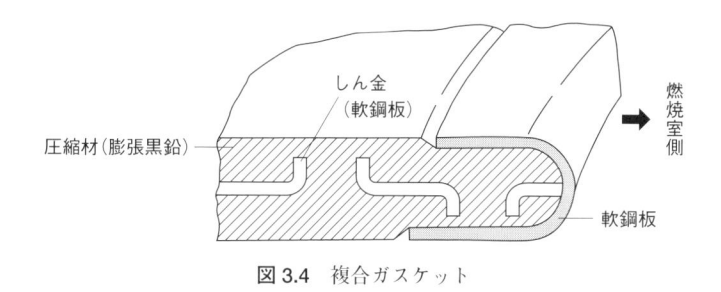

3・3 主運動部品

(1) ピストン

シリンダ内部を高速で往復し，燃料の熱エネルギーを運動エネルギーに変換するものであり，過酷な条件下で焼き付かない形状や寸法，潤滑法等が重要な設計ポイントとなる．

(a) 機能
- 燃焼圧力，慣性力をコネクティングロッドに伝達する
- コネクティングロッドが斜め位置にある時，スラスト力をシリンダの滑り面に伝える
- 適当な燃焼室を形成し，発生した熱をシリンダ壁，冷却媒質に伝える
- シリンダの気密を保ち，潤滑油上がりを防止する

(b) 使用環境
- ピストン頭部は，瞬間的には約 2000 ℃の高温にさらされ，表面温度も 200〜300 ℃に達する
- 圧力も 50〜100kg/cm^2 の高圧となる
- ピストン速度 20〜30m/s の高速往復運動である

(c) 要件
- 熱伝導性

- 耐摩耗性
- 熱膨張が小さいこと
- 高温強度
- 冷却性
- 焼き付かないこと
- 低摩擦
- 軽量

(d) 材質

- アルミニウム合金（Al＋Cu, Si, Ni 等）には，高珪素アルミニウム合金ピストン（熱膨張小）やローエックスピストン（別称Y合金ピストン：Si 少，耐熱強度優）などがある
- 鋳鉄，鍛造鋼製は，ディーゼルあるいはレース用等の特殊用途に用いられている

(e) ピストンの基本形状

エンジン運転時のシリンダとの焼き付きを防ぎ，騒音の発生を抑えるため，シリンダとの間にピストンクリアランスを保つ必要がある．また，熱膨張による変形を見込んで，下記のようなテーパ，オーバル形状等の配慮を行っている．

● **円錐状（テーパ）**　ピストン頭部の方が高温となり熱膨張が大きいため，小径とする（図 3.5(a)）．

● **楕円状（オーバル）**　ピストンピンボス部は，肉厚が大で熱膨張量が大きいため，図のように楕円形にする（図 3.5(b)）．

(a) テーパ　　　　　(b) オーバル

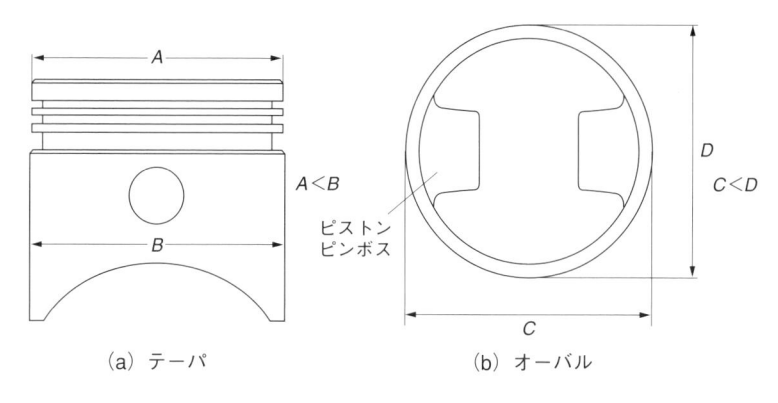

図 3.5　ピストン基本形状

(f) 主な種類

- ソリッドスカートピストン（図 3.6）
基本的な円筒状のものだが，熱膨張制御を施していないので，最近の自動車用エンジンではあまり使用されていない．

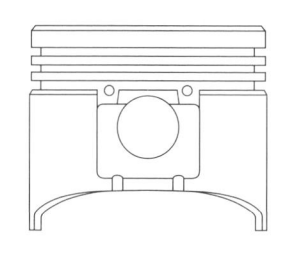

- スリッパスカートピストン（図 3.7）
軽量化の目的で，スラスト荷重を受けないピン方向のスカート部を切り欠いたもので，広く用いられている．

- スプリットスカートピストン（図 3.8）　スカート部に，スロット（切り割り，Tスロット，Uスロット，水平スロット等）を入れて弾力性を持たせたもので，熱膨張や側圧を逃がすことができ，ピストンクリアランスを

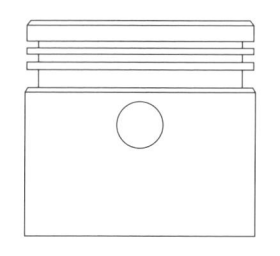

図 3.6　ソリッドスカートピストン

図 3.7　スリッパスカートピストン

小さくすることができる．

● オートサーミックピストン（図3.9）
熱膨張率の小さい特殊鋼のストラットを鋳込み熱変形を抑えたもので，ピストンクリアランスを小さくできる．アンバストラットピストン，ストラット入りピストン等ともいわれている．

● オフセットピストン（図3.10）
ピストン打音（スラップ音）防止のために，ピストンピン中心位置を，ピストン中心に対し右または左にわずかにオフセットしたものである．

● ヒートダム（図3.11(a)）　ピストン頭部の高熱をピストンリング部に伝えないようにリング溝の上側に溝を設けたもので，リング固着防止が目的である．

● リングキャリア（図3.11(b)）
耐摩耗性に優れ，ピストンと熱膨張係数の近い特殊鋼製のリングキャリアを鋳込んだもので，トップリング溝部の耐摩耗性向上が目的である．

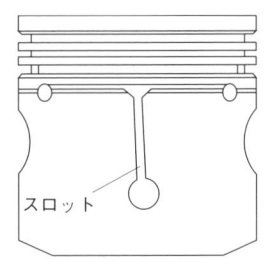

図3.8　スプリットスカートピストン

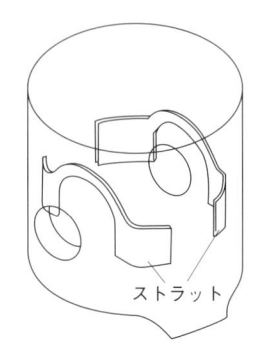

図3.9　オートサーミックピストン

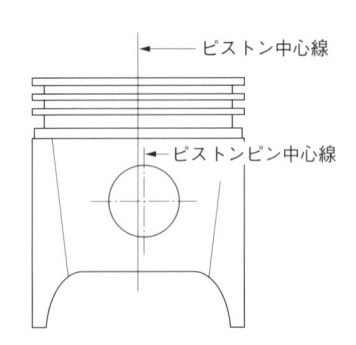

図3.10　オフセットピストン

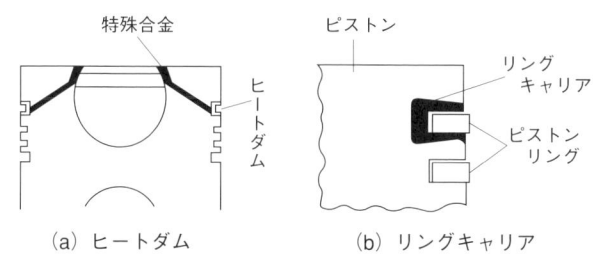

図3.11 リングの固着防止例

(2) ピストンリング

ピストンに装着するピストンリングは，多彩な役割を果たしている．ピストンリングの機能は，気密保持，潤滑油の調整，ピストンの冷却であり，排出ガス，オイル消費，ブローバイガス，摩擦損失，要求寿命等と関係する重要な部品である．

通常は，圧力リング（コンプレッションリング）2本，オイルリング1本の計3本が設けられて，良好な気密保持と潤滑管理を担当するが，最近は摩擦低減のため圧力リング1本化も実用化されている．しかし，ガスの気密性保持はエンジンが低回転であるほど困難になるので，大型低速ディーゼルエンジンでは4〜5本のものもある．一方，2サイクルエンジンでは潤滑油供給方法が異なるので，オイルリングが省略されている．

(a) 機能
 ・気密性保持（ブローバイガス吹き抜け防止）
 ・潤滑油量の制御（オイルのかき落とし）
 ・伝熱（ピストンの受熱量をシリンダに伝える）

(b) 要件
 ・耐摩耗性
 ・強靭性
 ・耐熱性
 ・オイル保持性

・熱伝導性（ピストン熱量の約75％はリングを経由して伝熱）

(c) **材質**

・コンプレッションリング：特殊鋳鉄あるいは炭素鋼
・オイルリング：炭素鋼

(d) **表面処理，対策等**

・リング上下面および外周面：球状黒鉛鋳鉄に硬質クロムメッキ（耐摩耗性，熱伝導性向上）
・外側にソフトメッキ：すず，鉛等（初期なじみ対応）
・クロムメッキリングとクロムメッキライナは，組み合わせて使用しない
・コンプレッションリング幅の狭小化には，鋼を使用する（面圧向上によるリングフラッタ現象防止）

(e) **種類**

● バレルフェース型（図 3.12）　摺動面が円弧状で，初期なじみ時の異常摩耗が少なく，シリンダ油膜を一定に保つことができるので，スカッフに強く，多く用いられている．また，燃焼，圧縮行程では，図3.12 のように燃焼圧力および圧縮圧力がリング上面，背面に加わるので，シリンダ壁への密着性が良く，ガス漏れ，圧縮漏れ，オイル上がり防止に効果がある．さらに，リング挙動，シリンダ追従性も良好で，フラッタ現象の防止にも有効である．使用リングはトップリングである．

● テーパフェース型（図 3.13）　摺動面がテーパ状になっており，シリンダ壁面と線接触するため，なじみ性，気密性，オイルかき落し性が良好である．使用リングは，

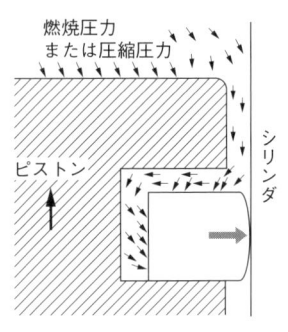

図 3.12　バレルフェース型

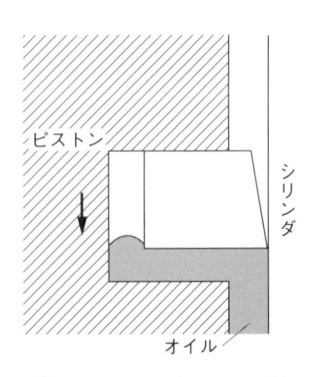

図 3.13　テーパフェース型

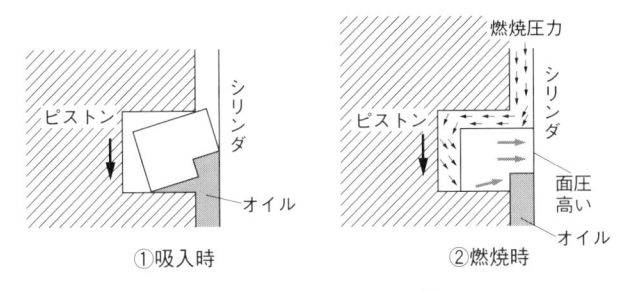

図 3.14 アンダカット型

主にセカンドリングである．

● **アンダカット型**（図 3.14）　　外側下面がカットされた形状で，図のように吸入時は線接触，燃焼時は高面圧で密着するため，オイル上がり防止に向いている．使用リングはセカンドリングである．

● **キーストン型**（図 3.15）　　上下面または上面にテーパがあり，カーボンスティック（固着）防止に効果がある．使用リングは，セカンドリング，トップリング，高負荷ディーゼル用等である．

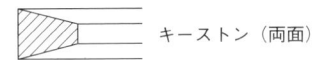

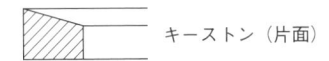

図 3.15 キーストン型

● **インナベベル型，インナカット型**（図 3.16）　　内側上部を切り欠いたもので，ピストン下降時にシリンダ壁面と線接触する．ねじれ効果があり，別名ツイストリングともいわれる．このリングはテーパフェース型と同様な働きをし，なじみ性，気密性，オイルかき落し性が良好である．一般にトップリングおよびセカンドリングに使用される．

図 3.16 インナベベル型，インナカット型

● **グルーブド型**（図 3.17）　　油だめの溝がリング滑り面にあるので，スカッフ，焼

図 3.17 グルーブド型

き付き防止に効果がある．
● オイルリング（図3.18，3.19）　オイルリングには，一体型（図3.18）と組み合わせ型（図3.19，エキスパンダ付）がある．前者の中でデュアル型は，滑り面をベベルにカットして面積を小さくし，高面圧が作用するようにしたもので油かき性能が優れている．後者には，張力向上，油かき性能の良いエキスパンダ付オイルリングがある．

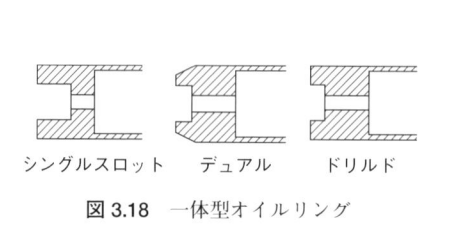

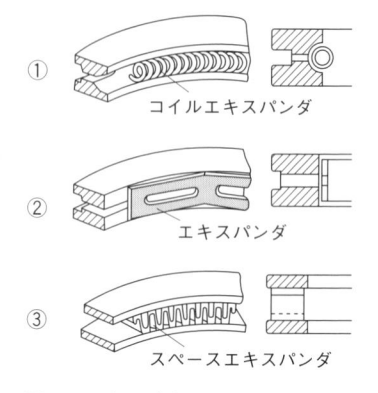

図3.18　一体型オイルリング
シングルスロット　デュアル　ドリルド

図3.19　組み合わせ型オイルリング
① コイルエキスパンダ
② エキスパンダ
③ スペースエキスパンダ

(f) ピストンリングに起こる異常現象

ピストンリングは苛酷な条件で使用されるため，いろいろな力を受け，次のような異常現象が発生する．

● スカッフ現象　シリンダ壁の油膜が切れて，ピストンリングとシリンダ壁が直接接触し両者の表面にスカッフが起きる現象で，原因はオイル不良，過度の荷重，オーバヒート等である．

● スティック現象　カーボンやスラッジ（燃焼生成物）が固着してピストンリングが動かなくなることで，気密性や油かき性低下，オイル上がり悪化，出力低下等を起こす．

● フラッタ現象　ピストンリングやシリンダ壁の摩耗等により，圧縮圧力，燃焼圧力がピストンリングの外周面から作用し，ピストンリング，ピストン，シリンダ壁の気密不良およびピストンリングが各種圧力を受けて，上下振動を起こすことをいう．この現象は，リング張力が小さい，リング幅が厚い，ピストン速度

が速いといった条件下ほど起こりやすい．この時，リング機能の低下，ガス漏れによるエンジン出力不足，オイル消費量の増加，リング溝およびリング上下面の異常摩耗等が発生する．

(3) ピストンピン

ピストンピンは，ピストンとコネクティングロッドを連結する部品で，その両端はピストンピンボスの軸受け部で支持され，中央部がコンロッド端部で保持される．

(a) 構造

ピストンピンとコネクティングロッドの接合方式には，次のものがある．

- **フルフローティング方式**　両者が摺動可能な方式で，ピンが比較的太く，クリアランスを小さくできる．また，焼き付きに対する安全性が高く，高性能エンジンに多く採用されている．
- **セミフローティング方式**　両者を固定した方式で，部品点数，コスト面で優位にある．ピンはコンロッドと一緒に動くので強度が増し，比較的細いピンが使えるが，ピンは常に円滑に動かなければならないのでクリアランスをあまり小さくできず，ピストンのピン孔部の摩耗が大きくなりやすい．

①フルフローティング方式　　②セミフローティング方式

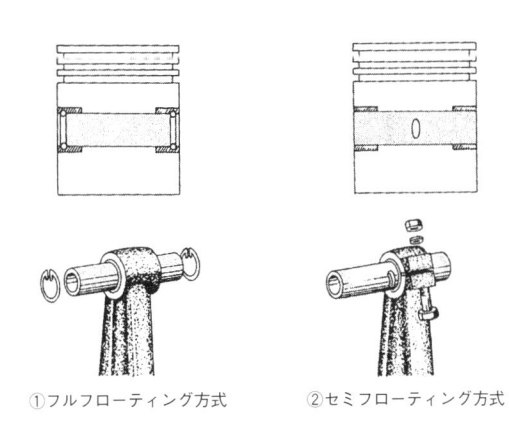

図 3.20　ピストンピン取付け方法

(b) 要件

大きな燃焼圧力と慣性力がかかるため，高い強度が必要である．したがって，ピンの直径は軸受け圧力で決定される．また，エンジン運転中に抜け出すことを防止する方法が講じられなければならない．

(c) 材質

一般的に強度の大きい表面硬化鋼（特殊合金鋼）を使用して摩耗を防ぐが，浸炭焼き入れ等の熱処理を施した強靭なNi-Cr鋼等を用いる場合もある．

また，外径は高い精度が必要なため，中空の円筒に成形した後，研磨仕上げを行う．

(4) コネクティングロッド，コネクティングロッドベアリング

(i) コネクティングロッド（コンロッド）

(a) 構造

ピストンとクランクシャフトを連結するロッドで，往復運動を回転運動に変換するものである．

小端部（ピストンピン側），大端部（クランクピン側）からなり，前者は往復運動，後者は回転運動を行う．

(b) 要件

燃焼圧力，慣性力，曲げ力等の繰り返し荷重がかかるので，高い強度・剛性が要求されると同時に，重量がエンジンの回転速度に影響するので，軽量であることも重要である．

(c) 材質

炭素鋼か合金鋼の鍛造品で，レース用はチタン合金を使用する場合もある．主に，Ni-Cr鋼，Cr-Mo鋼等の特殊鋼を型打ち鍛造し，機械的強度を向上させ使用している．

また，断面をI字型にし，強度と重量軽減のバランスをとることが多い．他にH型断面にする場合もある．これにより，大端部に移るウエブのつながりが良好で，フライス作業が楽になる利点があるが，I型断面のものと同じ慣性モーメン

トにすると，少し重量が増すことになる．

(ii) コネクティングロッド（コンロッド）ベアリング

ピストンおよびクランクシャフトとの結合部には軸受けが使用されている．

(a) 構造

小端部（ピストン側）は，通常，特殊青銅製（銅・すずの合金）ブッシュを圧入し，潤滑油を供給して，摩耗や焼き付きを防止する．

大端部（クランクシャフト側）は，通常，半割れ型の滑り軸受けを使用するため，分割可能な半円，半割れ型のプレーンベアリングを2本のボルトで締め付け一体化する．

また，二輪車用等の2サイクルエンジンでは，大端部にニードルベアリング等の一体型転がり軸受けを使用しており，クランクシャフトの方を組み立て式とする．

(b) 要件

コンロッドベアリングには，次のような要件がある．

- **非焼き付き性** 滑りの良い軸受け面を形成し，摩擦係数が小さく，ベアリングとシャフトに金属接触が起きた場合に焼き付きにくい性質．
- **なじみ性** 最初は当たりが少し悪くてもすぐなじむ性質．

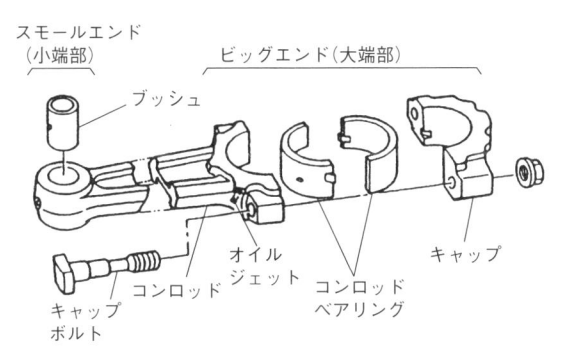

図 3.21 コンロッドおよびコンロッドベアリング

- **埋没性**　異物をベアリングの表面に埋め込んでしまう性質（シャフトに傷を付けにくくするため）．
- **耐食性**　酸等に腐食されにくい性質（エンジンオイルはブローバイガスで酸化される）．
- **耐疲労性**　ベアリングに繰り返し荷重が加えられても，機械的性質が変化しにくい性質．

(c) 軸と軸受けの考え方 ──────────

　一般に，軸側（運動部）は強い鉄系，軸受けメタル（固定部）は鉄系より弱く熱伝導の良い銅系かアルミニウム系が，通常，用いられる．あるいは，すず系，鉛系を用いる場合も多い．

《種類》

- **トリメタル（3層メタル）**　鋼製ベースメタルに銅・鉛合金（ケルメットメタル）を焼結し，その上に錫基あるいは鉛基のホワイトメタルをごく薄くメッキし，銅・鉛合金の機械的性質とホワイトメタルの優れた軸受け性を兼備させたもので，高速エンジンの軸受けに好適である．すなわち，特性としては，ケルメットの耐疲労性，耐衝撃性とホワイトメタル（オーバレイ）の応力分散による耐疲労性，なじみ性，埋没性，非焼き付き性等の順応性，耐食性，境界摩擦特性等を兼ね備えている．

- **アルミニウム合金メタル**　アルミニウムにすずを加えた合金を軸受け合金とし，鋼のベースメタルに貼り付けたもので，軽量で強度があり，耐食性，耐疲労性が良好で許容温度が高く，熱伝導性にも優れている．また，メタル幅も他のメタルに比べ20％ぐらい狭くできる．すずが多いと，耐摩耗性は良いが熱膨張率が大きくなるので，オイルクリアランスを大きくとる必要がある．初期なじみ性，耐食性向上のため，鉛を10％程度加えたものもある．

- **ホワイトメタル（白色軸受け合金）**　すず，鉛にアンチモン等を加えた軸受け合金だが，強度が弱いためアルミニウムメタルに移行し，現在自動車用にはほとんど使用されていない．

- **青銅**　コンロッド小端部軸受け（ブッシュ）に使用するもので，銅，すずの合

3・3 主運動部品

金である.黄銅(銅・亜鉛の合金)に比べて,じん性,耐食性,耐摩耗性,鋳造性,加工性,潤滑油とのなじみ性等が良好である.

(d) コンロッドベアリングの諸要素

コンロッドベアリングで考慮すべき要素は,「肉厚」,「クラッシュハイト」,「張り」の3要素である.

● **肉厚** 肉厚は,図3.22のように,上下方向の肉厚に対し水平方向(合わせ面)を薄くしてある.理由は,ベアリング入力は上下方向からが大きく,また衝撃打音低減のため,上下方向のクリアランスをあまり大きくできないので,水平方向の内径を大きくして潤滑油の貯蔵に充て,潤滑作用を高めている.また,ベアリングとシャフトの組み付けを容易にする等の理由もある.

肉厚の状況は,$B = A - (0.005 \sim 0.015)$ mm 程度である.

● **クラッシュハイト(締め代)** 図3.23のように,メタルがベアリングキャップより張り出している高さをいい,大体 0.02〜0.05mm 程度である.クラッシュハイトが大きすぎると,ベアリングにたわみが生じて局部的に荷重がかかり,ベアリングの早期疲労や破損の原因となる.小さすぎるとベアリングハウジングとベアリングの裏金との密着性が悪くなり,熱伝導不良から焼き付きの原因となる.

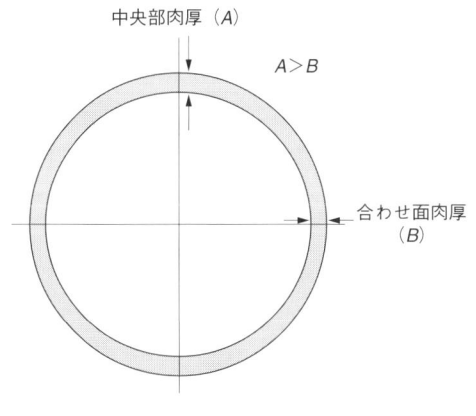

図 3.22 コンロッドベアリングの肉厚

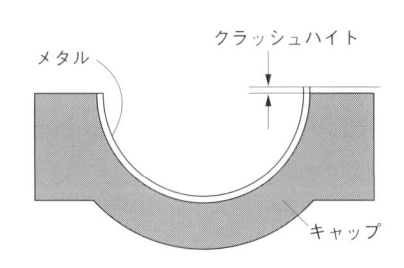

図 3.23 クラッシュハイト

● 張り　　張りは，ベアリングハウジングとベアリング裏金との密着性を改善させ，熱伝導性の向上によって焼き付きを防止するというクラッシュハイトと同様の目的がある．

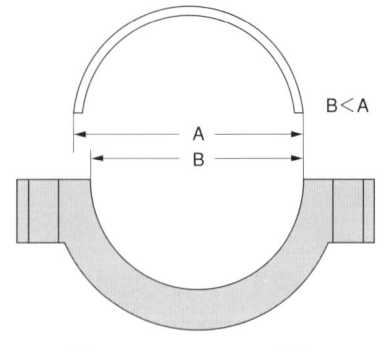

図 3.24　ベアリングの張り

(5)　クランクシャフト

(a) 機能

ピストンの往復運動を，コネクティングロッドを介して回転運動に変換し，外部に動力を取り出す部分である．

(b) 構造

クランクシャフトの基本形は，クランクピン，クランクジャーナル，クランクアームの3要素からできている．さらには，カウンタウエイト，潤滑油通路からなり，それぞれ表3.4のような目的を持つ．

表 3.4　クランクシャフトの構造

部　位	構　造
クランクピン部	コンロッドの大端部が取り付けられる
クランクジャーナル部	クランクケースで支持
クランクアーム部	ピンとジャーナルを結ぶ部分
カウンタウエイト	往復運動部分のバランスを取る釣り合い錘
潤滑油通路	クランク内部に開孔

3・3 主運動部品

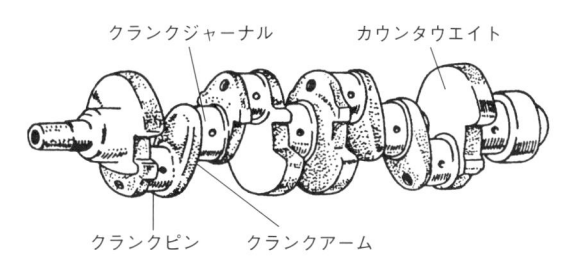

図3.25 クランクシャフト

(ラベル: クランクジャーナル, カウンタウエイト, クランクピン, クランクアーム)

(c) 要件

燃焼圧力や慣性力による大荷重，高速回転を行うので，強度・剛性（曲げ，ねじり），耐摩耗性，静的・動的バランス，円滑な運転，エンジン振動・騒音低減等を考慮しなければならない．

(d) 静的・動的バランス

クランクのアンバランス（不平衡）は，クランクシャフトの軸受け部に振動を起こし，特にその周期がクランクケースや取り付け部の自然振動数の周期と一致する時は，激しいエンジン振動・騒音を引き起こす．

バランスには，次の状態がある．

```
┌ 静的バランス ── 回転軸周りの質量バランス
│                ┌ 回転バランス
└ 動的バランス ──┤
                  └ ねじりバランス
```

エンジンは，まず静的にバランスさせないと動的バランスは不可能である．

高級車あるいは高速用エンジンでは，バランシングマシーンで動的バランスを取る場合もある．

(e) 材質

高炭素鋼，特殊鋼，合金鋼の一体鍛造品が多いが，強度が高く熱処理可能な特殊強力鋳鉄も増加している．

(f) 加工方法

型打ち鍛造後，機械加工を行う．ジャーナルおよびクランクピン等の軸部には表面硬化（高周波焼き入れ，軟窒化処理等）を行い，耐摩耗性，強度向上を図っている．

(g) 細部構造

他に，クランクシャフトには次のような細部構造がある．

- バランスウエイト穴　　　　　　：ウエイト重さの調節
- ピン，ジャーナル端部のR形状：応力集中回避が目的．さらにロール加工等で強化する（図3.26）
- ピン，ジャーナル部の中空化　　：運動部分の軽量化が目的

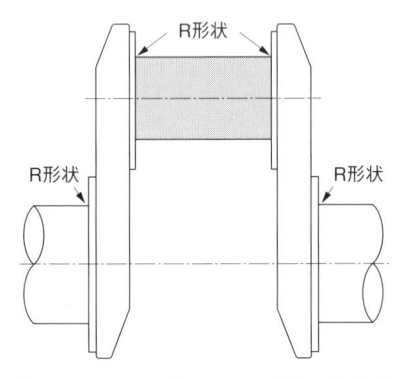

図3.26　ピン，ジャーナル端部のR形状

(6) クランクシャフトベアリング

(a) 構造

● **メインベアリング（主軸受け）**　　クランクシャフトの支持は，ジャーナルの上半分はクランクケース，下半分はベアリングキャップで支えられる．最近では，ベアリングキャップを梁でつないで一体化する（ベアリングビーム，ベアリングキャップブリッジ，ラダーフレーム等）ことにより剛性を高め，振動・騒音の低減を図っているものが多い．

3・3 主運動部品

● **スラストベアリング** クラッチの反力としてフライホイールより軸方向の力（スラスト力）が働くので，スラストベアリングをジャーナルベアリングの1カ所に設ける．従来の一体型から，最近は半円型スラストプレートを選択により用い，スラスト隙間を調整する．

(b) **材質** ─────────

クランクピンおよびジャーナル部の軸受けは，3～4層の積層構造になっており，外側は鋼製の裏金で，その上に銅・鉛合金（ケルメット）を焼結させている．荷重は銅が支え，鉛は摩擦熱で一部が滑り面に溶け出ることで摩擦抵抗を減らしている．

最近では，銅・鉛合金よりも耐食性，疲労強度に優れるアルミ合金を焼結させたものも増加し，この2種類が主流である．また，摩擦損失を低減させるため，コンパクト化や幅狭メタルを使用する傾向が強い．

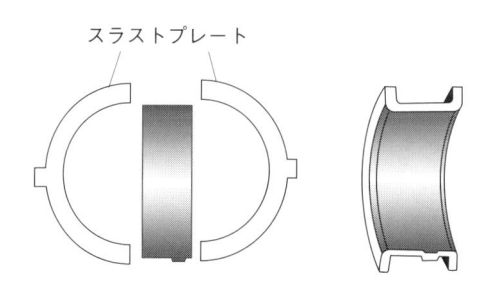

スラストプレート

(a) 分割型　　(b) 一体型（フランジタイプ）

図 3.27　クランクシャフトベアリング

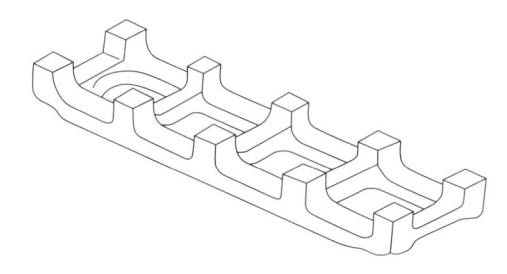

図 3.28　ベアリングビーム

(7) バランスシャフト

　直列4気筒の場合，2次慣性力は合成されて大きな値となる．すなわち，それはクランクシャフト回転速度の2倍の周期の上下振動を示し，車室内騒音中のこもり音を拡大する．そこで，クランクシャフトの2倍の速度で回転する2次バランスシャフトを設け，2次慣性力の減衰を図る．

　構造的には，1本のシングルタイプ，2本で相互に逆回転のダブルタイプ等がある（図 3.29）．

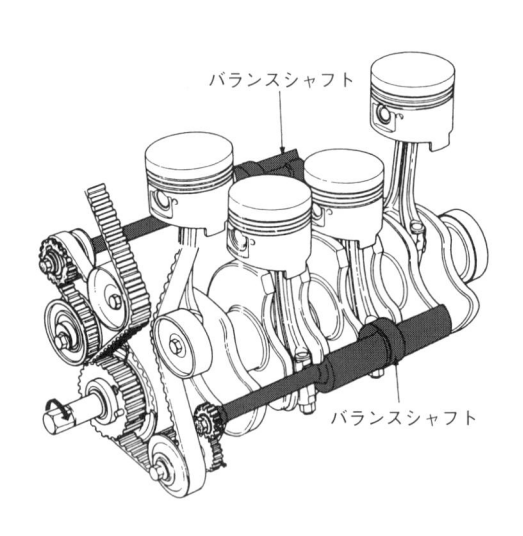

図 3.29 バランスシャフト [6]

(8) フライホイール

　4サイクルエンジンの場合，特にトルク変動が多く発生する．気筒数が増加するとトルク変動は少なくなるが，限界があるのでそれを低減するため，レシプロエンジンではフライホイール（はずみ車）を用いる．すなわち，正のトルクが発生する時はそのエネルギーの一部を吸収し，負のトルクでは放出して角速度を平

滑化する．

　フライホイールは，クランクシャフトの端に取り付ける円盤で，一般的にこれを介してクラッチに動力伝達を行い，外周に平歯車のリングギヤを焼きばめし，エンジン始動時にスタータモータと噛み合うようになっている．

　フライホイールは，その慣性モーメントが大きいほど蓄積されるエネルギーも大きくなり，トルク変動は小さくなる．ただし，この場合，回転に要するエネルギーが増加し，加速応答性が悪くなるので，妥協点を求めなければならない．

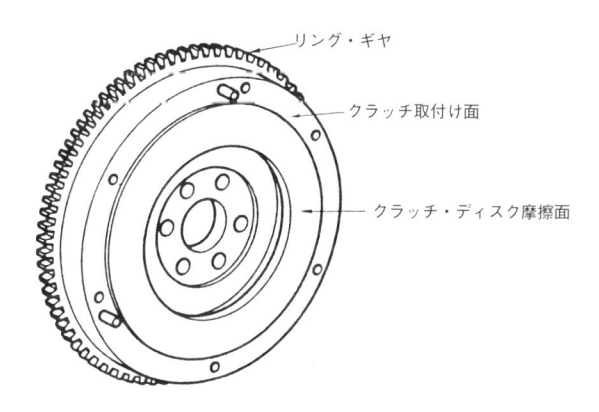

図 3.30　フライホイール

(9) ロータリエンジン部品

　ここでは，ロータリエンジンの主要構成部品（ロータハウジング，サイドハウジング，ロータ，エキセントリックシャフト，アペックスシール）について簡単に触れる (p.99, p.100 参照)．

　ロータハウジングには点火プラグ孔や排気孔が設けられており，内面はまゆ型曲面状になっている．また，サイドハウジングはロータハウジングをはさむように位置し，吸気孔が設けられている．回転部分であるエキセントリックシャフトは出力を取り出す回転軸であり，吸排気はロータが直接吸排気孔を開閉することにより，行っている．ロータは，エキセントリックシャフトに支えられ，ロータ

ハウジング内を回転する．

ロータリエンジンにおける課題の1つは，燃焼ガスの気密性保持すなわちロータ摺動部からのガス漏れ防止であり，ロータにはガスシール類が組み込まれている．ロータ頂点のアペックスシールによる気密保持は難しく，特殊なカーボン材を用いている．各シールはバネにより，摺動面に押し付けられているが，作動中は燃焼ガスによって押し付け力が増し，気密作用が増大する．

3・4 動弁系

(1) 動弁方式

　動弁機構は，吸排気バルブを的確なタイミングで開閉するもので，クランクシャフトから伝えられた回転運動をカムシャフト，ロッカアームまたはタペットを介してバルブの往復運動へと変換するシステムである．

　吸排気バルブは図 3.31 のような形状をしており，通常はバルブスプリングによってバルブ外周部がバルブシートに密着し，燃焼室の気密を保っている．バルブの開閉はカムによっているが，動弁形式により，カムとバルブの間に種々のメカニズムが設けられている．

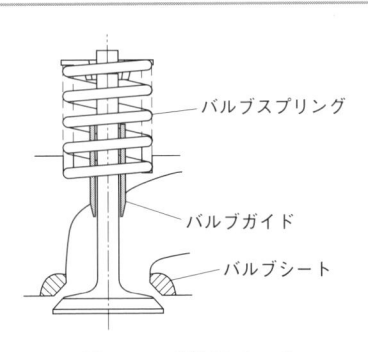

図 3.31 吸排気バルブ

　4サイクルエンジンでは，クランクシャフト2回転で吸排気バルブを1回ずつ開閉させる．そのためカムシャフトは，タイミングスプロケット，タイミングチェーン，タイミングプーリ，タイミングベルト等で 1/2 に減速される．その方式を表 3.5 および図 3.32 で説明する．

3・4 動弁系

表3.5 動弁方式

名　称	構　　造	特　　徴
SV式 (サイドバルブ式)	・シリンダ側面に吸排気バルブがあり，カムシャフトは下部にある	・機構シンプル ・全高低くコンパクト ・カム運動をタペットに直接伝えるので，慣性力小 ・吸気通路の曲折多く，η_v低，S/V大，η_{th}低 ・ボア間隔狭いので冷却不良 ・高性能エンジンに不適 ・コストは安い
OHV式 (プッシュロッド式)	・吸排気バルブをシリンダヘッドに配置 ・カムシャフトは下部にあり，クランクより直接，間接駆動 ・カム運動はプッシュロッド，ロッカアームによりバルブへ伝達	・構造複雑 ・運動部品の慣性力大のため，高回転不適 ・動弁系剛性低い ・SV式に比べて燃焼，冷却性，吸排気効率良好
OHC式 (直接駆動式)	・バルブ，カムシャフト共にシリンダヘッドに配置 ①SOHC型 ・カムシャフト1本 ・主にロッカアーム使用 ②DOHC型 ・カムシャフト2本(吸排，各1本) (イ) 直動式 ・バルブ上のバルブリフタをカムが直接駆動(構造シンプル) (ロ) スイングアーム式 ・カム，バルブ間にスイングアーム介在(バルブリフト自由度拡大)	・構造シンプル ・運動部品少ない，慣性力小，剛性大，振動少ない，高速エンジン向き DOHC型 ・吸排気バルブ挟み角が自由 ・点火プラグ燃焼室中央化が可能 ・吸排気バルブタイミングの設定自由

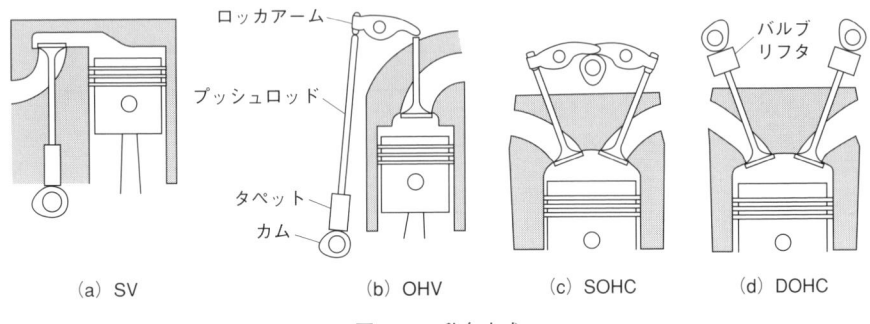

図 3.32 動弁方式

(a) SV　(b) OHV　(c) SOHC　(d) DOHC

ロッカアーム、プッシュロッド、タペット、カム、バルブリフタ

(2) 弁揚程特性

　高い吸排気効率と良好な運動特性を確保し，カムとフォロワの耐摩耗性に優れる特性が要求され，そのため種々の特徴を持つ弁揚程特性が開発されている．

　現在の自動車用エンジンには，一般にポリノミアルカム，ポリダインカム，合成曲線カム，nハーモニックカム等が使用されている．

　弁揚程曲線の要求特性値は図3.33のようになる．

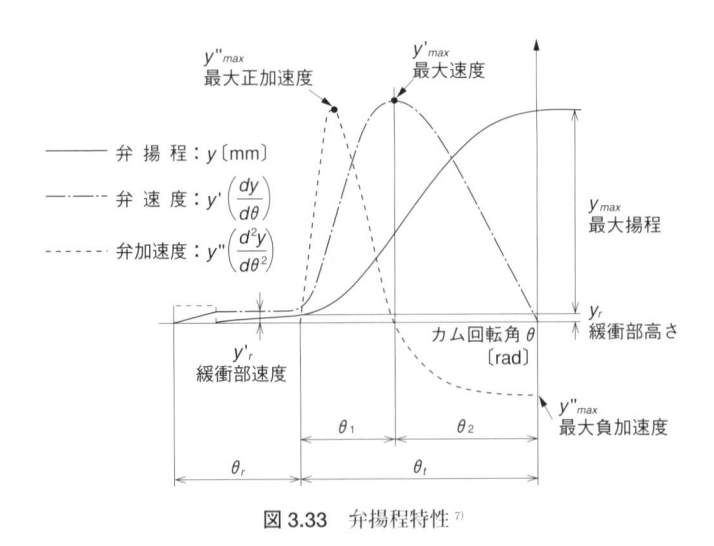

図 3.33 弁揚程特性 [7]

弁 揚 程：y [mm]
弁 速 度：$y'\left(\dfrac{dy}{d\theta}\right)$
弁加速度：$y''\left(\dfrac{d^2y}{d\theta^2}\right)$

y''_{max} 最大正加速度
y'_{max} 最大速度
y_{max} 最大揚程
y_r 緩衝部高さ
y'_r 緩衝部速度
y''_{max} 最大負加速度
カム回転角 θ [rad]
θ_1, θ_2, θ_r, θ_t

(a) 緩衝曲線部（θ_r）

バルブが閉じているべき時にカム製作誤差，構成部品の熱膨張差，バルブシートの摩耗等により，バルブがカムによって押しつけられないようにバルブクリアランスを設ける．このため，バルブ開時にはバルブ端部で衝突が起きる．また，バルブ閉時にバルブがバルブシートに衝突し，騒音，バルブ折損の原因となるので，衝突速度の小さい部分を設け，衝撃を小さくする．この部分を緩衝曲線部といい，衝撃，騒音の面からは緩衝部速度が小さいほど良いが，あまり小さいとバルブクリアランスの変化に対するバルブタイミングの変化が大きくなり，低温始動性やアイドリング安定性に影響を及ぼす．また，緩衝部高さについては，必ず緩衝速度部でバルブが開閉するようにしなければならない．

最近のように，油圧バルブリフタを用いると，常にバルブクリアランスをゼロに保つためタペット調整不要で，騒音対策上有利である．

(b) 最大速度

特に，プッシュロッド式 OHV や直接駆動式 OHC 等のようにバルブリフタを用いる場合，最大速度の大きさはリフタの接触応力，リフタの接点がリフタ外径よりはみ出す等問題が起きるので，動弁系レイアウト上の制約を受ける．

(c) 加速度

加速度曲線は，バルブ運動において重要な特性である．

● 正加速度（θ_1 部）

動弁系要素の共振を避けるには，弁揚程曲線の高次ハーモニックスを小さくすることが必要で，そのためには正加速度区間を広くし，最大正加速度を小さくして加速度変化を滑らかにする．

● 負加速度（θ_2 部）

負加速度の値は，バルブスプリングの最大荷重あるいはカムノーズ付近の曲率半径の大きさを左右する．高速運転を保証するには，負加速度の絶対値を小さくし，バルブスプリング荷重は高いほど有利である．

(3) バルブ（ポペットバルブ）

(a) 機能，役割
- 吸排気バルブを，それぞれ設計されたタイミングで開閉させること
- バルブを開いた時，吸排気の流れ抵抗の小さいこと
- バルブを閉じた時，ガス漏れのないこと
- バルブが高温に耐えること

(b) 要件
- 高温（吸気バルブ200〜700℃，排気バルブ600〜850℃）において，強度，硬度が高く，衝撃に強いこと
- 作動温度において，変質がないこと
- 熱伝導が良く，熱膨張が小さいこと
- 疲れ強度が大きく，切り欠き効果に鈍感なこと
- 耐食性，耐摩耗性が大きいこと
- 鋳造，加工，熱処理が容易なこと
- 高速時慣性力を小さくする必要上，軽量であること

(c) 材質
- **吸気バルブ**　　低温耐食性，耐摩耗性の良いSi，Cr等を含んだ特殊耐熱鋼の鍛造品（他に，熱伝導性良好，膨張係数小，硬度大）．
- **排気バルブ**　　高温耐摩耗性に優れたNi，Cr等を含んだ特殊耐熱鋼の鍛造品（他に，耐熱性，耐食性良好）．

バルブフェースおよびバルブステムエンドに，耐摩耗性に優れたステライト盛りを施したものもある．また，バルブステム内部に冷却媒質として，金属ナトリウムを封入して冷却効果を上げたものもある（図3.34：ナトリウム融解によるバルブガイドへの放熱で耐熱性を向上，ノッキングを防止）．

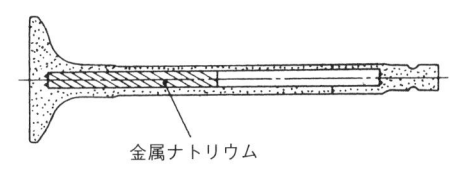

図 3.34 金属ナトリウム封入バルブ

(4) バルブシート

(a) **機能, 役割**
- シリンダヘッドの吸気, 排気通路にあり, バルブと密着して, 燃焼室の気密保持およびバルブが受けた熱をシリンダヘッドに逃す
- アルミニウム合金製シリンダヘッドにおいては, バルブシートを圧入して用いる

(b) **要件**
- 高温強度に優れていること
- 熱伝導率の高いこと

(c) **材質**
- 焼結合金, 鋳鉄, 耐熱鋼等が用いられている

(5) バルブガイド

オイル下がり（バルブとバルブガイドの摺動部隙間からオイルが燃焼室にリーク）のため, 排気ガス中の HC やオイル消費が増加することを防ぐ目的で, ガイド頂部にオイルシールを装着する. また, バルブステムとガイド間の遊隙は, バルブシートの変形および摩耗を防ぐために, 可能な限り小さい方が望ましい.

(a) **機能, 役割**
- シリンダヘッドに圧入して, バルブ運動の案内を行う
- バルブの受熱をシリンダヘッドに伝熱し, 逃す役割もある

(b) **要件**
- 耐摩耗性に優れていること

・潤滑性に優れていること
(c) 材質
・鉄系の焼結合金

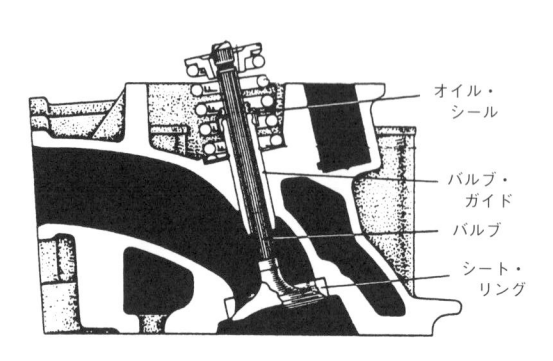

図 3.35 バルブシートとバルブガイド

(6) バルブスプリング

(a) 機能，役割
・いかなるエンジン回転速度でも，カムの運動通りに開閉させるバネ力が必要である
・バルブを閉じている時にはバルブシートに密着させ，運動中にはカム形状に沿った運動を行わせる
・バルブスプリングの荷重は，エンジン摩擦損失低減のため，バルブシートへの密着とカムへの追従を満足させる最小限に設定する

(b) 種類
主にコイルスプリング．

(c) 要件
繰り返し伸縮に耐え得る耐疲労性，強靭性が必要である．

(d) 材質
耐熱ばね鋼（Cr-バナジウム鋼，Si-Cr 鋼等）にショットピーニング等の表面硬

化処理を行っている．

(e) バルブスプリングの共振（サージング）

コイルスプリングは固有振動数が低いため，高速運転時にはカムの強制振動によってサージングを起こしやすくなる．

すなわち，バルブ開閉回数とスプリング固有振動数が同じか整数倍になるとサージングが発生し，バルブが良いタイミングで開閉しなくなるので，バルブ挙動不安定による運転不可能あるいは高速時バルブ踊りによるバルブスプリング折損等が発生する．

対策としては，次のようなものがある．

- ばねの自然振動数を上げるため，複式スプリングを使用する（内外のスプリングの巻き方向を逆にすることに注意）
- 不等ピッチスプリングあるいは両端に減衰コイルを設ける（不等ピッチでは，ピッチの少ない質量の大きい方をシリンダヘッド側に組み付けることに注意）
- 同調を起こすような次数を含まないカムの設計あるいは同調次数の振幅を小さくする
- ばねに減衰装置を設ける
- バルブクリアランスによる衝撃が変化しないようにする

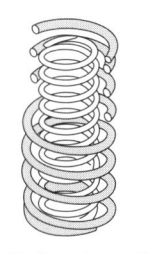

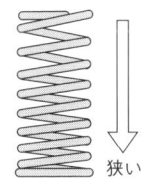

(a) 複式スプリング　　(b) 不等ピッチスプリング

図 3.36　サージング対策

(7) カムシャフトおよびその駆動方式

カムシャフトの形状は，バルブリフト，バルブ作動角を決定する．エンジンの出力を向上させるためには，体積効率が向上するように両者を大きくする．

一方，バルブとピストンの衝突，バルブ加速度大によるバルブのジャンピング，バウンシング，さらには面圧が高いことによるカム，ロッカアーム，バルブリフタ接角の摩耗や損傷も回避しなければならない．

(a) 材質

Ni，Cr 等の特殊鋼の鍛造品または特殊鋳鉄の鋳造品を使用し，カムの摺動面，ジャーナル部には，鋳鉄にはチル化，鋼には浸炭焼き入れ等を施し，表面硬化により耐摩耗性を向上させている．

通常は，カム部と軸部一体構造であるが，最近では，軽量化のため中空鋼管にカムを溶接しているものもある．

(b) 駆動方式

前述したように，動弁駆動方式は，設計されたタイミングでクランクシャフトの回転運動をカムシャフトに伝える必要があるが，その方式には次の3種類がある．

- タイミングギヤ式　　タイミングギヤによる伝達は最も正確であるが，騒音が大きいので，強度が必要となる特殊ディーゼルエンジンおよびレースエンジン等に用いられている．
- タイミングチェーン式　　使用中，緩みが生じるので，張力を適正な状態に調整する装置が必要である．
- タイミングベルト式　　張力調整装置が必要であるが，耐油性，耐水性，騒音の点で良好である．

＊現在では，チェーンおよびベルト式が主に使用されている．

(8) ロッカアーム，スイングアーム

ロッカアーム，スイングアームは，カムシャフトとバルブ間においてバルブを

3・4 動弁系

動かすレバーであり，図3.37のように使い分けている．

(a) 要件
- 耐荷重
- 高剛性（バルブのカム形状への追従性）
- 軽量（高速慣性力抑制）

(b) 材質
- 一般に鋳鉄あるいは鋼，さらには軽量化のためのアルミニウムダイキャスト品
- 接触面圧が高くなるため，チル化や浸炭焼き入れによる耐摩耗性向上あるいは潤滑性向上
- その他には，接触部にローラフォロワ式を採用する場合もある

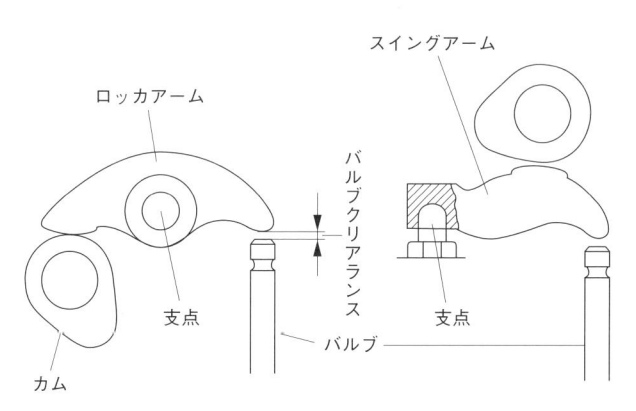

図3.37 ロッカアーム（左）およびスイングアーム（右）

(9) バルブリフタ（タペット）

カム面と接触して上下運動するもので，特殊鋳鉄または炭素鋼で作られ，カムとの当たり面はチル化または高周波焼き入れを行う．

リフタ中心とカム幅中心をオフセットし，運転中タペットが回転することで接触部分が移動し，当たり面の摩耗を少なくするようにしている．

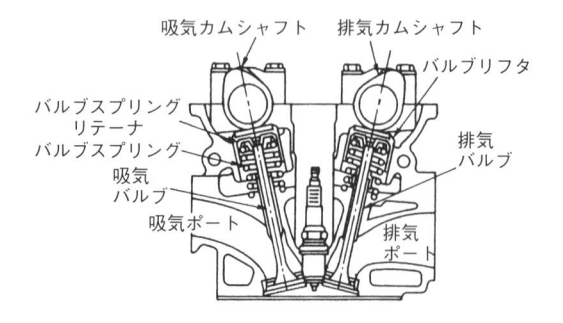

図 3.38　バルブリフタ

(10)　バルブクリアランス

　エンジン冷機時に，ロッカアーム・バルブ間あるいはカム・バルブリフタ間を接触状態にしておくと，暖機時，熱膨張によりバルブが突き上げられ，バルブシートと密着しなくなり，気密が損われる．そこで，両者間に隙間を設けてバルブの突き上げを防ぐ．この隙間をバルブクリアランスという（図3.39）．

　ただし，クリアランスが大きいと動弁系騒音の原因となるので，適切な値に調整しておく必要がある．方法としては，ロッカアームの場合は調整用ネジで，バルブリフタの場合はシムで調整する．

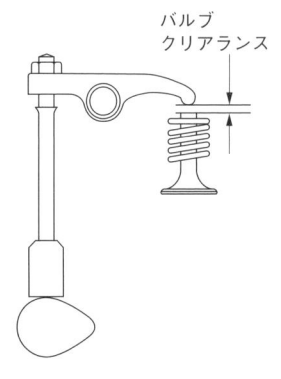

図 3.39　バルブクリアランス

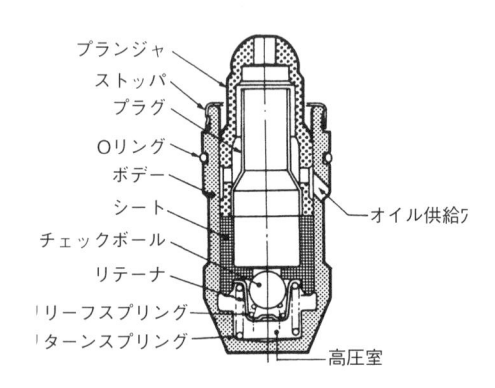

図 3.40　ラッシュアジャスタ

現在では，油圧式自動間隙調整装置（ハイドロリックラッシュアジャスタ）あるいはオイルタペット等で常にクリアランスをゼロに保つ方式が採用されている（図3.40）．

(11) 動弁系の新機構

最近では，運転状況に応じてバルブタイミングやバルブリフト等を変化させるデバイスが多く用いられている．その中の主なものを挙げると下記のようになる．
　・吸気側あるいは吸排気両方のカムタイミングを変化させる方式
　・タイミングとリフトの両方を変化させる方式
　・スロットルバルブを閉じると半分の気筒のバルブが閉じる方式（可変気筒エンジン）

3・5　吸排気系

燃焼室へ流入または燃焼室から排出されるガスの流路を総称して吸排気系と呼んでいる．

(1) エアクリーナ

(a) 機能

主な機能としては，エンジン耐久性の向上，点火プラグの故障防止等であるが，具体的には次のようなものが挙げられる．
　・吸入空気の清浄化（吸気中のダスト除去）
　・吸気音の低減
　・吸気温度制御
　・排気対策のための吸気系制御（ブローバイガス処理装置，2次空気供給装置の設置等）

(b) 種類

　・油槽式：現在はほとんど使用されていない

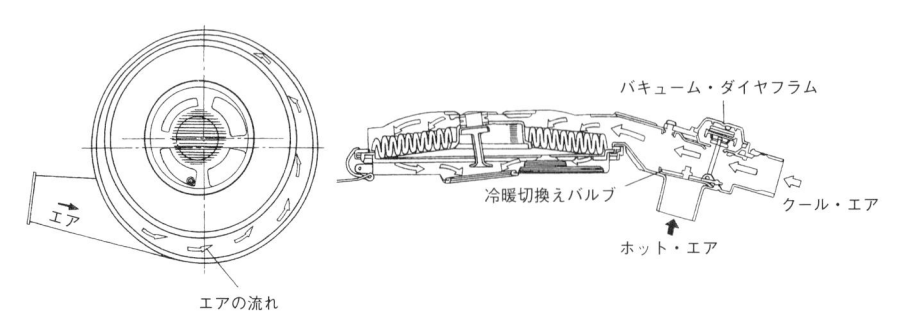

図3.41 エアクリーナ

- ・湿　式：エレメントろ紙に油を含浸させたもので，付着したダストに油が浸透し，これがろ層を形成する．このためエレメントの目詰まりが起こりにくく，途中清掃は不要となる
- ・乾　式：現在の主流でろ紙式と不織布式がある．前者は細かいダストを除去できるが，清掃，交換が必要である．後者はダストの大きさに応じてダストを補捉するのでダスト捕捉量が多く，ろ過面積を小さくできる．また，強度が向上し破損しにくい

(c) 吸気音対策

　エアクリーナ容積の設定，入口管断面積の絞り，管長の延長等があるが，エアクリーナの振動・共鳴，吸気量に対する影響等があるので，それらの設計に対する考慮が必要である．

(d) 吸気温制御

　排気マニホールドで暖められた空気を導入する手動切り替え弁，さらには自動的に制御する吸入空気自動温度調節装置がある．

(2) 吸排気マニホールド

(i) 吸気マニホールド

　多気筒エンジンにおいて，空気または混合気を燃焼室に送る管をいう．

3・5 吸排気系

(a) 要件
- 体積効率，エンジン出力が良好なこと
- 混合気分配が良好なこと
- 加速応答性が良好なこと
- 運転安定性が良好なこと
- 凍結，始動性，暖機特性が良好なこと
- 耐ノック性が良好なこと

(b) 主要な具体的性能
- 吸入抵抗が少ないこと：スムーズな形状，ポート内面の平滑性等
- 動的効果（吸気慣性効果）の活用
- 混合気分配の向上：気筒別トルク変動，希薄限界の改善

(c) 可変吸気装置

吸気マニホールドの形状については，低速における円滑な運転性，出力，過渡応答性の向上には断面積を小さく長くし，高速においては反対に断面積を大きくし，できるだけ管路抵抗を小さくする方が良い．

そこで，吸気マニホールド通路を2系統に分割し，エンジン負荷に応じて開閉

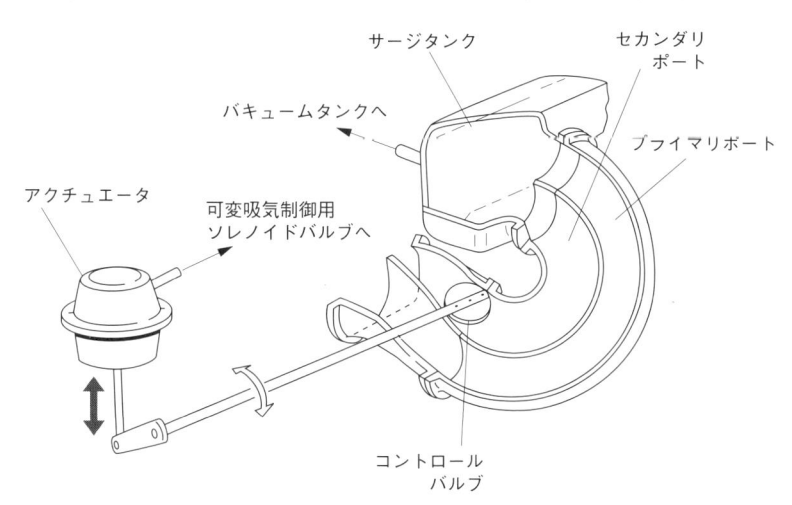

図 3.42　可変吸気装置

するコントロールバルブにより使い分ける装置である．

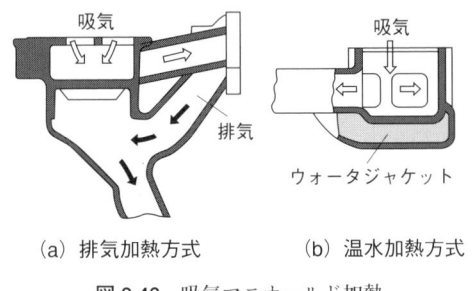

(d) 吸気マニホールド加熱

吸気マニホールドの加熱は，マニホールド内の液状燃料を気化させ，混合気分配の向上，暖気運転時間の短縮，燃焼改善等を目的としている．

その方法には，図 3.43 に示すように，排気加熱方式と温水加熱方式がある．排気ガス清浄化のためには，急速加熱のための排気加熱が好適であるが，出力の観点からは，吸入空気量，耐ノック性を考慮して温水加熱が用いられている．

(ii) 排気マニホールド

排気マニホールドは，多気筒エンジンの排気ポートから出てくる排気を排気管

(a) 排気加熱方式　　　　(b) 温水加熱方式

図 3.43　吸気マニホールド加熱

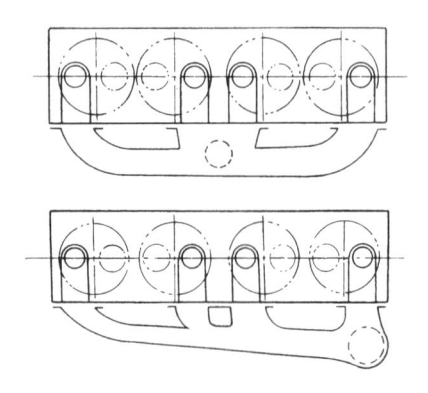

図 3.44　4 シリンダの排気マニホールド

に導くものである．

　排気マニホールドの設計は，排気干渉を避け，排気管効果が得られるように管長，集合方法を考慮し，断面積，曲がり等を適切にして，排気抵抗を小さくする必要がある．さらに，高温にさらされる部分であるので高温耐久性が要求され，熱膨張のトラブルを避けるため柔軟性を持たせる意味で，排気マニホールド両端の固定度を緩やかにする方策等が採られている．

(3) マフラ（消音器）

　エンジンの排気音は，燃焼末期の燃焼ガスが，急激にエキゾーストポートから外気に放出される時に生じる圧力波によるものであり，この排気音を消音するためにマフラ（消音器）を用いる．

表3.6　各種消音器型式

型　式	原　　　理	図
膨張型	・膨張室で排気を膨張して温度を下げ，同時に壁面反射による減衰効果を狙う ・広い周波数範囲で有効であるが，膨張室長さが1/2波長の倍数時は効果がない	
抵抗型	・仕切り板を交互に設け，脈動を低減する	
共鳴型	・共鳴減衰効果を利用するもので，共鳴周波数付近で効果がある	
吸収型	・拡張部にグラスウール，スチールウール等の吸音物質を用いて音エネルギーを吸収，比較的高周波に有効 ・構造上，耐久性に限界がある	
干渉型	・排気流路を分けて音波の位相を逆転し，その干渉で減衰する．設計目標周波数から外れると効果減少 ・周波数成分の種類が少ない単純音に効果がある	

マフラの機能は，高温，高圧の排気ガスの温度，圧力を低下させ，脈動成分を平滑化するとともに，圧力波を減衰させることにある．

基本的な消音作用は，膨張，抵抗，共鳴，吸収，干渉等の効果を利用する（表3.6）．

なお，実際のマフラは，いずれの形式でも単独では充分な効果を期待できず，多段式としてこれらを組み合わせ，広い音響範囲で消音効果を得られるように設計する．

また，マフラを使用することにより，排気抵抗が増加し出力が低下することがあるので，考慮する必要がある．

(4) 過給機

過給では，空気を圧縮機で加圧し，密度を高めた状態で燃焼室内に送り込んで吸気量を増量し，出力と燃費を向上させることを狙いとしている．

しかし，過給圧がある限界を越えると，ノッキング，エンジン破損に至るので，抑制しなければならない．

(a) 過給の種類

- スーパチャージャ（機械式）　　エンジンの出力で圧縮機を駆動する方式．クランクシャフトから駆動力を得るため，向上した出力の一部がスーパチャージャの駆動に費やされる欠点があるが，ターボチャージャに比べて過給圧を変化させる際のレスポンス（特に低速レスポンス）は良い．

- ターボチャージャ（排気タービン式）　　排気の熱と圧力のエネルギーを利用してガスタービンを回し，同軸のエアコンプレッサを作動させる方式．エンジン出力を使用せず，排気エネルギーを回収，利用するので熱効率は向上する．この方式は，過給圧を変化させる際のレスポンスが良くないのが欠点である（ターボラグ）．そのため，タービン羽根の軽量化，ターボチャージャ個数増加による小型化，タービン羽根形状の改良等が行われている．

3・5 吸排気系

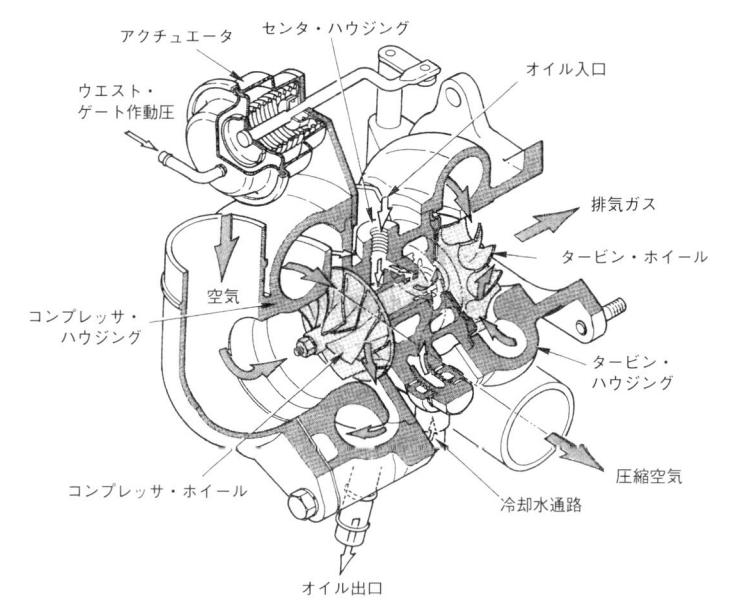

図3.45 ターボチャージャ

(b) インタクーラ（中間冷却器）

　過給機により加圧された空気は高温となって膨張し，空気密度が低下するので，加圧効果が低下しノッキングも発生しやすくなる．そこで，空気の温度を冷却水または外気により下げる装置が用いられており，インタクーラといわれている．
　ディーゼルエンジンでは，ガソリンエンジンのようなノッキングがなく，吸入空気を加圧することにより燃焼が改善されるので状況は異なってくる．

(c) 過給圧制御

　ガソリンエンジンにおいては，ノッキングあるいはエンジン破損を防止するため，過給圧を限界内に抑制する必要がある．そのため，図3.46のようにウェイストゲートバルブなる圧力逃がし弁を使用して，過給圧制御を行っている．

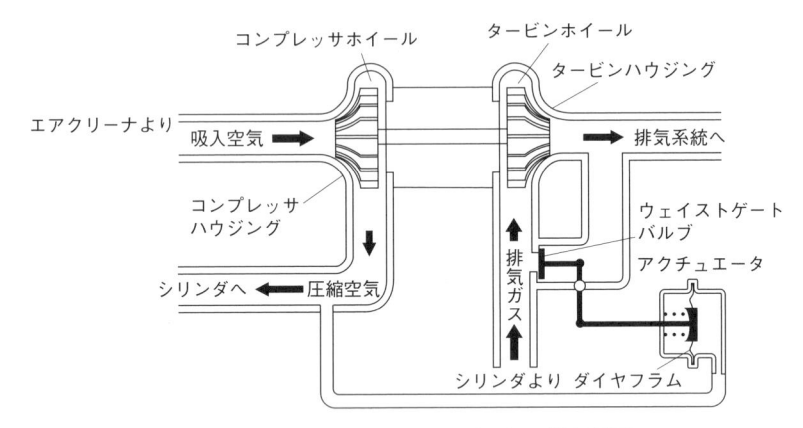

図 3.46 ウェイストゲートバルブによる過給圧制御

3・6 燃料供給系

(1) 概説

　従来，ガソリンエンジンの燃料供給には機械式の気化器を用いることが一般的であったが，近年の環境問題，エネルギ問題等に対応するため，日欧米の乗用車用ガソリンエンジンのおおよそすべては電子制御式燃料噴射装置に置き換わっている．

　しかし，燃料供給系の基盤理解と長年，燃料系を担ってきたものとしての気化器の理解は必要であるので，まずは気化器の説明を行うこととする．

　ここで用いる液体燃料は，液体の状態で燃焼させても動力として利用できるような燃焼圧力は得られない．そのためには，燃料を気化し，空気と混合した状態で燃焼させなければならず，それらの燃料の気化，混合気の生成・計量等を行うのが，気化器や燃料噴射システムである．

　次に，エンジンが要求する混合気に適合（マッチング）するよう各種テストを繰り返し，要求流量特性に一致する気化器を製作する．空燃比特性は，一般にガソリンエンジンでは，平地走行時の定常状態が 15 〜 16（経済空燃比あるいは三

元触媒最適空燃比)，高負荷走行時のそれは 12 〜 13（出力空燃比）である．

図 3.47 に燃料供給装置の大体の全貌を示した．

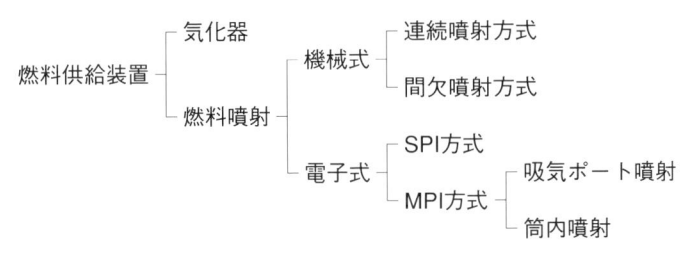

```
燃料供給装置 ─┬─ 気化器
             └─ 燃料噴射 ─┬─ 機械式 ─┬─ 連続噴射方式
                         │          └─ 間欠噴射方式
                         └─ 電子式 ─┬─ SPI方式
                                    └─ MPI方式 ─┬─ 吸気ポート噴射
                                                └─ 筒内噴射
```

図 3.47 燃料供給装置の分類

(2) 気化器 (図 3.48)

(a) 原理

原理は，吸入空気が気化器内の断面積が絞られた部分（ベンチュリ部）を通過する際に流速が増し，ベルヌーイの定理から圧力が大気圧以下に下がり，燃料が吸引され混合気を生成する．しかし，これだけではエンジンの要求空燃比に合致していないので，次のような補正装置が付加されている．

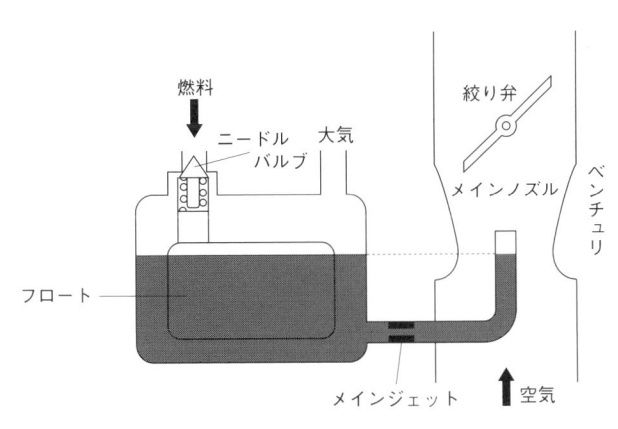

図 3.48 気化器の原理

(b) 補正装置

・チョークバルブ：冷機時の空燃比濃化
・スロー系統：アイドル，低速・低負荷時の燃料補給
・加速ポンプ：加速時の燃料補給
・パワーバルブ：高負荷時の空燃比濃化

その他，高度調整装置，ブースト調整装置等がある．

(c) 気化器の働き

エンジンでは，空気とガソリンの混合気を燃焼室に送るために，気化器を吸気マニホールドまたは過給機の吸入口に装備し，下記の働きを行わせる．

・混合気の生成：燃料の計量，霧化
・出力の制御

(d) 留意すべき問題

● アイシング　気化器のスロットルバルブ，ベンチュリ最狭部等が氷結する現象をいう．気象条件としては，通常 $0 \sim 5 ℃$，多湿の場合に多く生じる．対策は，吸入空気の加熱である．

● パーコレーション　エンジンの熱により気化器が過熱され，燃料が蒸発してあふれ出す現象．夏季，アイドリング時，渋滞時，エンジン停止直後等に発生する場合がある．これにより混合気が過濃となり，エンジン停止，再始動困難に陥ることがある．対策は，冷却性の改善である．

● ベーパロック　燃料パイプが周囲から受熱し，燃料がパイプ内で蒸気化する現象．これにより，燃料が流れにくくなって混合気が薄くなり，アイドル不調，加速不良，エンジン停止に至ることがある．対策は，パーコレーション同様，冷却性の改善である．

(3) LPG燃料装置

実用的には，貯蔵ボンベからLPGを液体で取り出し，フィルタ，電磁弁を経てベーパライザに導き，そこで減圧，気化させたものをミキサに導き，適当な空燃比の混合気とする．

3・6 燃料供給系

わが国では，LPG は主にタクシー用に使用されている．

(a) 主要成分と性状

液化石油ガス，LPG（Liquefied Petroleum Gas）あるいは LP ガスといわれ，軽質炭化水素の混合物を液化したもので，主成分はプロパン，プロピレン，ブタン等である．他燃料（ガソリン，軽油）との比較は表 3.7 のようになっている．

表 3.7 各燃料の比較

	ガソリン	軽油	LPG
低発熱量 〔KJ/kg〕	43500〜44400	42300〜44000	46000前後
着火点〔℃〕	約500	約350	440〜540
比重	0.72〜0.77	0.80〜0.90	・液体 0.50〜0.63 ・気体 1.45〜2.07
オクタン価	89以上，96以上	―	94〜100
沸点〔℃〕	35〜180	180〜360	−42〜0.5

この表から読みとれる LPG の特徴は以下のようになる．
・発熱量は，LPG ＞ ガソリン ＞ 軽油の順である
・アンチノック性は，ガソリンよりも若干優れている
・出力は LPG が劣り，燃費は優れている
・排気ガスについては，有害成分の発生過程はガソリンに同じで，ガソリンエンジンと同様の対策を施すことにより，同様の状況になる

その他，LPG は減圧すると気化，拡散し，比重が高いので下に淀み，引火，爆発の危険性がある．LPG は無臭であるので，そのために漏れ感知用の着臭を行っている．

また，貯蔵用タンクは高圧容器で，高圧ガス取締法の適用を受ける．

(b) 燃料装置

全体システムのブロック図を図 3.49 に示す．各装置については簡単に説明す

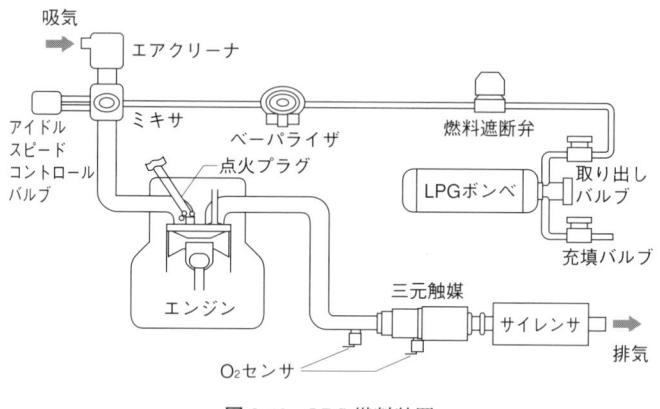

図 3.49 LPG 燃料装置

る.
- **LPG ボンベ**　本体は鋼板製高圧容器で，危険防止機能を含む充填バルブ，取り出しバルブ，緊急遮断バルブが設けられている．
- **ソレノイドバルブ**　フィルタ～ベーパライザ間にあり，エンジン停止時の燃料遮断安全装置の機能を果たす．
- **ベーパライザ**　1次室（プライマリ）は減圧して気化する役目があり，エンジン停止時にはスローカットソレノイドバルブが作動し燃料を遮断する．2次室（セカンダリ）は，さらに燃圧を大気圧まで減圧すると同時に，燃料流量を必要量に計量する．
- **ミキサ**　ベーパライザで気化した燃料と空気を混合して，シリンダ内に供給する．この部位には，空燃比制御モータ，アイドルアップシステム，燃料を噴射するインジェクタがある．

(4) 燃料噴射装置

(i) ガソリン噴射

(a) 概説

　燃料噴射装置は，近年の排気ガス清浄化，燃料経済性，動力性能の要求および

3・6 燃料供給系

エレクトロニクス技術の進歩に伴い，自動車エンジンにおいては従来の気化器方式に代わり，圧倒的な地位を占めるようになった．この方式では，燃料をポンプで加圧し，燃料に圧力エネルギーを加えて噴射する．

特徴としては，
- 運転条件，外気状態等に応じた，最適な空燃比の供給が可能
- アクセルペダルに対するレスポンスが良好
- 気化器のようにベンチュリ（絞り部）がなく，吸気抵抗が小さい
- システム全体として気化器よりも簡単
- 層状吸気による希薄燃焼対応が可能
- 吸気システムにおいて，動的効果を引き出す設計が容易

等が挙げられる

(b) 種類

① 噴射位置による分類
- 直接噴射：燃料を燃焼室内に噴射する方式
- 間接噴射：吸気通路に噴射する方式

最近では，排気ガス，燃料経済の面から，層状吸気方式を採用するケースもあり，その場合には直接噴射方式が用いられている．

② 制御システムによる分類
- 機械式：燃料噴射量等の制御を機械的なメカニズムで行う方式
- 電子式：電子的なメカニズムで行う方式

(c) 機械式燃料噴射システム

過去にレーシングカー等に採用されていたが，最近の厳しい要求にあっては制御性が不十分であり，電子式が用いられている．

(d) 電子式燃料噴射システム

このシステムは，吸入空気量，スロットルバルブ開度，エンジン回転速度，冷却水温，排気温度，排気中酸素濃度等の信号を各センサによりコンピュータに入力処理し，運転状態に対応した最適の燃料を各気筒（燃焼室あるいは吸気管）にインジェクタにより供給する．現在の厳しい排気ガス規制には，本システムと三

第３章　エンジンの構造と機能

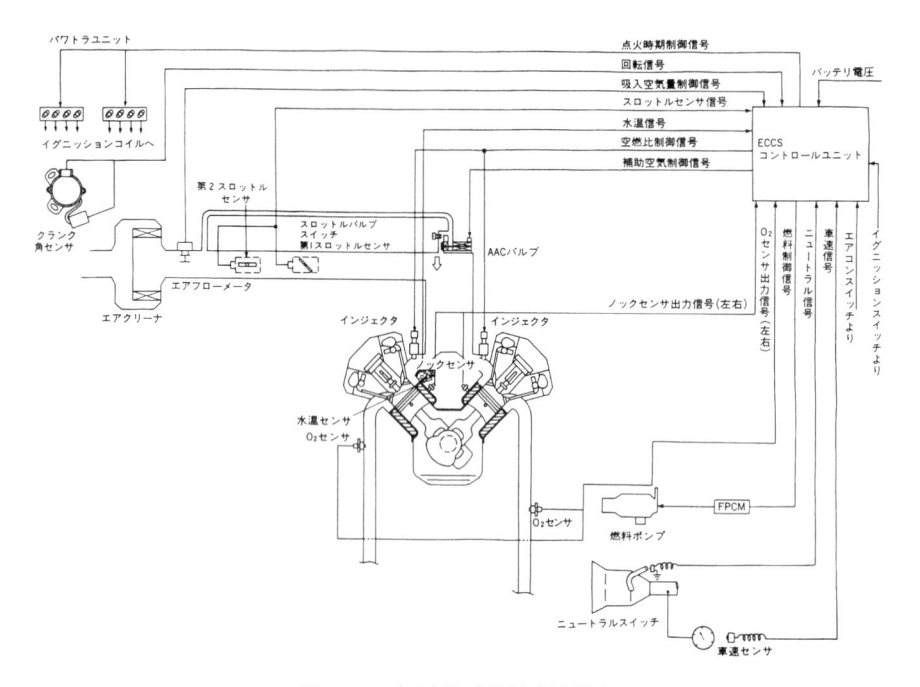

図 3.50　電子制御式燃料噴射装置

元触媒の組み合わせで対応している．

　なお，最重要と考えられる，エンジン状態量の１つである吸入空気量の検出方法は，直接行う場合とエンジン回転速度，吸気圧，スロットルバルブ開度等から求める場合がある．

● **センサ**　　近年，エンジンはますます地球環境，エネルギー問題等の課題が与えられており，そのためには一層精密，高応答な制御システムが必要になっている．その１つの要素として，センサとアクチュエータ（後述）がある．ここでは，特にエンジン燃料供給系に関するセンサの中核として，吸入空気量，エンジン回転速度，タイミングの検出について，図 3.51 に示した．

● **コントロールユニット**　　電子制御式システムにおいては，センサにより検出されたエンジンデータが電気信号となり，コントロールユニットに入力される．

3・6 燃料供給系

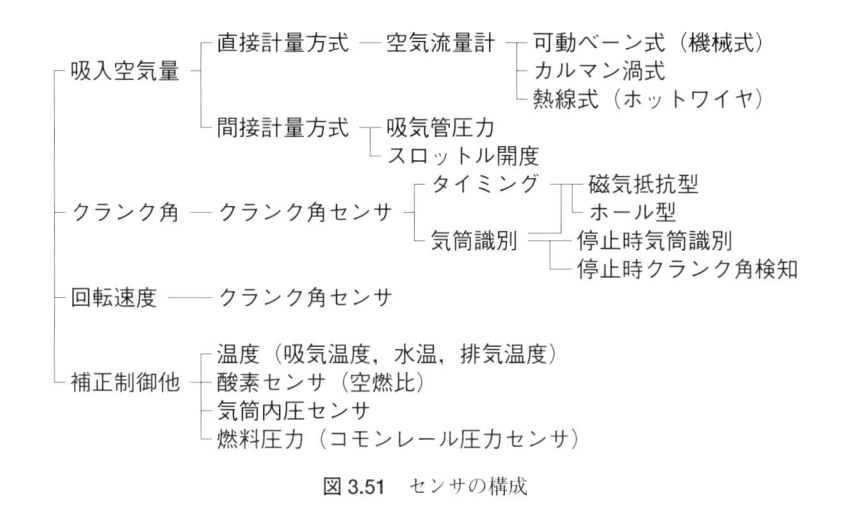

```
┌ 吸入空気量 ┬ 直接計量方式 ─ 空気流量計 ┬ 可動ベーン式（機械式）
│            │                            ├ カルマン渦式
│            │                            └ 熱線式（ホットワイヤ）
│            └ 間接計量方式 ┬ 吸気管圧力
│                           └ スロットル開度
├ クランク角 ── クランク角センサ ┬ タイミング ┬ 磁気抵抗型
│                                │            └ ホール型
│                                └ 気筒識別 ┬ 停止時気筒識別
│                                           └ 停止時クランク角検知
├ 回転速度 ── クランク角センサ
└ 補正制御他 ┬ 温度（吸気温度，水温，排気温度）
             ├ 酸素センサ（空燃比）
             ├ 気筒内圧センサ
             └ 燃料圧力（コモンレール圧力センサ）
```

図 3.51 センサの構成

コントロールユニットは，これらのデータを基に最適な燃料噴射量を計算し，インジェクタに伝達して指定量の燃料を噴射する．

これらのシステムは，変化する運転条件，外気状態に対応した最適空燃比をエンジンに提供する．近年のエンジンに対する諸課題は，本システムと三元触媒により達成されているといっても過言ではない．

コントロールユニットは，ハードウェアはマイクロコンピュータ（CPU），記憶装置（RAM および ROM），入出力処理回路で構成されており，ソフトウェアには，制御プログラムと最適制御マップが収納されている．

入力信号に応じて制御プログラムが作動し，エンジン変数の最適設定値を制御マップから読み出してアクチュエータに出力することにより，エンジン最適制御（オプティマイゼーション）が行われる．

● **アクチュエータ**　燃料系統においては，電子制御燃料噴射装置がそれである．制御対象は，燃料噴射弁，気化器混合比制御であり，制御法としては，電磁ソレノイドによる燃料制御である．図 3.52 に，燃料系以外のシステムを含む，センサ，ユニット，アクチュエータの制御システム図を示した．

第3章 エンジンの構造と機能

エンジンECU

エンジン制御部

入力:
- エアフロセンサ
- 吸気温センサ
- 水温センサ
- クランク角センサ
- O₂センサ(フロント)
- O₂センサ(リア)
- ノックセンサ
- スロットルポジションセンサ(サブ)
- アクセレレータペダルポジションセンサ(メイン)
- インテークカムポジションセンサ
- エキゾーストカムポジションセンサ
- マニホールドアブソリュートプレッシャ(MAP)センサ
- パワーステアリングフルードプレッシャセンサ
- バッテリ温度センサ
- バッテリ電流センサ
- オルタネータFR端子
- オルタネータL端子
- イグニッションスイッチ-IG
- イグニッションスイッチ-ST
- オイルプレッシャスイッチ
- 電源

制御内容:
- 燃料噴射制御
- スロットルバルブ開度制御およびアイドル回転数制御
- 点火時期および通電時間制御
- 可変バルブタイミング制御
- パージ制御
- EGR制御
- O₂センサヒータ制御
- エンジンコントロールリレー制御
- スロットルバルブコントロールサーボリレー制御
- フューエルポンプリレー制御
- スタータリレー制御
- A/Cコンプレッサリレー制御
- オルタネータ制御
- ダイアグノシス出力
- RAMデータ伝送

出力:
- No.1インジェクタ
- No.2インジェクタ
- No.3インジェクタ
- No.4インジェクタ
- No.1イグニッションコイル
- No.2イグニッションコイル
- No.3イグニッションコイル
- No.4イグニッションコイル
- インテークオイルフィードコントロールバルブ
- エキゾーストオイルフィードコントロールバルブ
- パージコントロールソレノイドバルブ
- EGRバルブ（ステッパモータ）
- O₂センサ(フロント)ヒータ
- O₂センサ(リア)ヒータ
- エンジンコントロールリレー
- スロットルバルブコントロールサーボリレー
- フューエルポンプリレー
- スタータリレー
- A/Cコンプレッサリレー
- オルタネータG端子

スロットルバルブ制御部

入力:
- スロットルポジションセンサ(メイン)
- アクセレレータペダルポジションセンサ(サブ)

制御内容:
- スロットルバルブ開度フィードバック制御

出力:
- スロットルバルブコントロールサーボ

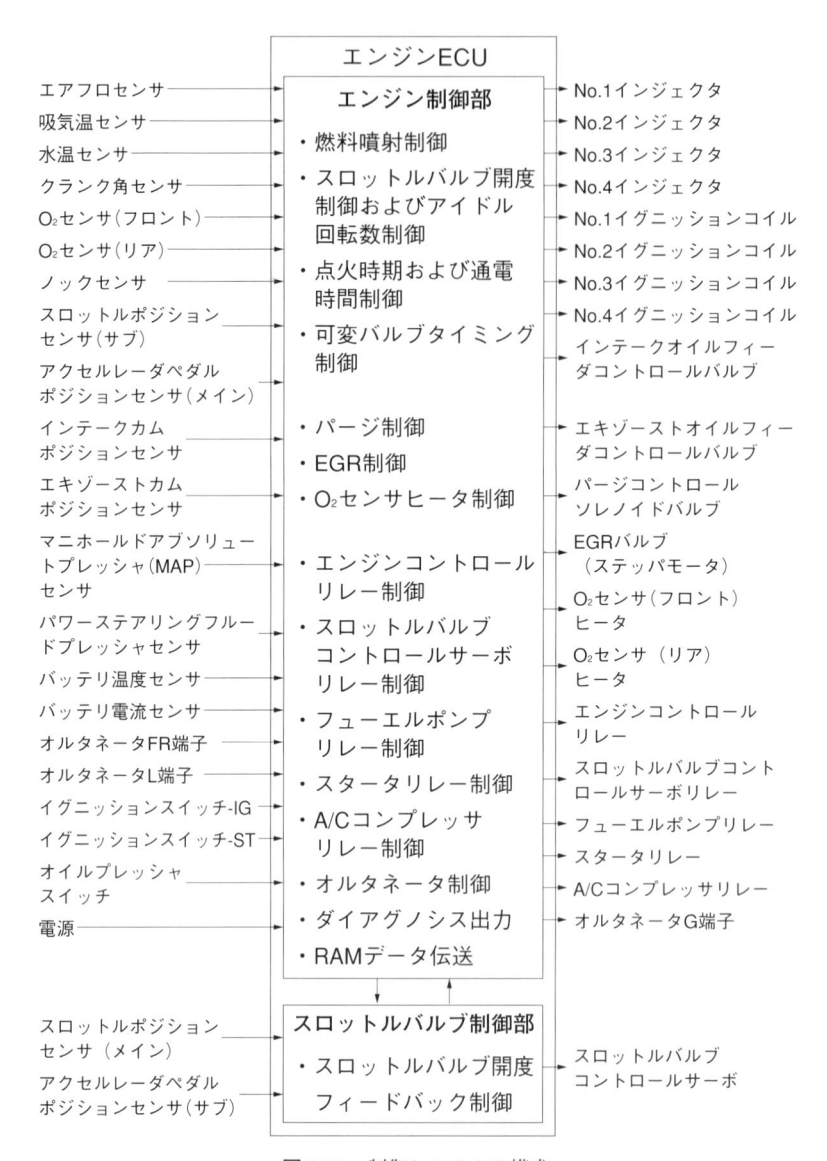

図 3.52 制御システムの構成

(ii) ディーゼル噴射
(a) 概説

ディーゼルエンジンとガソリンエンジンの相違点については既に述べた通りであるが,それによるディーゼルエンジンの燃料系統に対する要求は,主に次のようになっている.

- 燃料の霧化が良好なこと(油粒小)
- 燃料噴霧の貫通力が大きいこと(燃料粒子の到達距離)
- 燃料噴霧の分布が一様であること

(b) 燃料噴射システム

システムとしては,

- 独立形噴射システム
- 分配形噴射システム
- 蓄圧形噴射システム

がある.

独立形は各シリンダごとにポンプとノズルが,分配形はエンジン全体に1つのポンプがあり,分配器を経て各シリンダへ,蓄圧形は分配形と同様にポンプは1つであるが,加圧された燃料は蓄圧器でおおむね一定圧に保たれた後,分配器を経て各ノズルにより噴射される.

● **噴射ポンプ**　エンジン回転速度,負荷に応じた燃料を最適なタイミングで噴射する.噴射ポンプは,通常,プランジャポンプで,プランジャの往復運動により加圧された燃料が,噴射ノズルへ送られる.

ポンプ形式は,以下の2つがある.

- 列　　形:気筒数のプランジャが直列に配置されている
- 分配型:1本のプランジャで気筒数の燃料を分配する.小型,軽量で小型ディーゼルエンジン等に使用されている

ポンプ制御部分としては,以下のものがある.

- ガバナ:燃料噴射量で出力制御を行うが,これはエンジン回転速度,アクセ

列形ポンプ　　　　　　　　　分配形ポンプ

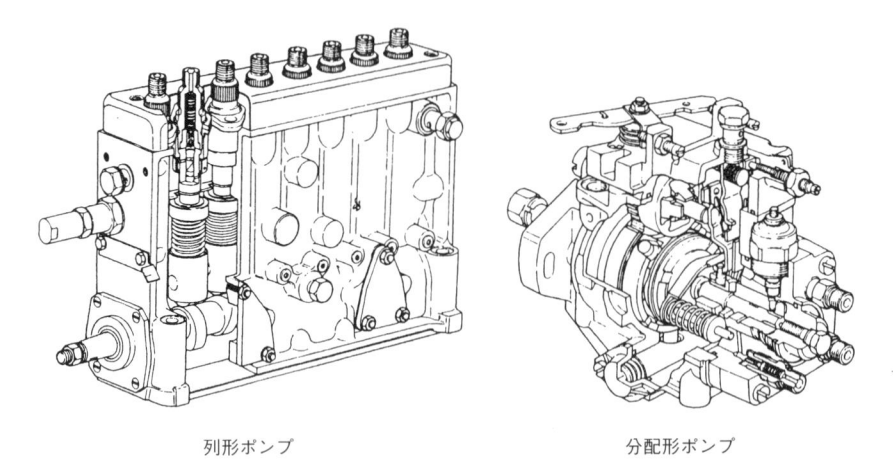

図 3.53　燃料噴射ポンプ[8]

ルペダル位置に応じて行う
・タイマ：噴射時期制御を行う

その他，エンジンの諸状態をセンサで検知し制御を行う．

● **噴射ノズル**　　噴射ノズルは，噴射ポンプより送られてくる高圧燃料を燃焼室内に噴射するもので，燃圧がニードルバルブスプリングの張力（開弁圧）より大きくなると，ニードルバルブが開き，燃料が噴射される．

ノズルの噴射孔が小さく，燃料の噴射圧力が高いほど噴霧粒子は小さくなり，霧化が良い．そこで，多数の小さな噴射孔を持つ多噴孔ノズルも用いられている．

噴射状態については，燃料が設定量およびタイミング通りに噴射される場合を正常噴射といい，燃料の吐出速度が遅すぎると断続噴射または不整噴射が起きる．

プランジャ速度が速すぎると，噴射終了後の燃料の吸い戻し作用が行われても，噴射管内圧力が開弁圧以上に保たれ，閉じていたニードルバルブが再度開いて2次噴射が発生し，異常燃焼を引き起こす．また，噴射終了後に残存燃料から大粒径の液滴が出る場合があり，これを**後だれ**という．これらはいずれも，エンジン性能，排気に悪影響を及ぼす．

噴射ノズルの噴孔付近形状の種類については，図 3.54，3.55 に示した．

3・6 燃料供給系

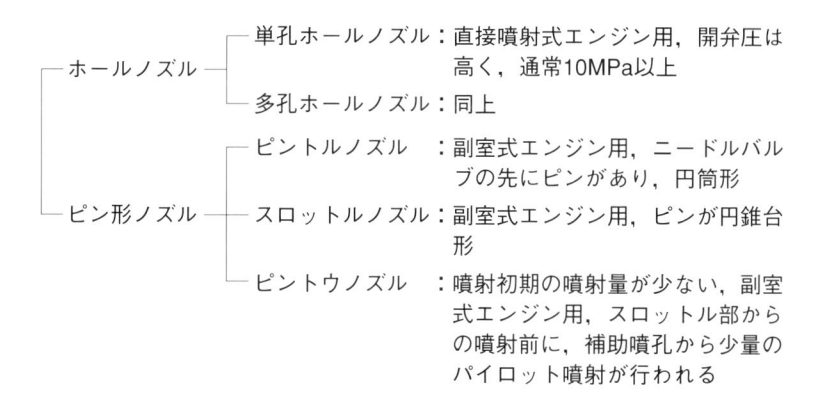

- ホールノズル
  - 単孔ホールノズル：直接噴射式エンジン用，開弁圧は高く，通常10MPa以上
  - 多孔ホールノズル：同上
- ピン形ノズル
  - ピントルノズル　：副室式エンジン用，ニードルバルブの先にピンがあり，円筒形
  - スロットルノズル：副室式エンジン用，ピンが円錐台形
  - ピントウノズル　：噴射初期の噴射量が少ない，副室式エンジン用，スロットル部からの噴射前に，補助噴孔から少量のパイロット噴射が行われる

図 3.64　噴射ノズルの種類

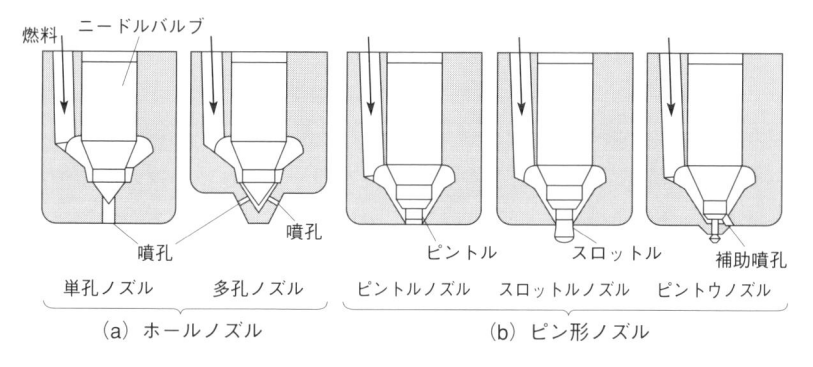

図 3.55　噴孔の形状

(a) ホールノズル：単孔ノズル，多孔ノズル
(b) ピン形ノズル：ピントル，スロットル，補助噴孔（ピントルノズル，スロットルノズル，ピントウノズル）

　さらに，噴射ポンプと噴射ノズルを一体化したユニットインジェクタがある．これは，ポンプとノズルをつなぐ噴射管がないので噴射所要時間が短く，噴射圧力も高くでき，2次噴射も起こりにくい．

● **コモンレール式燃料噴射システム（超高圧燃料噴射システム）**　　この方式は蓄圧式ともいわれ，常時高い燃料圧力を，圧送ポンプで噴射ノズルの近くにある蓄圧室（Common Rail）に溜めて，電磁弁により燃料噴射を行う．このため，噴射圧力が負荷やエンジン回転速度に依存せずに設定でき，独立制御，多段噴射も

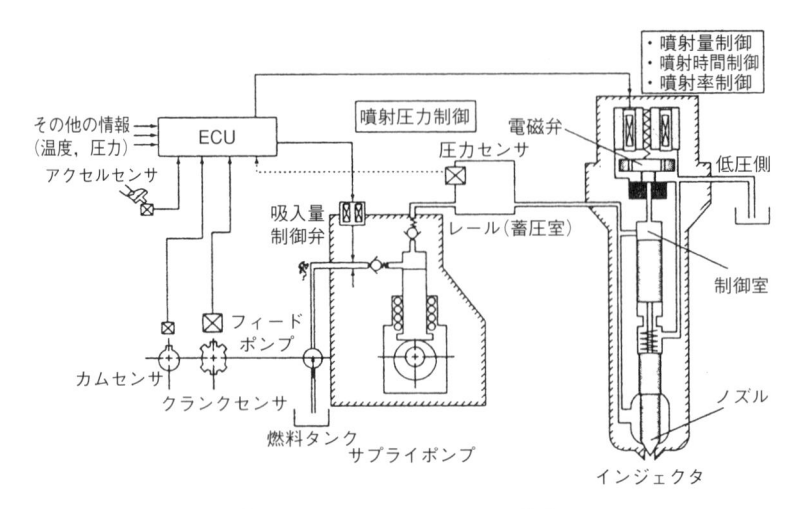

図 3.56 コモンレールシステム構成[9]

可能である．また，燃料噴霧粒子が微粒化され，燃料と空気の混合が促進できるため，噴射量の精度が良好で燃料制御自由度が高く，低速トルクの向上や部分負荷の燃焼改善が可能となる．したがって，本システムはディーゼル噴射系の主流になりつつある．

(5) その他

(a) 燃料ポンプ

燃料ポンプには，次のような形式がある．

- 隔膜運動型──隔膜式ポンプ──エンジンのカムシャフトで作動，自動車用に最も広く使用されている
- 回転運動型─┬─歯車式ポンプ──エンジンより伝動
　　　　　　└─偏心式ポンプ──小型・軽量，簡単で効率も良く，吸収馬力小，航空エンジン用
- 往復運動型──────────最近あまり使用されていない

(b) スロットルバルブ（絞り弁）

シリンダ内に吸入される混合気量を変化させて，エンジン出力や回転速度を制御するために，スロットルバルブを使用する．

ディーゼルエンジンおよびガソリンエンジンの直接燃料噴射方式のものでは，燃料噴射量により出力制御を行うので，スロットルバルブは使用しない．

構造は，自動車用エンジンではバタフライ式が一般的で，レース用ではスライド式が多い．

3・7 冷却系

(1) 冷却の必要性

現在の自動車エンジンは，主に内燃機関であるため，ガソリンエンジンの場合，燃焼ガス温度は最高 2500 ℃ 前後，行程の終わりで 1000 ℃ 前後，燃焼室温度は 800 ℃ 以上になるといわれている．それでは温度が高すぎて，現在の材料では耐えることができない．

しかし，燃焼室壁面近くに未燃混合気層（消炎層）があること，間欠燃焼で，低温混合気が存在すること，加えて，ここで説明する冷却系により温度が低下するため，使用可能になっているわけである

もし，ここで述べる冷却が行われなければ，次のような具体的な問題が発生しよう．

- ・使用材料の強度低下　　：ピストン（アルミ合金）は 300 ℃ 以上では，引っ張り強度が常温の 1/3 となり，鋳鉄も強度が低下する
- ・熱歪みの発生　　　　　：シリンダ，ピストンでは熱歪みが発生し，最悪のケースでは亀裂にまで至る
- ・熱膨張によるトラブル　：異なる材料の組み合わせ等で焼き付きが発生
- ・潤滑不良　　　　　　　：潤滑油の粘度が低下し，さらにはカーボンの状態となって各部に堆積し，リングスティック等が発生する

・異常燃焼の発生　　　：ノッキング，過早着火等（エンジンとしてはピストン融解等）

したがって冷却により，各部最高温度を許容温度以下に抑制する（シリンダヘッド約220℃，シリンダ壁面約180℃，ピストン頂部約300℃程度）．

(2) 熱負荷と各部温度

自動車用エンジンの場合，その放熱量は，エンジンの暖機，保温，ヒータの熱源以外には利用されていない．そして，エンジン主要部の温度は以下のようになっている．

(a) ピストン，シリンダの内壁温度

ピストンは，燃焼ガスにさらされているため熱負荷が高くなっているが，特別に直接的な冷却は行われず，主としてシリンダから放熱されている．図3.57にガソリン，ディーゼルエンジンのピストン温度分布の一例を示すが，一般的には頭部表面中央部が最も高温で，材料の耐熱性を考慮しなければならない．また，リング溝部は潤滑油の耐高温性に関係し，リングスティックが問題となる．シリンダ内壁温度は，冷却水量，冷却風量により，ある程度コントロールが可能となる．

①ガソリンエンジン　　②ディーゼルエンジン

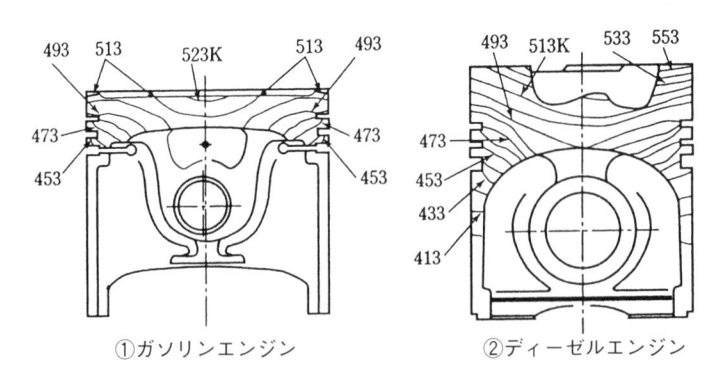

図 3.57　ピストンの温度分布例[1]

(b) シリンダヘッド，点火プラグ

シリンダヘッドは，非常に複雑な形状で熱負荷が高い．したがって，冷却水の循環には注意が必要である．中でも，シリンダヘッドに設けられている点火プラグは，燃焼室露出部が高温（約850℃以上）になると過早着火を生じ，電極焼損，ピストン溶損の原因となる．反対に低すぎると（400～500℃），カーボン付着等により絶縁不良となる．

(c) 吸排気バルブ

吸排気バルブは，高温の酸化腐食性雰囲気にさらされながら高応力下で作動するので，耐熱上の問題が多い．両者の作動温度は，通常，吸気バルブで300～450℃，排気バルブで400～800℃ぐらいである．

排気バルブの冷却は，バルブシートを通じて金属接触により行われる．また，バルブステム内に金属ナトリウムを封入して冷却性を向上したものがあることは前述した（図3.34参照）．

(3) エンジン放熱量

エンジン放熱量中の冷却損失分は，シリンダ周壁の境界層を通してシリンダへ伝熱され，さらに冷却系へ放熱される．

エンジン放熱量の一般式はなく，実験式はそれぞれ紹介されているが，ここでは図3.58に，自動車用エンジンの放熱量の一例を示す．

(4) 冷却方式

(a) 概説

エンジンの冷却方式は，冷却媒体の種類により水冷，空冷，油冷に大別される．

最近は，エアコン，トルコン等の装備率の伸び，エンジン高出力化，居住空間拡大要請のための，冷却効率改善による冷却系に対するコンパクト化等の要求が強い．

冷却のポイントは，次の2項目である．

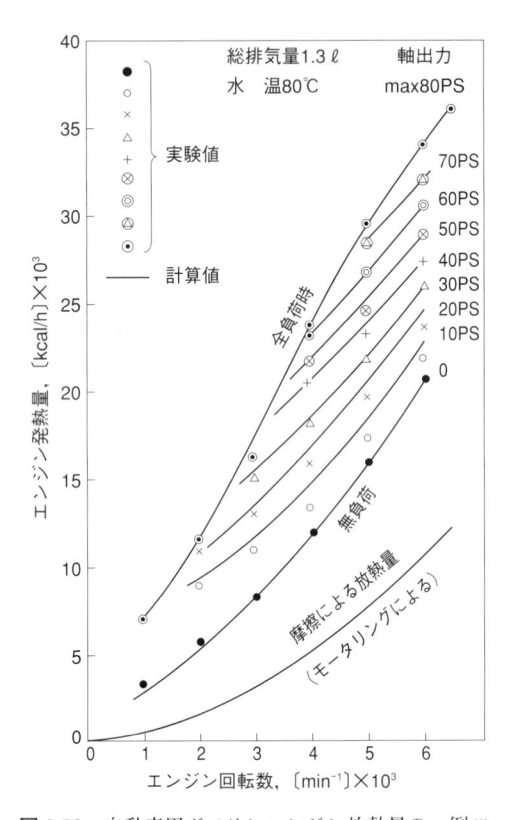

図3.58 自動車用ガソリンエンジン放熱量の一例[10]

・エンジン高温部を一様に冷却する
・冷却によりエンジン性能を低下させない

　冷却水使用の場合，あらゆる運転条件下で適切な温度（水温70〜80℃）を目標とする．これより高温であると，オーバヒート（耐久性劣化），低温であるとオーバクール（燃焼，熱効率不良）となる．

　冷却方式のうち，水冷，空冷の比較を表3.8に示す．

3・7 冷却系

表3.8 水冷, 空冷式の比較

冷却方式	水　冷　式	空　冷　式
冷媒	水	空　気
長所	・冷却効率良好 ・冷却安定性良好	・冷却水, ウォータポンプ, ラジエータ不要 ・軽量, 構造シンプル
短所	・冷却装置が必要 ・シリンダ, ヘッド内に冷却水流路があり複雑 ・冷却水は暖まりにくいので, 低温始動性, 暖機性に不利	・放熱面積の拡大が必要（冷却フィン） ・強制空冷が必要な場合あり ・冷却能力不足で高出力, 過給エンジンに不適 ・騒音大 ・シリンダ, ヘッドに熱変形が起こりやすい

(b) 冷却システム

一般に水冷加圧式は, ラジエータ, ウォータポンプ, サーモスタット, ファン, ウォータジャケット等から構成されており, 構成要素および回路は図3.59のようになっている.

冷却水温が規定値以上になるとサーモスタットが開き, 冷却水が循環する. なお, 水冷式では, 冷却水が直接シリンダ壁に接する湿式ライナ式と間接的に冷却する乾式ライナ式があるが, 後者の方が冷却効果は劣る.

(c) ラジエータ

ラジエータは, 冷却水と外気との熱交換器で, 水管, フィン, フレーム等から構成されている. 最近の場合は, 圧力規制弁を設けた密封型が一般的である.

構造は, サブタンクで冷却水の体積膨張を吸収するタイプが多く, ロングライフクーラント使用に伴い, 冷却液の消耗を低減するよう考慮されている.

加圧式ラジエータキャップは, 沸騰温度を上昇させることによって外気温との温度差を広げ, 冷却効率の向上を図ったものになっている.

多くのラジエータの外周にはシュラウドが設けられており, 冷却ファンが吸い込む冷却空気のエンジン側からの廻り込みを防ぎ, その多くがラジエータを通過

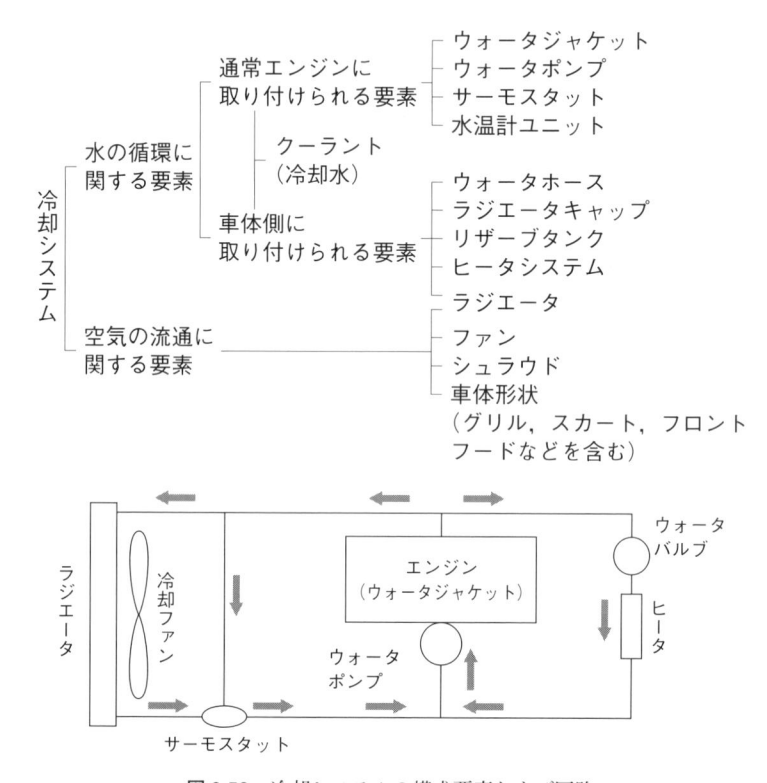

```
冷却システム ─┬─ 水の循環に ─┬─ 通常エンジンに ─┬─ ウォータジャケット
              │  関する要素   │  取り付けられる要素 ├─ ウォータポンプ
              │               │                    ├─ サーモスタット
              │               │                    └─ 水温計ユニット
              │               ├─ クーラント
              │               │  （冷却水）
              │               └─ 車体側に ─┬─ ウォータホース
              │                  取り付けられる要素 ├─ ラジエータキャップ
              │                              ├─ リザーブタンク
              │                              ├─ ヒータシステム
              │                              └─ ラジエータ
              └─ 空気の流通に ─┬─ ファン
                 関する要素    ├─ シュラウド
                               └─ 車体形状
                                  （グリル，スカート，フロント
                                  フードなどを含む）
```

図 3.59　冷却システムの構成要素および回路

してファン効率が向上することと安全性を考慮している．

(d) ウォータポンプ

　冷却水を循環するもので，遠心式のウォータポンプ内のインペラ（一般に渦巻式）は，いろいろな羽根の形状を放射状にしたもので，鋼板製，鋳鉄製，樹脂製等がある．

　エンジンとの回転比は，およそ 1.2～1.6 倍である．

(e) サーモスタット

　冷却水温度の一定保持のために自動的に通路を開閉するものである．
　・ワックスペレット型：固体から液体への体積膨張の力でバルブを開く方式

3・7 冷却系

(図 3.60)

・ベローズ型 ：揮発性の高いエーテル等の液体を封入し，水温の上昇により，液体の気化の圧力でバルブを開閉する方式

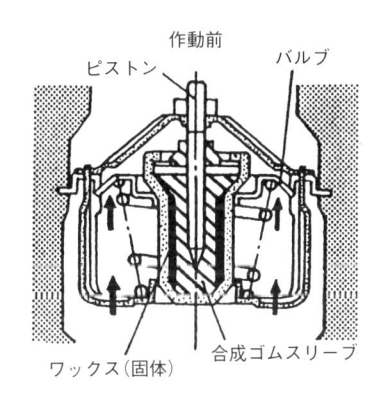

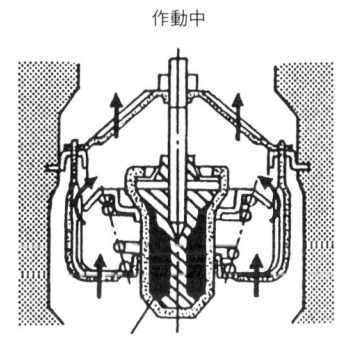

図 3.60 ワックスペレット型サーモスタット

サーモスタットによる水温制御には，入口制御と出口制御がある（図 3.61）．水温の変動（オーバシュート，ハンチング），応答遅れは，いずれも入口制御の方が小さい傾向にある．

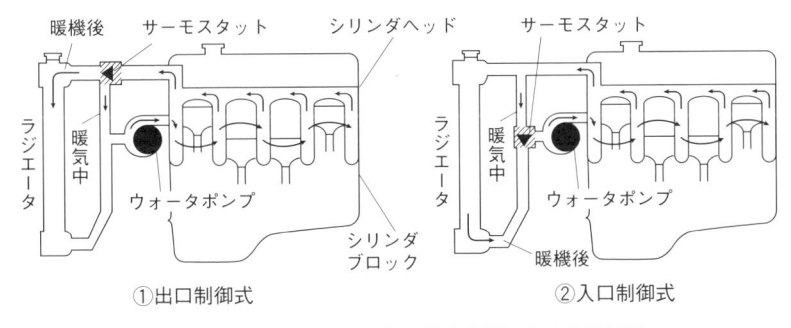

図 3.61 サーモスタット取り付け位置による水温制御

(f) 冷却ファン

● **本体**　冷却ファンは，エンジンのクランクシャフトで駆動されるものとバッテリを電源とするモータ駆動のものがある．目標としては，大風量，低騒音ファン（回転速度を下げ，一層騒音，所要出力を低減できる可能性あり）を指向する．

　形状としては，不等ピッチその他各種形状がある．材質は，鉄板または樹脂製（ポリプロピレン等）が主流である．

● **ファンコントロール**　ファンコントロールにより，エンジン高速回転時や低水温時には，ファンを停止または低回転化するものもある．その例を下表に示す．利点としては，動力の節減，暖機時間の短縮，騒音の低減が挙げられる．

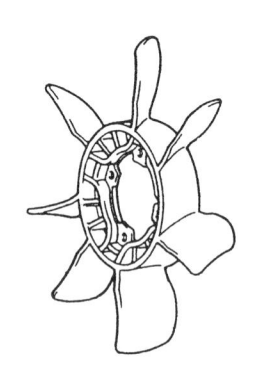

図 3.62　冷却ファンブレード

表 3.9　ファンコントロールの主な方法

名称	ファンクラッチ	電動ファン
感知温度	ラジエータ通過空気温度（最近は，エンジン雰囲気温度が多い）	ラジエータ通過後水温
制御方法	ファンクラッチ内の粘性オイルの通路を開閉して，クラッチ作用を行う	水温を感知し，ファンモータ電流を制御する

(g) 冷却液と不凍液

冷却液の要件は，熱を効率よく運搬する，低温時の凍結防止，金属腐食防止等で，種類としては，以下のものがある．

● **ロングライフクーラント（LLC）**　エチレングリコールに，防錆，防食，酸化抑制剤，ウォータポンプ潤滑剤等を添加したもので，凍結，オーバヒート防止に効果がある．

● **不凍液**　水との混合割合で凍結温度が異なり，割合が約60％の時，凍結温度が最低（約−50℃）となる．

(h) 冷却液によるキャビテーション

キャビテーションとは，液体により発生する異常高圧により金属面が侵食され，虫食い状態になる現象である（図3.63）．

発生箇所としては，

・シリンダライナ外周（長時間では，ライナ貫通もあり得る）

・冷却水ポンプインペラの真空側に見られる

その原因と対策は，それぞれ以下のようになる．

・シリンダライナの高周波振動：設計変更，ライナ外周のCrメッキ等

・気泡による瞬間的高圧の発生：空気が入りにくいラジエータ構造

・冷却水の水質不適　　　　　：イオン交換樹脂等による水質改善等

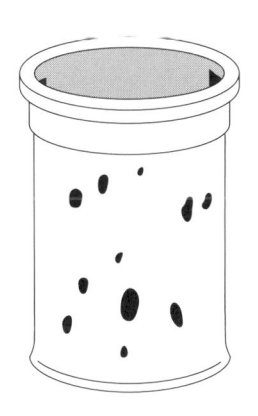

図3.63　キャビテーション

(i) 空冷方式における冷却フィン

　最も好ましい断面形状は，軽量で最大の放熱量のものである．フィンの高さに沿って温度の下がり方が一様な，先端において互いに相接する1つの放物線からなった図 (a) のような形状であるが，製作困難のため，図 (b) のような三角形で先端および根元に丸味をつけたものになっている．また，小さなフィンを数多く用いる方が重量が軽減できる．

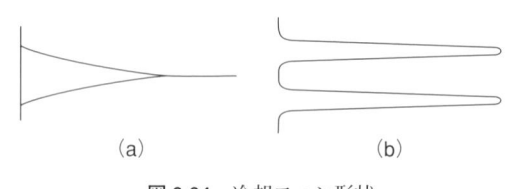

図 3.64　冷却フィン形状

3・8　潤滑系

(1)　潤滑の目的

　エンジンの潤滑の目的は，軸受けや摩擦部分に給油することにより，摩擦面間の摩擦，摩耗を減少させ，焼き付き等のエンジントラブルを回避し，摩擦損失を低減すること等であるが，それらをまとめると次のようになる．

- 摺動部および回転部に流体潤滑を確保して，摩擦，摩耗を低減（減摩作用）
- 高温部の冷却（冷却作用）
- 衝撃荷重，局部圧の分散，吸収（緩衝作用）
- 金属材料の腐食防止（耐食作用）
- ガスの気密確保（気密作用，密閉作用）
- 防錆，防食（防錆作用）
- 洗浄，清浄（清浄作用）

摩擦面間に油膜が完全に保持され，金属面同志が直に接触することのない潤滑

状態を流体潤滑または完全潤滑といい，摩擦や摩耗を防ぐためには理想的な潤滑状態である．エンジンの各ベアリング部，シリンダとピストンおよびピストンリングの大部分が該当する．

流体潤滑では，運動面間に起こる摩擦力は摩擦面をなす金属の性質には無関係で，主として油の粘度および摩擦面間の運動速度や接触面面積に比例し，圧力とも無関係である．

低粘度，高荷重，低速度では油膜が薄くなり，遂には摩擦面間に油膜を保持できなくなる．このような潤滑状態を，境界潤滑または不完全潤滑という．コンロッド，クランクジャーナル，カムシャフト，ロッカアーム接触面の状態がこれに近い．さらに高荷重になると油膜が破れ，固体間が接触し，損傷，焼き付きが発生する．

(2) 軸受けの潤滑

(a) 油膜厚さの解析

軸受けの解析において，油膜厚さの理論解析は，レイノルズ（Reynolds）の方程式等がその基本となるものである．油膜厚さの理論計算は，それに用いる仮定と実動時の軸受けの変形，傾き等の考慮が困難ではあるが有力な手段であり，設計上有効である．

(b) 滑り面の形成

完全な流体潤滑下では，軸受けは摩耗しないはずであるが，軸受け滑り面に存在する微小な凸部が部分的な接触を生じ，軟化溶損してより良い滑り面を形成する．組み立て直後の摺り合わせ運転後では，金属接触は存在するが，なじみが進むとより良い滑り面が形成されてくる．

(3) シリンダとピストンリングの潤滑

シリンダとピストンリング間の潤滑は，ガスおよびオイルの気密作用が主目的であるが，一般機械の潤滑に比べ過酷な条件下にある．

理由は以下の通りである．

- 滑り面の面積が小さいにもかかわらず高温, 高負荷に耐えなければならない
- 高温となるピストンからの熱は, 大部分がリングを経由してシリンダ壁へ流出するが, オイル消費低減のため油量を抑制しなければならないので, 十分な冷却効果が得られない
- 滑り速度が変動し, かつ方向が反転するので, 理想的な流体潤滑が困難である
- 燃焼生成物により, エンジンオイルの劣化, さらには滑り面の腐食が促進される

そこで, 特に下記のような現象が発生する.

● **低温腐食摩耗**　シリンダ壁の摩耗は, 燃焼生成物中の酸および水分の凝縮による腐食作用により, 促進される.

● **ボアポリッシュ**　シリンダ表面が鏡面状に摩耗し, 光沢のある状態で, エンジンオイル消費の悪化やシリンダスカッフに進展することもある.

これは, ピストントップランドに入った高温ガスの影響で, トップランドにオイルの炭化物が堆積し, さらに炭化物とオイルの混合物がピストンにより押し固められ, それがシリンダの表面を研磨することによる.

● **スカッフ**　滑り面が, 激しい凝着摩耗により荒れる状態である.

ピストンスカッフは, 熱変形によりシリンダとの隙間がなくなった時に, リングスカッフは, 摺り合わせ前の初期スカッフと, 熱負荷が高く, 何らかの原因で局部的金属接触により油膜破壊が起きた場合に発生する.

● **オイル消費**　オイル消費は, 吸排気バルブからのオイル下がりとピストンリングからのオイル上がりに大別される. 近年, 前者はバルブオイルシール性能の向上により減少し, 通常は後者が問題になることが多い.

(4)　動弁系の潤滑

前述したように, 動弁系の場合は境界潤滑状態にあり, 滑り条件の相違から, OHC式はスカッフィングが, OHV式ではピッチングが発生しやすい.

動弁系の摩耗は, 低速時の方がカムの摩耗, スカッフィングが大きくなる.

油温が上昇するとオイル粘度が低下し,油膜破断しやすくなるが,オイル中の摩耗防止添加剤は反応生成膜を形成しやすくする.

エンジンオイルについては,熱,水,燃料,燃焼生成物等の混入による劣化は避けられず,動弁系摩耗に悪影響を及ぼす.

(5) 潤滑方式

(a) 給油方式

● **飛沫潤滑法** オイルパン内のエンジンオイルを,コンロッド下端の油かき板で跳ね上げて飛散させ,供給する方法であるが,最近ではほとんど採用されていない.

● **圧油潤滑法** エンジン内部に潤滑油通路を設け,オイルポンプにより各部にエンジンオイルを圧送する方式で,一般的に使用されている.その中でも,次の2種類がある.

①湿式(ウエットサンプ式)

オイルパンの潤滑油をエンジン内部で循環させる方式で,自動車用としては圧倒的に採用されている.

②乾式(ドライサンプ式)

エンジン外部にオイルタンクを設けて循環させる方式であり,レース用,オートバイ用,航空機用等に用いられている.

● **混合潤滑法** 小型2サイクルエンジン等で,エンジンオイルを燃料に混合して供給する方式である.

・混合式:混合気に混ぜて供給する
・分離式:クランクシャフトへは直接供給し,シリンダへは混合気に混ぜ,供給する

(b) 潤滑経路

ここでは,主流となっているウエットサンプ式の一例について述べる.図3.65に一例を示す.

エンジンオイルはオイルパンに溜められており,ストレーナで大きな混入物を

第3章　エンジンの構造と機能

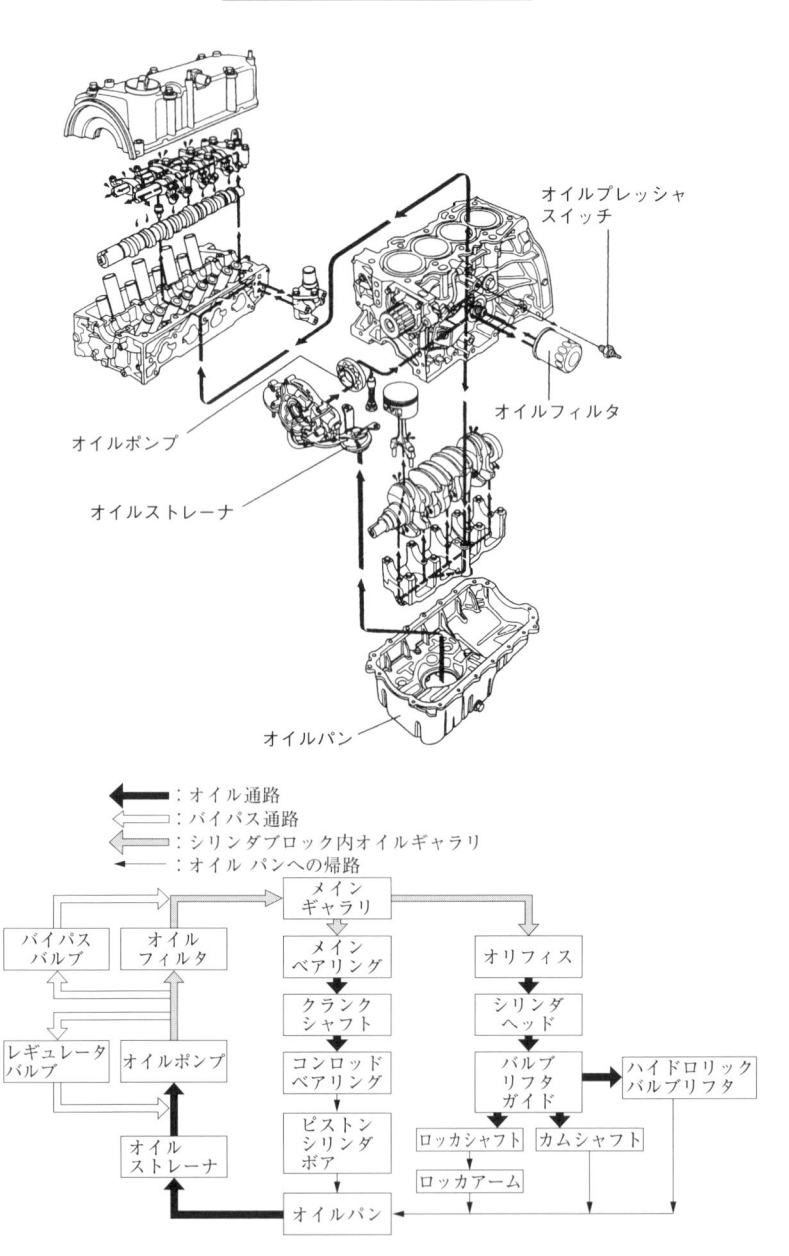

オイルプレッシャスイッチ

オイルフィルタ

オイルポンプ

オイルストレーナ

オイルパン

```
⬛ ：オイル通路
⇦ ：バイパス通路
⇨ ：シリンダブロック内オイルギャラリ
◂— ：オイルパンへの帰路
```

図3.65　潤滑経路の一例

除去した後，オイルポンプで吸い上げられ，フィルタを通ってメインギャラリに圧送され，2つの経路（A，B経路）に分けられる．

・A経路：この経路は，クランクシャフト周辺の潤滑を行うもので，メインギャラリからメインベアリング，クランクシャフト内通路を通り，コンロッド，ピストン，シリンダへ送られる

・B経路：この経路は，エンジン動弁系の潤滑を行うもので，メインギャラリからシリンダヘッドに圧送され，カムシャフト，ロッカアーム軸受け部，カム摺動面，バルブリフタ，バルブ軸部等の潤滑を行う

各部を潤滑したオイルは，軸受けの隙間等から流出し，クランクケース内部を流れて，最終的にはオイルパンへ戻る．

(c) ろ過方式（図 3.66）

エンジンオイルは潤滑の過程で，吸入系より入る塵埃，燃焼生成物，油の劣化分解による不溶性物質，摩耗その他による金属粉等の夾雑物が混入するので，これらを除去した後，繰り返し使用されるが，油量が減少するので時々補充が必要である．

ろ過の方法については，次の3種類がある．

● **全流式（フルフロー式）**　　エンジンオイルを全部ろ過する方式で清浄作用は優れているが，オイルフィルタが詰まると潤滑不良になる．その場合はバイパスバルブにより，一時的にフィルタを通さない方法があるが，ろ過しないオイルがエンジンに行くので，早急にフィルタを交換する必要がある．

● **分流式（バイパス式）**　　エンジンオイルの一部だけフィルタを通し，他は通さない方式である．ろ過されずにエンジン内を循環するオイルがあるので，大きな粒子の夾雑物が摺動面に送り込まれる危険がある．

● **両者併用式**　　上記の併用式である．分流用フィルタでろ過されたオイルはオイルパンに戻されるが，大部分はさらに全流式フィルタでろ過されてから各潤滑部へ送られる．

傾向としてはフルフロー式が多いが，いずれの形式にしてもフィルタの容量は

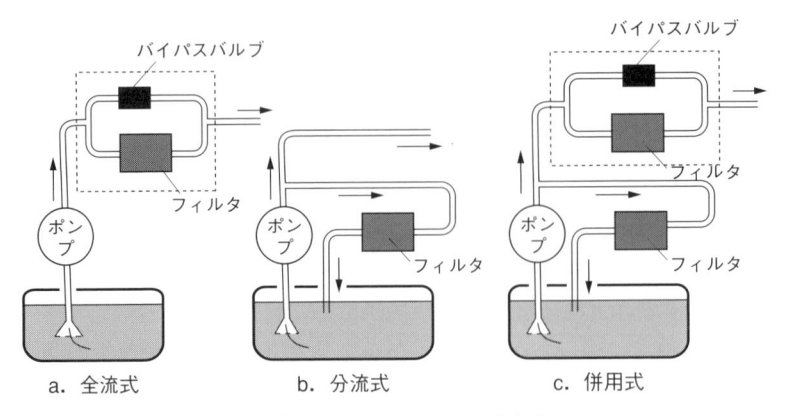

図 3.66　エンジンオイルろ過方式

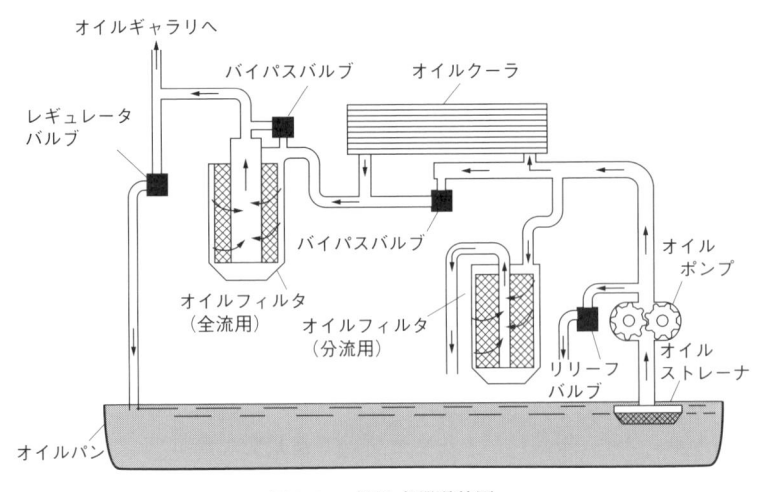

a. 全流式　　b. 分流式　　c. 併用式

図 3.67　併用式潤滑装置

有限であるので，定期的な交換は必要である．

(d) 油圧制御

　エンジンの油圧は，エンジンにより，ある規定値に保たれている．その目的は，高速運転時および低温始動時の過大圧力防止，フィルタ目詰まり事故防止，オイ

3・8 潤滑系

ルポンプおよびオイル駆動系の保護等である．油圧制御装置のバルブ類を表3.10に示す．

表3.10 油圧制御装置の各バルブ

名　称	取付場所	作　　動	目　的
リリーフバルブ	オイルポンプ出口	**出口圧＞規定値**の時に開き，油圧の異常上昇防止	オイルポンプ，駆動系保護
バイパスバルブ	オイルフィルタ	**フィルタ出口～入口圧力差＞規定値**の時，出入口直結	フィルタ目詰まり時の焼き付き防止
レギュレータバルブ	オイルギャラリ	**油圧＞規定値**の時に開き，オイルの一部をオイルパンに戻す	油圧上限値制御

(e) 潤滑系部品

オイルポンプ

エンジンオイルは，ポンプによりエンジン各部に圧送される．ポンプとしては，トロコイドポンプが多用されているが，他に内接，外接ギアポンプも用いられている．

● **オイルフィルタ**　オイルは，使用中に各種不純物を含むようになる．これを取り除くもので，一般的にペーパエレメントのカートリッジ式を使用する．

● **オイルクーラ**　エンジンオイルは，その温度が 125～130℃以上になると急

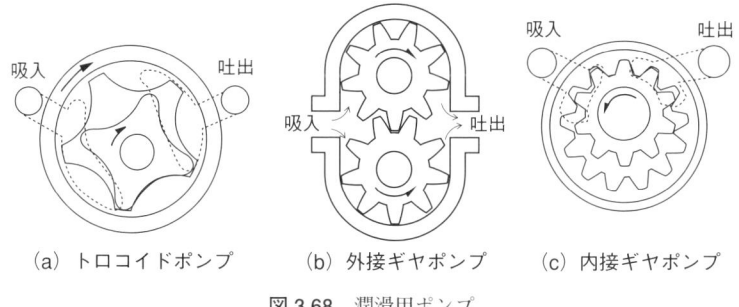

(a) トロコイドポンプ　　(b) 外接ギヤポンプ　　(c) 内接ギヤポンプ

図 3.68　潤滑用ポンプ

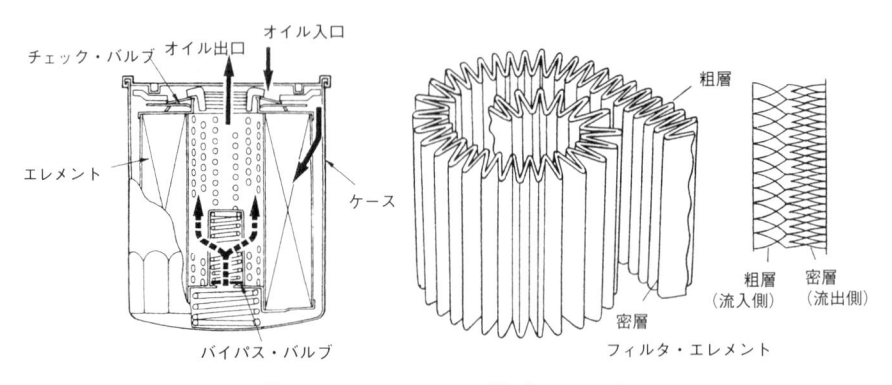

図 3.69 オイルフィルタ及びエレメント

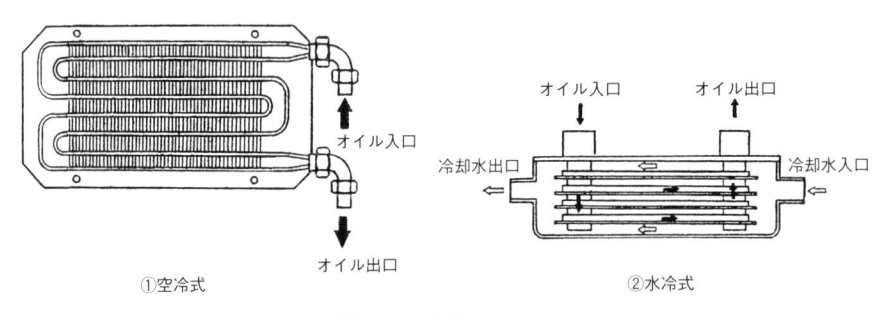

図 3.70 オイルクーラ

激に潤滑性を失うので，通常，85℃を超えないことが望ましく，これ以上に油温が上昇するエンジンには，オイルポンプ～オイルギャラリ間に空冷または水冷式オイルクーラを設ける．空冷式オイルクーラは，ラジエータ前方に装着される．

3・9 電気系

(1) 点火装置

(a) 点火方式

高電圧を発生して点火プラグの電極間に火花を生成し，混合気に点火する方式で，そのほとんどは点火コイルを使用している．

3・9 電気系

点火コイルは一種の変圧器で,内部の1次コイルを流れる低圧の電流を遮断すると,コイルの電磁誘導作用により,2次コイルに高電圧が発生する(自動車用の場合は,12Vから12000〜15000Vまで昇圧).

概略の回路としては,バッテリ→点火コイル→配電器→ハイテンションコード→点火プラグと経由し,混合気に点火される(図3.71).

(b) 点火装置

現在使用されている点火装置には,電流遮断式,容量放電式およびマグネト式があるが,電流遮断式が最も広く用いられている.

● **電流遮断式** 図3.72にその概略を示すが,点火コイルの1次側に数A程度の電流を流し,接点を急激に開いて2次側に高電圧を誘起し,点火プラグ電極間に火花を発生させる.

従来はコンタクトブレーカのポイントをカムで開閉,断続する機械式であったが,接点の消耗,腐食を防ぐため,さらには高速時のカム追従性の悪さから,トランジスタによる電気的な断続方式が多用されている.

また,気筒ごとに点火コイルを設置して独立した点火系とし,配電時の点火エ

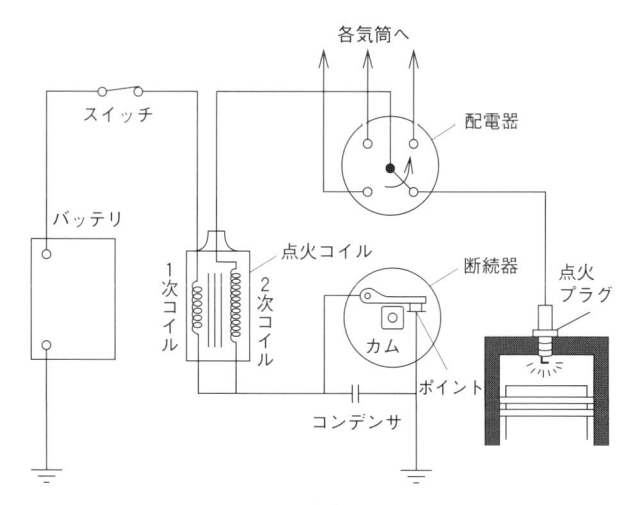

図 3.71 点火系の回路

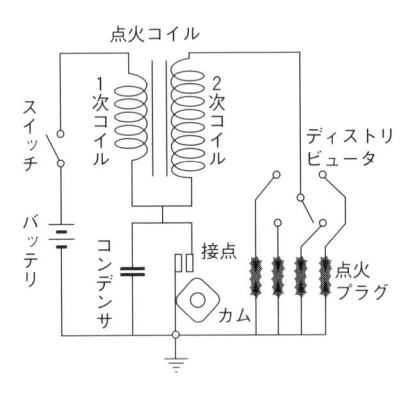

図 3.72　電流遮断式点火装置 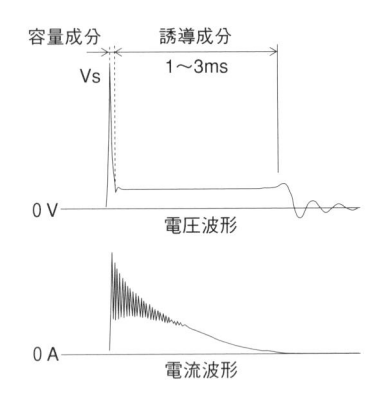　　図 3.73　電流遮断式点火装置の電圧電流波形[1]

　ネルギー損失を減少させたダイレクトイグニッション方式も用いられている．
　火花には容量成分と誘導成分があり（図3.73），ここで得られる火花は，これらが複合された合成火花である．両者いずれが点火に有効であるかは諸説あるが，一般には容量成分が有力である．全火花エネルギーのうち容量成分比率は10％程度だが，これにより混合気の点火開始に必要な高熱を与えるといわれている．
　誘導成分は残りの約90％であるが，容量成分で生成された火炎核の保温作用と自己伝播可能な火炎に成長することをサポートする．
● **容量放電式（CDI方式：Capacitive Discharge Ignition）**　　コンデンサに充電された電荷を1次コイルに放電し，2次コイルに高電圧を発生させる．放電時間が短いので，希薄燃焼が多く用いられる自動車用エンジンにはあまり向かず，一部の二輪車や小型汎用エンジンに用いられている．図3.74にこの装置の概略を示す．
● **マグネト式**　　磁石式交流発電機を電源とし，発電機コイルに2次コイルを加えて点火コイルを構成し，電流遮断式と同様の原理で2次側に高圧電流を発生させる高圧マグネト式と，単にバッテリを磁石式発電機に置き換えた低圧マグネト式がある．機構が簡単でバッテリ不要であるので，小型オートバイ用や汎用エンジンに多く用いられている．

3・9 電気系

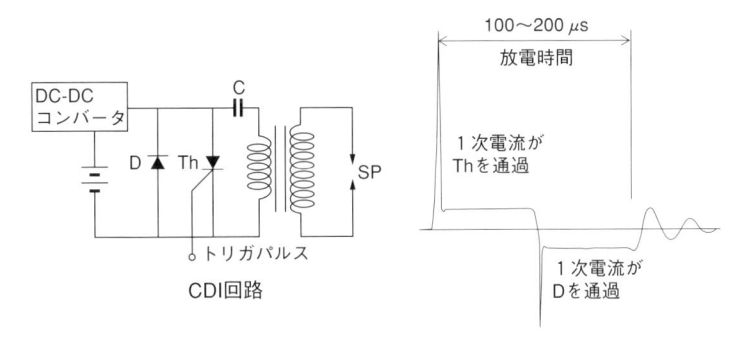

図 3.74 容量放電式点火装置[1]

(c) 点火プラグ

点火プラグはシリンダヘッドにねじ込まれ，点火コイルの配電器から送られてくる高圧2次電流により，両電極間に火花放電を行わせて混合気に点火作用を行う．

点火プラグの構造は，図 3.75 のように中心電極，接地電極および両者を隔てるセラミックスの絶縁体から構成され，火花間隙（プラグギャップ）を形成して

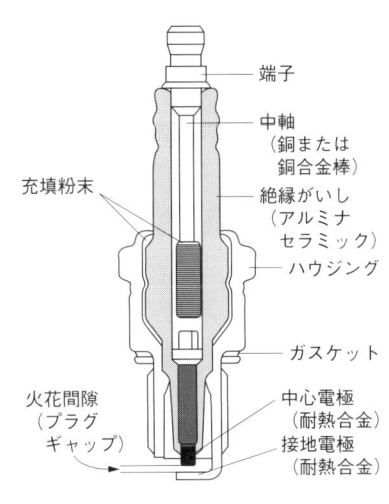

図 3.75 点火プラグ

いる．

　点火プラグの熱特性あるいは冷却性は，極めて重要な性能である．この性能を**熱価**といい，受ける熱に対する逃げる熱の度合いで表し，それは構造，形状，寸法，材質等によって決まる．

　点火プラグが低温であるとカーボンが付着してミスファイアや絶縁性の低下，高温になりすぎると過早着火の原因となる．そこで，エンジンの特性に適合した熱価のプラグが必要になってくる．

　点火プラグの電極温度は，エンジン全運転領域において，下の自己清浄温度とプレイグニッション温度の幅に入れる必要がある．

　　・自己清浄温度　　　　　：点火プラグ発火部の絶縁体の表面が炭素を焼き切
　　　　　　　　　　　　　　　る程度の温度で約 450 ℃

　　・プレイグニッション温度：過早着火を引き起こす温度で約 950 ℃

　火花間隙の大きさは，広すぎても狭すぎても火花は飛ばず，自動車用エンジンでは 0.8 〜 1.1mm 程度である．

　電極形状としては，火花間隙が狭く電極が太い場合，火炎核から電極への熱損失が増大し，ミスファイアの確率が大きくなる．特に希薄燃焼ではその傾向が強く，最近は火炎間隙を拡大することが多い．また，中心電極および接地電極を細くし，熱損失を低減して点火確率を向上させたものも多く用いられている．この場合，耐久性の観点から，電極材料には Pt，Pd，Ir 等の合金を用いている．

　点火プラグによる着火性向上の要素としては，

　　・プラグギャップの拡大

　　・中心電極を細くすること

　　・電極に溝を付ける

　　・外側電極先端のテーパカット

　　・中心電極突出量の延長（プロジェクションタイプ）

等である．

(d) 点火進角

　前述したように，点火には最適点火時期（MBT：Minimum Advance for Best

Torque）が存在する．この MBT は，エンジン運転状態（エンジン回転速度，負荷）により変化する．特にエンジン回転速度に影響され，高回転になるにしたがって進角の必要がある．また，エンジン負荷については，軽負荷ほど進角しなければならない．

進角の方法は，従来は遠心式やエンジンの吸入負圧による真空式が用いられていたが，現在ではエレクトロニクスの発達により，エンジンの状態をセンサで検知し，あらかじめコントロールユニットに記憶させておいた進角特性マップから最適点火時期を求め，点火を行う方式が多用化されている（図 3.76）．

また，ノッキングを避けるため，ノックセンサによる進角制御が行われている．ノック発生時には，6～9 KHz の特有の振動がシリンダブロックに伝播するので，インダクタンス式あるいは圧電式のノックセンサによりこれを検知し，点火時期を遅角してフィードバック制御により最適点火時期に制御する．

点火時期制御システムを要約すると，図 3.77 のようになる．

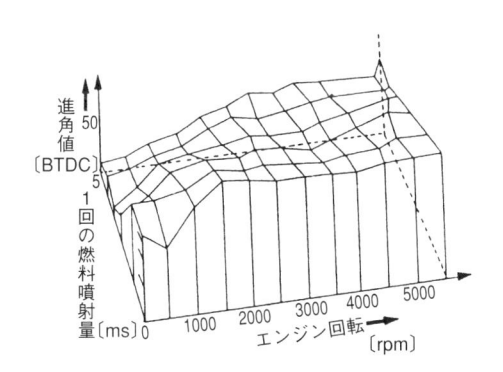

図 3.76 点火時期制御マップ[11]

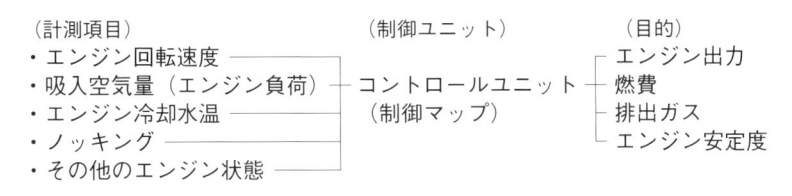

（計測項目）	（制御ユニット）	（目的）
・エンジン回転速度 ・吸入空気量（エンジン負荷） ・エンジン冷却水温 ・ノッキング ・その他のエンジン状態	コントロールユニット （制御マップ）	エンジン出力 燃費 排出ガス エンジン安定度

図 3.77 制御システム構成

(2) ディーゼルエンジン用吸入空気予熱装置

ディーゼルエンジンにおいては，寒冷時等でのエンジンの始動を容易にするため，吸入空気を暖める予熱装置を設けている．

予熱装置には，グロープラグ方式とインテークヒータ方式とがある．前者は予燃焼室式および渦流室式に，後者は直接噴射式に多用されている．

グロープラグ方式は，発熱するプラグにより多気筒の燃焼室内の圧縮空気を暖める．

インテークヒータ方式は，インテークマニホールド内の空気を暖める方法で，燃料の一部を燃焼させて吸入空気を加熱する燃焼式と電気ヒータで直接吸入空気を加熱する電熱式があるが，現在は電熱式が主流である．電熱式インテークヒータは，バッテリを電源として吸入空気を加熱するエアヒータを用いている．

図3.78はシーズド型グロープラグの構造を示す．

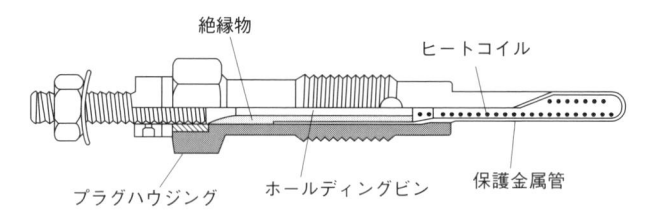

図 3.78 グロープラグ（シーズド型）の構造

第4章 エンジンの実用性能

4・1 トルク，出力，燃料消費率

種々な性能表現があるが，中でもトルク，出力，燃料消費率は，自動車の走りの性能に関して極めて直接的，実用的な性能（実用性能）である．測定方法は，第9章で説明する．

(a) トルク

ピストンに働く燃焼圧力がコンロッドを介してクランクピンに作用する．このクランクシャフトで発生する回転力をトルクという．

計算式は，

$$T = FR$$

ただし，T：軸トルク〔Nm〕，F：クランクピンの回転方向の力〔N〕，R：クランクピンの回転半径〔m〕

で求める．

なお，軸トルクの測定は各種動力計（第9章参照）で行う．

(b) 出力

軸出力は，エンジンのクランクシャフトから得られる動力のことで正味仕事率ともいい，動力計で実測した軸トルクから次式で算出する．

計算式は，

$$P = 2\pi TN$$

ただし，P：軸出力〔W〕，N：エンジン回転速度〔$\min^{-1}$〕

である．

(c) 燃料消費率

燃料消費率は，1時間，出力1〔kW〕当たりに消費する燃料の質量で，小さい

ほど消費燃料が少なく性能が良い．

計算式は，

$$f = \frac{F}{P}$$

ただし，f：燃料消費率〔g/kWh〕，F：燃料消費量〔g/h〕，P：軸出力〔kW〕である．

燃料消費量の測定の原理は，図4.1のようにビュレットで消費容量を計測し，燃料の比重との積で計算する．

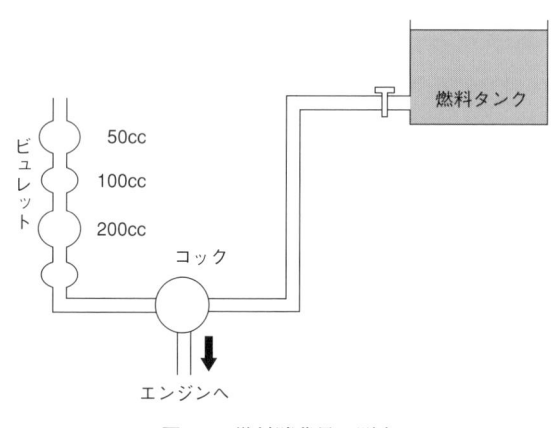

図 4.1　燃料消費量の測定

4・2　エンジン性能試験

(a) 全負荷性能と部分負荷性能

エンジン性能は，主に全負荷状態（全負荷性能：スロットルバルブ全開）で計測するが，場合によっては部分負荷状態（部分負荷性能：スロットルバルブ部分開）で計測する場合もある．

部分負荷性能の計測には，以下のものがある．

・ブースト法　　：スロットルバルブを変化させながら，吸気圧力一定で測定

4・2 エンジン性能試験

する
- ロードロード法：主にトップギヤ，平坦路相当の各車速状態のスロットルバルブ開度で測定する

(b) グロス軸出力とネット軸出力

性能試験法（JIS）には，グロス，ネット軸出力試験法がそれぞれあり，表 4.1 のようになっている．

表 4.1 グロス，ネット試験法の相違

	グロス軸出力	ネット軸出力
目 的	エンジン開発中における諸測定	・最終車載条件におけるエンジン性能の確認 ・カタログ性能の測定
付属装置	エンジン運転に必要な最低限の補機類のみを付けて試験	エンジンの特定用途使用時に必要な，出力に影響する補機類すべてを付けて試験
冷却装置	ラジエータ，ファンなし	ラジエータ，ファンあり（実際の使用条件）
吸気装置	エアクリーナは任意	エアクリーナは必要
排気装置	エキゾーストパイプ，マフラは試験用簡易型で可	実際の車載条件通り

(c) 大気条件による出力修正

エンジン出力は，吸入空気中の酸素質量に比例するため，運転時の吸入空気状態（大気圧，温度，湿度）で変化する．したがって，異なる大気条件で測定された性能を比較する場合あるいはカタログ性能を示す場合には，標準大気条件を定めて性能試験結果の修正を行う．

JIS では，JIS D 1001（自動車用エンジン），JIS D 1000（二輪自動車用エンジン）において，標準大気温度 $T_0 = 25$ 〔℃〕，標準乾燥大気圧力 $P_0 = 99$ 〔kPa〕として標準大気状態を定めている．

性能試験時の大気温度を T_a〔℃〕，大気圧力を P_a〔kPa〕，水蒸気分圧を P_u〔kPa〕とすれば，修正係数 k は，

$$k=\left(\frac{P_o}{P_a-P_w}\right)^{1.2}\left(\frac{T_a+273}{T_o+273}\right)^{0.6}$$

ただし，適用範囲は，

$80 \leq P_a - P_w \leq 110 [\mathrm{kPa}]$

$15 \leq T_a \leq 35 [\mathrm{℃}]$

$0.93 \leq k \leq 1.07$

で，修正はそれぞれの測定値に修正係数を掛けて，

$P_{eo} = kP_e,\ T_{eo} = kT_e$

である．適用範囲を超える場合は，その旨，記録に留めることになっている．

● **性能曲線図**（図 4.2）　　性能曲線図は，主に全負荷状態で計測した場合のエンジン回転速度に対する軸トルク，軸出力，燃料消費率の関係を図 4.2 のようにグラフに示したものであり，エンジン性能を端的に把握することができるので，カタログ等にもよく記載されている．

性能曲線の傾向について，説明する．

軸トルクは中速域で最大となり低，高速側で低下する．この最大値を最大トルクという．これは，低速ではバルブタイミングや吸気慣性がエンジンの回転速度に調和せず充填効率が低下するためであり，高速では吸気抵抗が増大し充填効率が減少するためである．また，中速では摩擦損失がさほど大きくないことも関連している．

軸出力は高速になるにしたがい増加するが，摩擦損失の増加と容積効率低下により，頭打ちとなる．軸出力の最大値を最高出力という．

燃料消費率は，原理的には最大トルク回転速度で最低を示す．これは，主として充填効率によるもので，充填効率最良の時は吸入空気量が多く，圧縮圧力も高くて燃焼が良好でトルクが大きく，燃料消費率が最低となる．

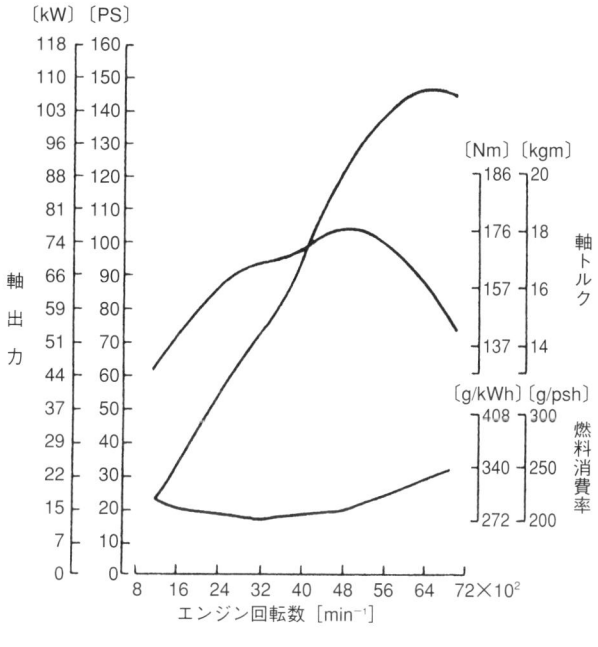

図4.2 エンジン性能曲線図

4・3 エンジン性能に影響する主な要素と考え方

(a) 空燃比（図2.33参照）

　一般にガソリンエンジンの最大トルクおよび最高出力は，理論空燃比よりも若干過濃な空燃比の時に得られる．これは，燃焼ガスの熱解離のためにガスの最高温度が得られ高圧になることと，燃焼速度の最大値も過濃側にあり，定容サイクルに近づくためである．出力は，過濃側では低下率はさほど大きくないが，希薄側では急激に低下する．

　燃料消費率の最小値は，空燃比約16で得られている．これは，希薄混合気に

なるほど燃料空気サイクルが空気サイクルになるが，摩擦損失の大きさはおおむね一定であるので，出力の低下に伴って損失の比率が増加するからである．

(b) **点火時期**（図 2.40 参照）

火花点火から燃焼圧力が急激に上昇するまでの点火遅れ時間と燃焼に要する時間があるので，点火時期は上死点前の適切な時期を選ぶ必要がある．その目安は，燃焼最高圧力の時期が ATDC10〜17°のときといわれている．

(c) **圧縮比**（図 2.37 参照）

定容サイクルの理論熱効率は，比熱比が一定であれば圧縮比のみで決まり，圧縮比が大きいほど熱効率は向上する．したがって，圧縮比が上昇すると出力，燃料消費率が向上する．しかし，同時にノッキングが発生しやすくなるので，無過給エンジンでは 10 程度であり，高いものでも 11.5 程度に留まっている．

4・4　実用性能まとめ

前節までは，トルク，出力，燃料消費率について，空燃比，点火時期，圧縮比との関係を述べたが，ここではその他の要素も含め，表 4.2 に概略を整理しておいた．

4・4 実用性能まとめ

表 4.2　実用性能

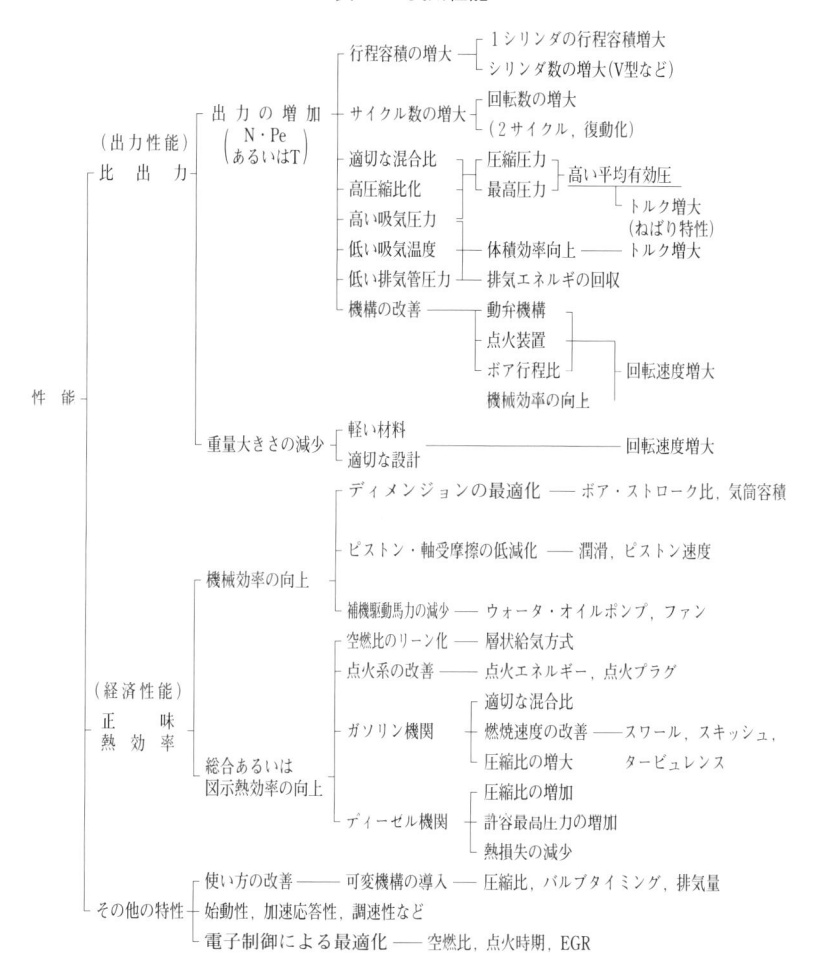

- 性能
  - (出力性能) 比出力
    - 出力の増加 ($N \cdot Pe$ あるいは T)
      - 行程容積の増大
        - 1シリンダの行程容積増大
        - シリンダ数の増大（V型など）
      - サイクル数の増大
        - 回転数の増大
        - （2サイクル，復動化）
      - 適切な混合比
      - 高圧縮比化 ── 圧縮圧力／最高圧力 ── 高い平均有効圧
      - 高い吸気圧力 ──────────────────── トルク増大（ねばり特性）
      - 低い吸気温度 ── 体積効率向上 ── トルク増大
      - 低い排気管圧力 ── 排気エネルギの回収
      - 機構の改善
        - 動弁機構
        - 点火装置
        - ボア行程比 ── 回転速度増大
        - 機械効率の向上
    - 重量大きさの減少
      - 軽い材料 ──────────── 回転速度増大
      - 適切な設計
  - (経済性能) 正味熱効率
    - 機械効率の向上
      - ディメンジョンの最適化 ── ボア・ストローク比，気筒容積
      - ピストン・軸受摩擦の低減化 ── 潤滑，ピストン速度
      - 補機駆動馬力の減少 ── ウォータ・オイルポンプ，ファン
    - 総合あるいは図示熱効率の向上
      - 空燃比のリーン化 ── 層状給気方式
      - 点火系の改善 ── 点火エネルギー，点火プラグ
      - ガソリン機関
        - 適切な混合比
        - 燃焼速度の改善 ── スワール，スキッシュ，タービュレンス
        - 圧縮比の増大
      - ディーゼル機関
        - 圧縮比の増加
        - 計容最高圧力の増加
        - 熱損失の減少
  - その他の特性
    - 使い方の改善 ── 可変機構の導入 ── 圧縮比，バルブタイミング，排気量
    - 始動性，加速応答性，調速性など
    - 電子制御による最適化 ── 空燃比，点火時期，EGR

第5章　環境問題と対策

5・1　排出ガスとその対策

(1) 自動車と環境問題

現在，自動車をめぐる環境問題を分類すると次のようになる．

(a) 地球規模の環境問題

- **地球温暖化**　CO_2の増加により，地球大気の温室効果が増加し，気温や海面の上昇，異常気象，生態系への悪影響等に及んでいる．
- **オゾン層の破壊**　クーラ冷媒，洗浄剤のフロンが原因で塩素原子によるオゾン層の連鎖反応的破壊が発生し，太陽光線中の有害紫外線が増加し，動植物生態への影響が増加する．

(b) 広域規模の環境問題（国家をまたがる規模）

- **酸性雨の問題**　SOx（硫黄酸化物），NOxの雨への溶解により，森林の立ち枯れ，河川，湖沼の酸性化による生態系への影響が憂慮される．

(c) 局地規模の環境問題

- **大気汚染**　エンジン排出ガス中のCO，HC，NOx，PM，黒煙等の健康への影響が問題である．HC，NOxが太陽光線中の紫外線に反応し，オゾン，PAN（PeroxyAcyl Nitrate：光化学スモッグにおける刺激性物質）等有害物質（オキシダント）を生成．人体を刺激し，植物の育成に悪影響を及ぼす．
- **粉じん公害**　アスベスト（建材，ブレーキ，クラッチ等）およびスパイクタイヤによる道路からの粉じんで健康への影響がある．
- **感覚公害**　騒音，臭気等，人間の感覚に悪影響のある公害である．
- **産業廃棄物公害**　自動車関係については，生産工程および廃車後処理の問題であるが，平成17年1月1日より自動車リサイクル法が施行されている．

(2) 排出ガスによる害の種類とその発生

(a) 種類

　石油系燃料の場合，組成的には多くの種類の炭化水素の混合物であり，完全燃焼すると，炭素は CO_2，水素は H_2O となり，無害な物質が生成される．しかし，完全燃焼は不可能であるので，各種の有害物質が生成され，大気汚染や環境問題の原因となる．有害物質としては，次のようなものがある．

- **CO（一酸化炭素）**　　強い毒性の気体で，血液中のヘモグロビンとの親和性が強く，体内組織へ酸素を運搬する機能を阻害する．程度により，呼吸障害，中毒症状，酸欠症状，致死等の症状が出る．
- **HC（炭化水素）**　　直接人体への影響は少なく，呼吸器，眼への刺激が生じる程度である．ただし，太陽光を受けると，大気中の NOx，O_3，アルデヒド等と反応して，光化学スモッグの発生原因となる．
- **NOx（窒素酸化物）**　　大部分が NO，NO_2 で，NOx と総称される．太陽光を受けると光化学スモッグ，酸性雨の原因となる．ヘモグロビンとの結合性が高く，刺激，めまい，致死等，人体に有害である．
- **PM（粒子状物質）**　　主にディーゼルエンジンで発生し，黒煙や SOF（可溶性有機成分）等の炭化水素からなる．視界不良，呼吸器障害，微量の発がん性物質の排出に関係する．
- **SOx（硫黄酸化物）**　　SO_2，SO_3 等からなり，硫黄酸化物と総称する．酸性雨の原因となる．
- **CO_2（二酸化炭素）**　　人体に直接的に有害ではないが，地球温暖化，燃費悪化の原因となり，近年非常に問題視されている．

　これらの有害物質はエンジンによって排出割合が異なり，ガソリンエンジンでは CO，HC，NOx，CO_2，ディーゼルエンジンでは NOx，PM，SOx が多い．

(b) 有害物質の発生箇所

・排気ガス（CO，HC，NOx，PM，SOx，CO_2）→排気管より排出
・ブローバイガス（HC）→ピストン，シリンダ隙間からクランクケースに吹

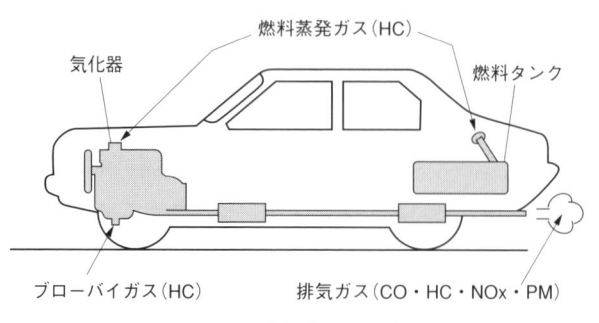

図 5.1 有害物質の発生箇所

き抜けるガスで，現在はその還元装置の装着が必要
・燃料蒸発ガス（HC）→燃料タンク，燃料系統からの蒸発ガスで，抑止装置の装着が必要

(3) 有害物質の特性

(a) 排気ガスの生成式

炭化水素系燃料の燃焼においては主に下記のようになり，それぞれの有害物質が発生する．

$$空気(N_2 + O_2) + 燃料(CnHm) \rightarrow$$
$$H_2O + CO_2 + N_2 + CO + HC + NOx + PM$$

(b) 各有害物質の生成特性（発生要因）

● CO（図 5.2）　　燃料中の炭素の不完全燃焼．酸素（空気）不足時の燃料の不完全酸化により生成する．したがって，理論混合比よりも希薄側では，CO 生成量は少なくなる．

● HC（図 5.2）　　燃料中の炭素の不完全燃焼．酸素不足時に発生するが，ある程度以上，酸素過多の状態になると燃焼が不確実になり，かえって HC は増加する（ミスファイア）．クランクケースからのブローバイガス，燃料系統から発生する燃料蒸発ガスも対象になる．

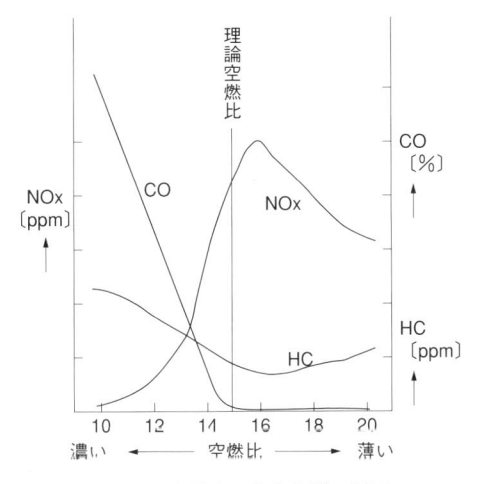

図 5.2 空燃比と有害物質の関係

- **NOx**（図 5.2）　空気中の窒素が高温状態で酸素と結合，生成し，燃焼温度，圧力が高いほど増加する．完全燃焼に近いほど多く発生し，また，長時間高温に保持されると，増加する．
- **PM**　ディーゼルエンジンの拡散燃焼における，不完全燃焼による遊離炭素，すなわち，燃焼室内の空燃比の濃淡（不均一）により，炭素が酸素と接触できずに炭素原子が残り，炭素の微粒子が発生することによる．SOF（可溶有機成分）と ISF（不可溶成分）からなる．
- **SOx**　ディーゼルエンジンで使用する，軽油の硫黄分が燃焼により酸化されて SO_2, SO_3 となったものである．しかし，環境中の SOx の最大の原因は工場排出煙で，自動車によるものは少ない．
- **CO_2**　石油系燃料を使用する限り避けることはできず，代替燃料の導入を除けば，熱効率向上による燃料消費量の減少によらなければならない．

(4) 排出ガスの清浄化

現在，有害ガスとして規制の対象になっているものは CO，HC，NOx，PM，

黒煙であるが，規制外の CO_2 の低減も急務であり，研究，開発が行われている．
　これらの低減手段としては，排気ガスについては，エンジン燃焼時にその内部で発生を抑制する方法（EMS）と，排出されたガスを後処理する方法があり，その他のガスの対策としては，ブローバイガス対策と燃料蒸発ガス対策がある．

(a) EMS（Engine Modification System）対策

● **CO**　　CO は，混合気中の酸素不足が主原因である．低負荷時あるいは高出力時の過濃混合気が必要な時に排出されるが，その他領域の希薄側では低減する．対策としては，希薄混合気のための燃焼系の設定，燃料・点火制御システムの最適化等が必要である．

● **HC**　　HC は，未燃混合気あるいは燃焼中間生成物である．

①エンジン本体関係

　HC は，過濃混合気の酸素不足，極端な希薄混合気での未燃焼現象，吸排気バルブのオーバラップ時の吹き抜け，燃焼室壁面の火炎のクエンチング現象，ミスファイア等によるものである．

　したがって，対策としては，希薄混合気でも良好な燃焼が得られるエンジンの開発，シリンダ冷却経路の改良による過冷却部分の排除，ミスファイアを発生しない状態でのリーンセッティング等である．

　2サイクルエンジンでは，未燃混合気の吹き抜け，不完全燃焼あるいはミスファイアによるものである．吹き抜け改善には，掃気孔の方向，燃焼室形状の改良，掃気孔の流路制御等である．最近では，シリンダ内ガス流動の解析，流れの可視化，数値解析技術の開発等が駆使されている．

②エンジン外装関係

　燃焼室の HC は，他にシリンダとピストンの隙間を通ってクランクケース内に漏洩するものがあり，ブローバイガスといわれるが，これはエンジン外部に排出せずに図 5.3 のような還元装置により処理される．

　燃料タンクからの燃料蒸気は，チャコールキャニスタ方式等の燃料蒸発ガス防止装置により吸気系に導き，混合気と共に燃焼させる（図 5.4）．

● **NOx**　　NOx は，一般に高出力時の高温環境で生成されるので，その低減の

5・1 排出ガスとその対策

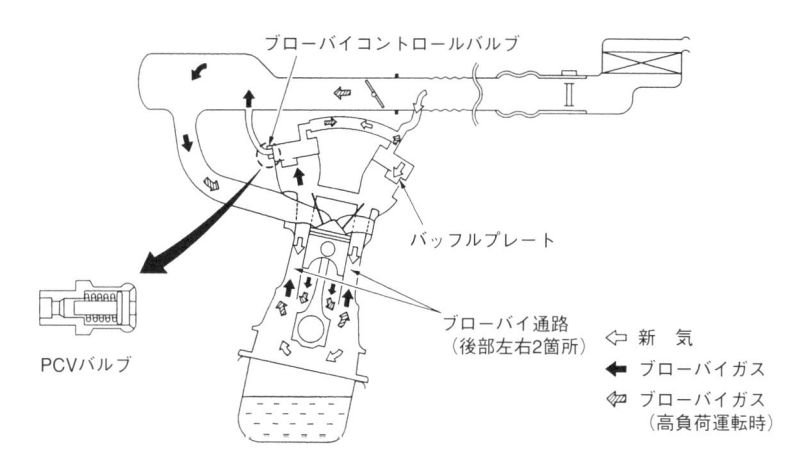

図 5.3 ブローバイガス還元装置

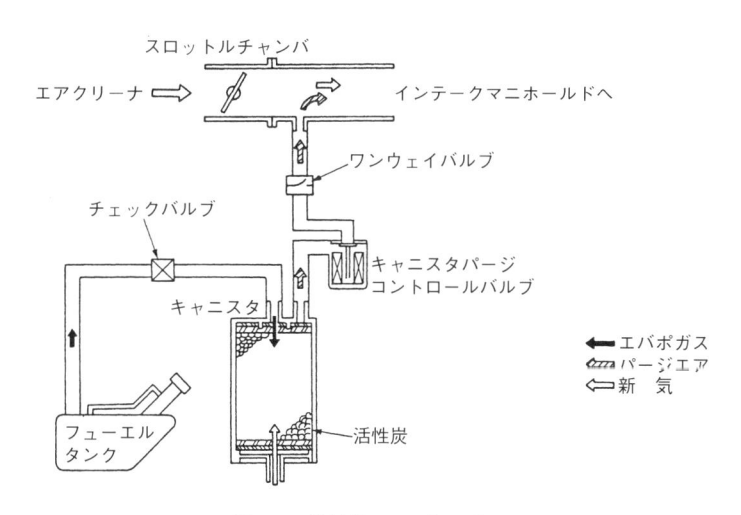

図 5.4 燃料蒸発ガス抑止装置

ためにはエンジン性能が犠牲になることが多い.

空燃比との関係では，図 5.2 のように，NOx は理論空燃比より若干希薄側で最大になるので，その空燃比を外さなければならない．

他の方法として,冷却した排気ガスの一部を新たな混合気に加えて燃焼させる,排気ガス再循環方式（EGR）が採用されている．

その結果の一例を図5.5に示すが，この方法は火炎温度を低下させてNOxを抑制するものであるから，出力性能も劣化する．そのため，ガス流動による燃焼促進によりサポートする．

さらに，点火時期遅角による方法もあるが，この方法の場合も，出力とNOx抑制はトレードオフの関係にある．その結果を図5.6に示す．

ディーゼルエンジンにおいては，燃料噴射時期の遅延化，EGR，低スワール，パイロット噴射等の方法が挙げられる．

● **PM**　PMは，主に拡散燃焼による不完全燃焼から来るディーゼルエンジンの問題であり，遊離炭素（すす）からなっている．これはまた，SOF（可溶有機成分）とISF（不可溶成分）とに分類される．

SOFには，UHC（未燃炭化水素）と燃焼室に混入した潤滑油の未燃分があり，ISFとしては，すすと燃料中の硫黄が酸化して水と結合し，硫酸ミスト状になったサルフェートがある．排気微粒中のすすの生成は，酸素不足の状態で生じやすい．

UHCの発生は，燃焼室壁面での温度低下による場合，不均一な噴霧内の燃料希薄部からの場合，噴射終了後の噴霧崩壊期の混合不均一の場合等がある．対策としては，燃料空気の混合改善を中心に述べるがNOxとPMはトレードオフの

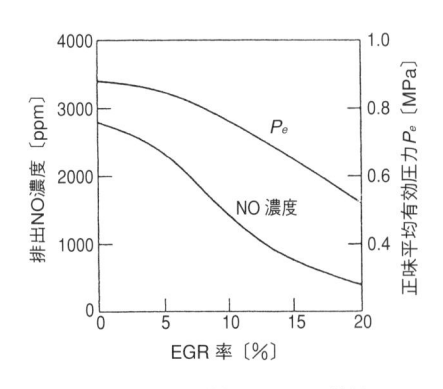

図5.5 NOxに対するEGRの効果[1] 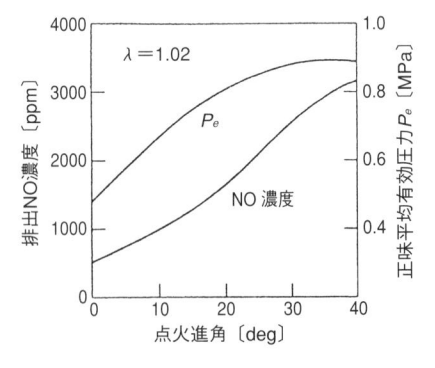　　**図5.6** NOxに対する点火時期の効果[1]

5・1 排出ガスとその対策

関係にある．
・燃料噴射系高圧化を基本とした燃焼技術（コモンレール式等による噴射量，噴射時期の制御）
・空気流動（スワール，スキッシュ，タンブル）の適正化と有効利用
・吸気系，燃焼室の形状改善
・ピストンのハイトップリング化

等が挙げられる．

● **CO₂**　炭化水素の燃焼においては CO_2 の生成は避けることができず，エンジン出力当たりの CO_2 排出量を減少させること（燃費向上）が重要となる．

燃料性状と CO_2 排出量の関係は，メタンでは少なく，ガソリン，軽油は中間的である．したがって，天然ガスの利用は有効である．具体的な対策としては，表 5.1 に示すように，各種燃費向上手段が関係してくる．

● **SOx**　ディーゼルエンジン燃料の軽油，重油は，硫黄分を多く含んでいる．これにより，SOx（SO_2，SO_3）が発生する．発生を防止するには，低硫黄燃料を使用するか，脱硫機能を備えた排気浄化装置が必要となるが，大型で高価なため，自動車には不適である．したがって前者の方法に依存することになるが，規制強化が行われており，サルファフリー燃料への切り替えが進んでいる．

(b) **後処理対策**

● **CO，HC，NOx**　有害ガスが生成されないように EMS 方式により行うことが理想的ではあるが，エンジン性能との兼ね合いを考えると極めて困難であるので，そのために採用されるのが後処理装置である．そして，現在のような排気ガス中の有害物質の大幅な低減は，このような後処理装置と EMS の併用が可能にしたといえる．

排気対策初期の頃には，比較的過濃な混合気を与えて NOx を低減し，CO，HC には 2 次空気を加えて熱的に酸化反応を起こさせるサーマルリアクタ方式が用いられることもあったが，現在では CO，HC，NOx の 3 成分を同一触媒で一括処理する三元触媒が用いられている．

この触媒は，ハニカム状，格子状，ペレット状のセラミック材に白金，パラジ

ウム，ロジウム等の金属を担持させ，CO，HC は酸化，NOx には還元反応を起こさせ浄化するものである．

アルミナ等のセラミック材については，図5.8のように表面積が大きいので排気ガスとの接触面積が広く，浄化率が大きいので使用されている．

また，三元触媒の有効範囲である空気過剰率のウインドは，図5.9のように理論空燃比近傍の限られた領域のみである．したがって排気ガス中の酸素濃度を検出して空燃比制御を行わなければならないので，酸素センサ（O_2 センサ）が必要になってくる．

さらに，低温時におけるエンジン始動直後では CO，HC が多く，三元触媒の活性化のために高温に保つ必要があるので，種々の検討が行われている．

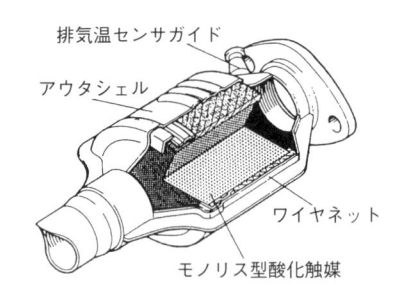

図 5.7　三元触媒の構造

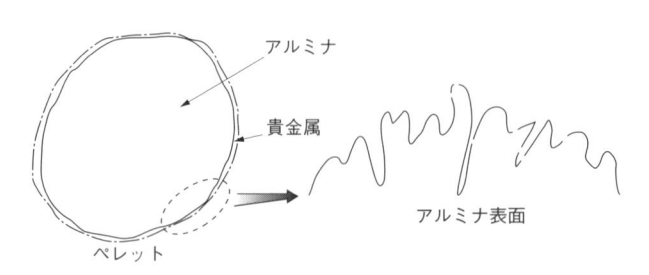

図 5.8　アルミナ表面

5・1 排出ガスとその対策

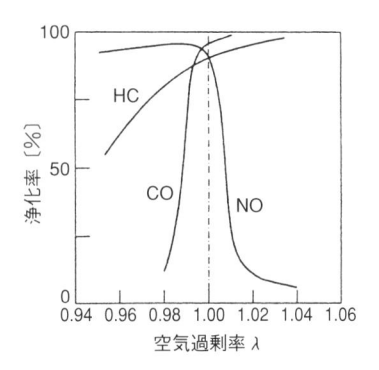

図 5.9 三元触媒の浄化特性[1]

● PM　PMに対しては，ディーゼルパティキュレートフィルタ（DPF）を用いる方法があり，図 5.10 はその一例である．DPFは，エンジン出力を低下させないように，排気圧力損失が小さいことに加え，機械的強度，耐熱性，耐振動性が必要である．また，PMが捕集され蓄積されていくと，排気圧力損失が増加するため，その再生を行わなければならない．それには，PMを燃焼させるか，吹き飛ばす方式がとられている．

表 5.1，表 5.2 に，ガソリンエンジンおよびディーゼルエンジンにおける主な排出ガス対策の考え方をまとめている．

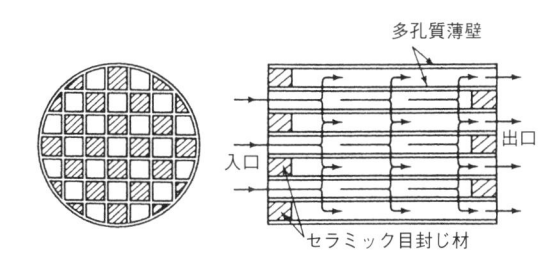

図 5.10　DPFの構造例[1]

表 5.1 ガソリンエンジンにおける主要排出ガス対策

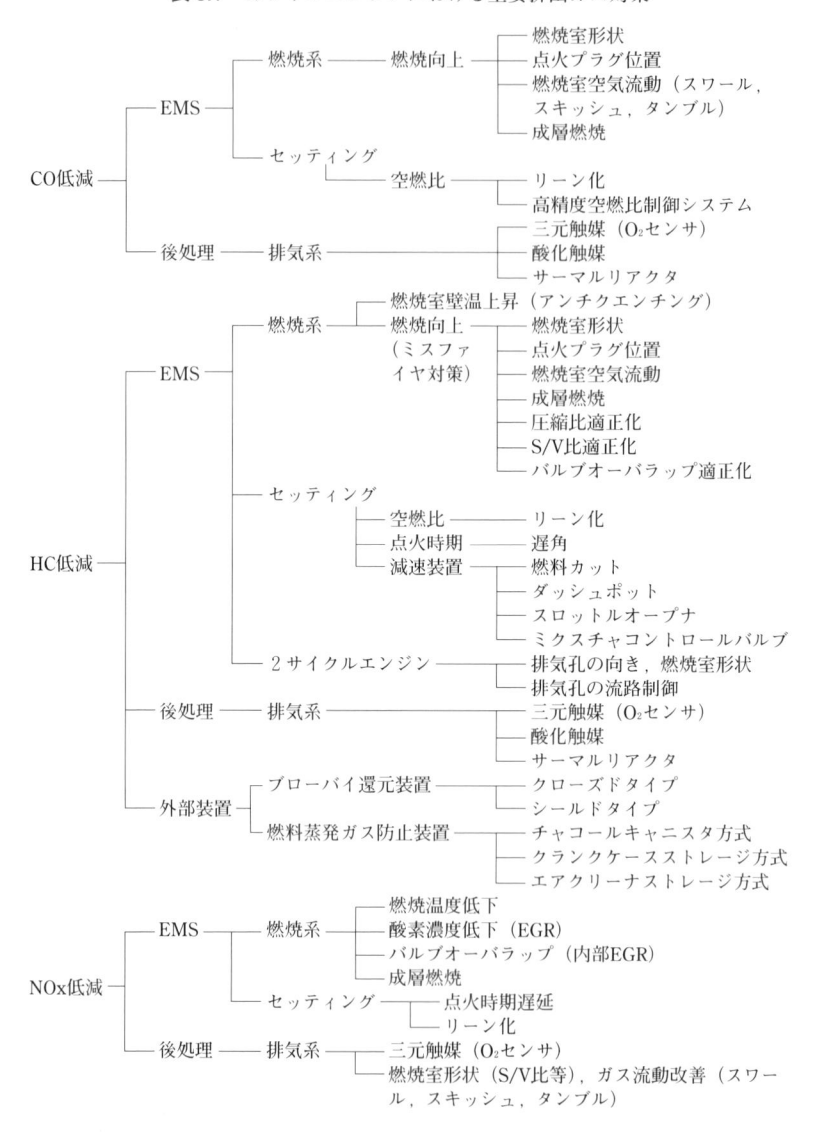

- **CO低減**
  - EMS
    - 燃焼系
      - 燃焼向上
        - 燃焼室形状
        - 点火プラグ位置
        - 燃焼室空気流動（スワール，スキッシュ，タンブル）
        - 成層燃焼
    - セッティング
      - 空燃比
        - リーン化
        - 高精度空燃比制御システム
  - 後処理
    - 排気系
      - 三元触媒（O₂センサ）
      - 酸化触媒
      - サーマルリアクタ

- **HC低減**
  - EMS
    - 燃焼系
      - 燃焼室壁温上昇（アンチクエンチング）
      - 燃焼向上（ミスファイヤ対策）
        - 燃焼室形状
        - 点火プラグ位置
        - 燃焼室空気流動
        - 成層燃焼
        - 圧縮比適正化
        - S/V比適正化
        - バルブオーバラップ適正化
    - セッティング
      - 空燃比 ── リーン化
      - 点火時期 ── 遅角
      - 減速装置
        - 燃料カット
        - ダッシュポット
        - スロットルオープナ
        - ミクスチャコントロールバルブ
    - 2サイクルエンジン
      - 排気孔の向き，燃焼室形状
      - 排気孔の流路制御
  - 後処理
    - 排気系
      - 三元触媒（O₂センサ）
      - 酸化触媒
      - サーマルリアクタ
  - 外部装置
    - ブローバイ還元装置
      - クローズドタイプ
      - シールドタイプ
    - 燃料蒸発ガス防止装置
      - チャコールキャニスタ方式
      - クランクケースストレージ方式
      - エアクリーナストレージ方式

- **NOx低減**
  - EMS
    - 燃焼系
      - 燃焼温度低下
      - 酸素濃度低下（EGR）
      - バルブオーバラップ（内部EGR）
      - 成層燃焼
    - セッティング
      - 点火時期遅延
      - リーン化
  - 後処理
    - 排気系
      - 三元触媒（O₂センサ）
      - 燃焼室形状（S/V比等），ガス流動改善（スワール，スキッシュ，タンブル）

5・1 排出ガスとその対策

CO_2低減
- 熱効率向上（燃費向上）
  - 高圧縮比化
  - ディメンジョンの最適化
  - 点火プラグ位置
  - 混合気形成の改善（成層燃焼）
  - セッティング──空燃比リーン化
  - ポンピング損失の低減
  - 点火系の改善
    - 点火エネルギーの増大
    - 点火プラグの改善
- 冷却損失改善
  - 冷却流路の改善
  - 断熱コンセプト
- 機械効率向上
  - 摩擦損失低減
    - 往復運動部分の低減
    - 回転部分の低減
    - 潤滑油の改善
  - 補機駆動損失の低減
    - ジェネレータ,ウォータポンプ
    - オイルポンプ
    - 冷却ファン(可変ピッチ,回転数)
    - コンプレッサ
- 排気エネルギ回収
  - 排気温度の低減
  - ターボチャージャ
- 使い方の改善
  - 可変機構の導入
    - 可変圧縮比
    - 可変バルブタイミング
    - 可変排気量
  - 電子制御による最適化
    - 燃料供給
    - 点火時期（ノックセンサ）
    - EGR
  - 冷間燃費の向上
    - マニホールド温度
    - 冷間空燃比の改善
- 燃料の改善
  - 単位発熱量当たり炭素量減少
    - 天然ガス,アルコール

表5.2 ディーゼルエンジンにおける主要排出ガス対策

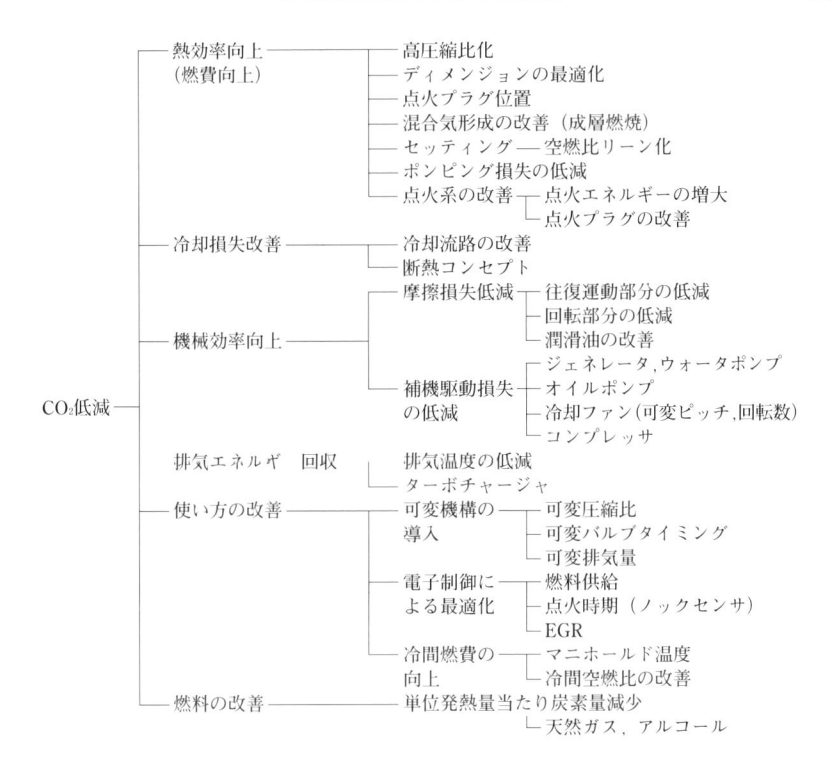

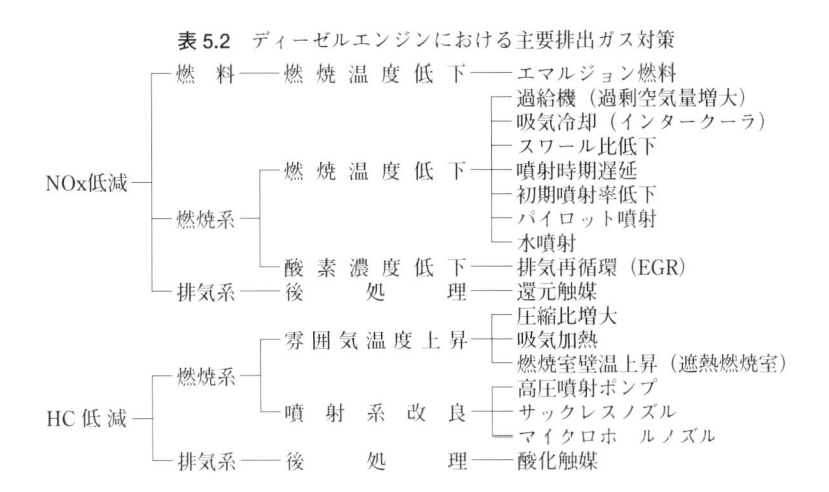

NOx低減
- 燃料──燃焼温度低下──エマルジョン燃料
- 燃焼系
  - 燃焼温度低下
    - 過給機（過剰空気量増大）
    - 吸気冷却（インタークーラ）
    - スワール比低下
    - 噴射時期遅延
    - 初期噴射率低下
    - パイロット噴射
    - 水噴射
  - 酸素濃度低下──排気再循環（EGR）
- 排気系──後処理──還元触媒

HC低減
- 燃焼系
  - 雰囲気温度上昇
    - 圧縮比増大
    - 吸気加熱
    - 燃焼室壁温上昇（遮熱燃焼室）
  - 噴射系改良
    - 高圧噴射ポンプ
    - サックレスノズル
    - マイクロホールノズル
- 排気系──後処理──酸化触媒

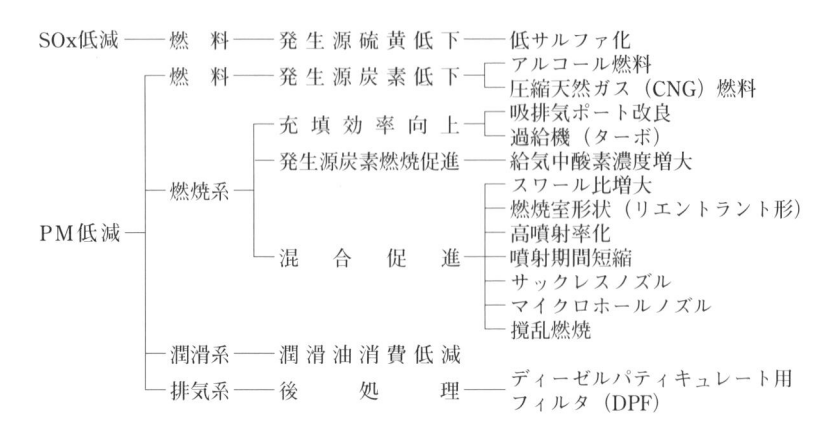

```
SOx低減 ── 燃 料 ── 発生源硫黄低下 ── 低サルファ化
           ┌ 燃 料 ── 発生源炭素低下 ┬ アルコール燃料
           │                        └ 圧縮天然ガス（CNG）燃料
           │         ┌ 充填効率向上 ┬ 吸排気ポート改良
           │         │              └ 過給機（ターボ）
           │ 燃焼系 ─┼ 発生源炭素燃焼促進 ── 給気中酸素濃度増大
PM低減 ────┤         │              ┌ スワール比増大
           │         │              │ 燃焼室形状（リエントラント形）
           │         └ 混合促進 ────┤ 高噴射率化
           │                        │ 噴射期間短縮
           │                        │ サックレスノズル
           │                        │ マイクロホールノズル
           │                        └ 撹乱燃焼
           ├ 潤滑系 ── 潤滑油消費低減
           └ 排気系 ── 後処理 ── ディーゼルパティキュレート用フィルタ（DPF）
```

(5) 排出ガス規制法

自動車エンジン関係の排出ガス規制のスタートは，1960年にカリフォルニア州ロサンゼルス周辺で発生した光化学スモッグに端を発した．その後，自動車汚染防止法の制定，1970年にはその改正案である通称マスキー法のアメリカ議会可決があり，その内容は，自動車排出ガス中のCO，HC，NOxの量を1975年（NOxは1976年）までにそれぞれ10分の1に減ずるというものであった．

わが国では，1968年に大気汚染防止法が制定され，1970年には東京都新宿区で住民の血中鉛濃度に問題が発生し（その後の調査で誤りと分かったが），さらに東京でも光化学スモッグ被害が報告される等があり，1975年にマスキー法の内容を移行した排出ガス規制が行われた．

その後，順次規制値も厳しいものとなり，ディーゼルエンジン，トラック，バスといった具合に拡大されつつある．

● **規制内容**　規制対象になる排出ガスとは，排気管から排出される「排気ガス」，クランクケースから排出される「ブローバイガス」，燃料系から排出される「燃料蒸発ガス」である．規制については，車種別，燃料別，使用状態別に試験法，規制値が定められており（道路運送車両法），運転条件のポイントは下記の通りであるが，詳細は9章で後述する．

- **ガソリンまたは液化石油ガスを燃料とする場合**
  - ① 10・15 モード：乗用車，車両総重量 2.5 トン以上のトラック，バスの試験
    11 モード　　　自動車をシャシダイナモメータ上に設置して行う
  - ② 13 モード　　：車両総重量 2.5 トンを超えるトラック，バスの試験エンジンをエンジンダイナモメータ上に設置して行う
  - ③ アイドリング
- **軽油を燃料とする場合**
  - ① 10・15 モード：乗用車，車両総重量 2.5 トン以下のトラック，バスの試験
    自動車をシャシダイナモメータ上に設置して行う
  - ② 13 モード　　：車両総重量 2.5 トンを超えるトラック，バスの試験エンジン
    （ディーゼル　　ンをエンジンダイナモメータ上に設置して行う
    自動車用）

さらに，主要排出ガス規制値を表 5.3 に示す．なお，近い将来において，さらなる規制強化が予定されており，これらについては新旧，短期，長期規制を織り交ぜながら進行していくことになる．

5・2　騒音とその対策

エンジン騒音もまた，エンジンが関係する公害の 1 つである．音は，2 種類に大別される．
- ・楽音：楽器等の正弦波を基本音とする快い音
- ・騒音：自動車，工場等の騒々しくやかましい音

公害に関係する環境騒音としては，
- ・工場騒音
- ・建設工事音
- ・ピアノ，クーラ等の近隣騒音
- ・鉄道，航空機の騒音
- ・飲食店，遊技場等の騒音

表 5.3　自動車排出ガスの規制値（平成15年10月1日時点、新型車適用のもの）

自動車の種別		試験方法	CO（一酸化炭素）		HC（炭化水素）		NOx（窒素酸化物）		粒子状物質	ディーゼル黒煙
ガソリンまたは液化石油ガスを燃料とする自動車	二輪自動車	4サイクルの原動機を有するもの	二輪車モード 20.0g/km	アイドリング時 4.5%	二輪車モード 2.93g/km	アイドリング時 2,000ppm	二輪車モード 0.51g/km	アイドリング時 0.14g/km		
		2サイクルの原動機を有するもの	14.4g/km		5.26g/km	7,800ppm				
	試験方法 1	車両総重量が1.7トン以下または乗車定員10人以下の専ら乗用の用に供する普通自動車および小型自動車（側車付二輪自動車を含む）並びに乗用の用に供する軽自動車（側車付二輪自動車を含む）	10・15モード 1.27g/km	11モード 31.1g/km	10・15モード 0.17g/km	11モード 4.42g/km	10・15モード 0.17g/km	11モード 2.50g/テスト		
	試験方法 2	車両総重量が1.7トンを超え2.5トン以下の専ら乗用の用に供する普通自動車および小型自動車（第1号に掲げる自動車を除く）（側車付二輪自動車を含む）	3.36g/km	38.5g/テスト	0.17g/km	4.42g/テスト	0.25g/km	2.78g/テスト		
	試験方法 3	軽自動車（第1号に掲げる自動車および側車付二輪自動車を含む三輪自動車を除く）	5.11g/km	58.5g/テスト 注1	0.25g/km	6.40g/テスト 注1	0.25g/km	3.63g/テスト		
	試験方法 4	普通自動車または小型自動車（側車付二輪自動車を除く）であって第2号の自動車以外のもの	ガソリン・液化石油ガス13モード 26.0g/kWh		ガソリン・液化石油ガス13モード 0.99g/kWh		ガソリン・液化石油ガス13モード 2.03g/kWh			
軽油を燃料とする自動車	試験方法 1	車両総重量が1.7トン以下または乗車定員10人以下の専ら乗用の用に供する普通自動車および小型自動車	10・15モード 0.98g/km		10・15モード 0.24g/km		10・15モード 0.43g/km		10・15モード 0.11g/km	黒煙3モード 無負荷急加速時 25%以下
	試験方法 2	車両総重量が1.7トンを超え2.5トン以下の専ら乗用の用に供する普通自動車および小型自動車（第1号に掲げる自動車を除く）	0.98g/km		0.24g/km		0.68g/km		0.12g/km	25%以下
	試験方法 1	車両総重量が12トン以下の普通自動車および小型自動車	ディーゼル13モード 3.46g/kWh		ディーゼル13モード 1.47g/kWh		ディーゼル13モード 4.22g/kWh		ディーゼル13モード 0.35g/kWh	黒煙3モード 無負荷急加速時 25%以下
	試験方法 2	車両総重量が12トンを超える普通自動車とする自動車	9.20g/kWh		3.80g/kWh		5.80g/kWh		0.40g/kWh	25%以下

注1）……ガソリン、液化石油ガスを燃料とする軽自動車

自動車の種別	CO（一酸化炭素）	HC（炭化水素）
1　4サイクルの原動機を有する軽自動車（二輪自動車を除く）	2.0%	500ppm
2　2サイクルの原動機を有するもの（二輪自動車を除く）	4.5%	7,800ppm
3　第1号および第2号に掲げる自動車以外の自動車（二輪自動車を除く）	1.0%	300ppm

・自動車騒音

がある．

その中で自動車騒音としては，次のようなものがある．

・車外騒音：自動車の外で聞こえる公害に関する騒音で，法律の規制を受けるもの
・車内騒音：自動車車内で聞こえる騒音で，商品性およびライバル車との優位性に関係するもの
・自動車異音：異常に感じる不快な騒音で，商品性の評価項目の1つである．エンジン異音では，カムタペット音，ピストンスラップ音等がある

(1) 騒音の種類

エンジン騒音の種類には，以下のようなものがある．

● **燃焼騒音**　エンジンの燃焼によって，シリンダ内のガス圧力が急上昇し，エンジン各部が振動して発生する騒音．ディーゼルエンジンが主体で，ガソリンエンジンではさほど大きくはない．

● **機械騒音**　エンジン運動部分，ピストン，動弁系，ギヤ，チェーン等が他の部品と当たった時の衝撃，振動音で，特に高回転時には大きな割合を占める．

● **吸排気騒音**　吸気，排気に伴って発生する騒音で，空気吸入音，排気吐出音，エアクリーナ，マフラ放射音等である．特に，排気吐出音は，高温・高圧の燃焼ガスが出口で急激に膨張するため，騒音の中でも最大の音量となる．

● **冷却騒音**　冷却ファンの発生する騒音で，回転速度により騒音も上昇する．

(2) エンジン音発生メカニズム

騒音対策を行うには，その発生メカニズムと各音源の寄与率を調査し，最も寄与率の大きな音源に対策を施すのが効果的である．

エンジンの騒音源としては，シリンダ内のガスが燃焼する際の燃焼音とピストン，バルブ，ギヤ，ポンプ等から発生する機械音とがあり，これらが図5.11に

第5章　環境問題と対策

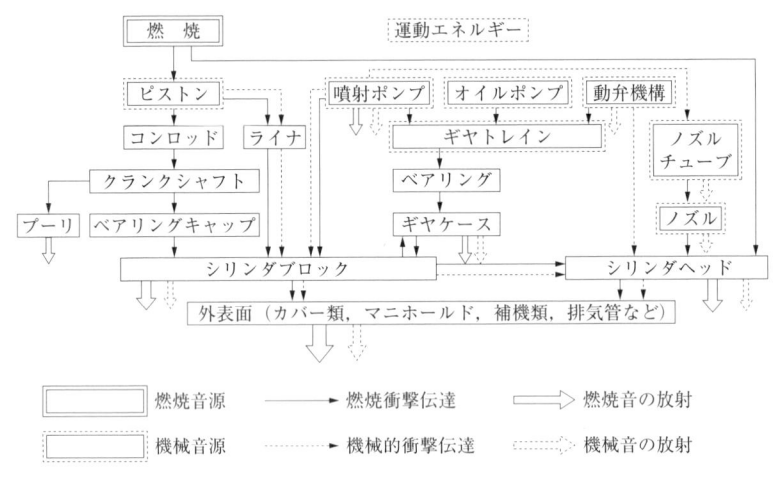

```
           ┌─────┐              ┌───────────┐
           │燃 焼│              │運動エネルギー│
           └──┬──┘              └─────┬─────┘
              │                       │
           ┌──┴──┐   ┌──────┐ ┌──────┐ ┌──────┐
           │ピストン│   │噴射ポンプ│ │オイルポンプ│ │動弁機構│
           └──┬──┘   └──┬───┘ └──┬───┘ └──┬───┘
              │          │        │        │
          ┌───┴──┐ ┌──┐ │     ┌──┴───┐   ┌──┴──┐
          │コンロッド│ │ライナ│ │     │ギヤトレイン│   │ノズル │
          └───┬──┘ └──┘ │     └──┬───┘   │チューブ│
              │          │     ┌──┴───┐   └──┬──┘
      ┌───────┴──────┐   │     │ベアリング│      │
      │ クランクシャフト │   │     └──┬───┘   ┌──┴──┐
      └───┬──────┬───┘   │     ┌──┴───┐   │ノズル │
          │      │       │     │ギヤケース│   └──┬──┘
       ┌──┴─┐ ┌─┴────────┐     └──┬───┘      │
       │プーリ│ │ベアリングキャップ│       │           │
       └────┘ └──┬───────┘       │           │
                 │                │           │
           ┌─────┴────────────────┴────┐ ┌────┴──────┐
           │      シリンダブロック       │ │シリンダヘッド│
           └─────────────┬────────────┘ └──────┬────┘
                         │                     │
                 ┌───────┴─────────────────────┴───────┐
                 │外表面 (カバー類, マニホールド, 補機類, 排気管など)│
                 └─────────────────────────────────────┘
```

　　□ 燃焼音源　　　→ 燃焼衝撃伝達　　　⇒ 燃焼音の放射
　　□ 機械音源　　　⋯→ 機械的衝撃伝達　　⋯⇒ 機械音の放射

図 5.11　エンジン騒音発生メカニズム

示すようにクランクシャフト，ベアリング，シリンダブロック，シリンダヘッド等に複雑に伝達されて，エンジン各部から放射される．

エンジン異音をさらに発生部位別に分類すると，表 5.4 のようになっている．

表 5.4　エンジンで発生する騒音（異音）

発生部位	異音の種類
クランクシャフト系	・メインジャーナル打音 ・ピンジャーナル打音
ピストン系	・ピストンスラップ音 ・ピストントップランド打音 ・カーボン堆積によるピストン打音 ・ピストンピン打音
動弁系	・タペット打音 ・カムシャフトスラスト打音
ベルト系	・タイミングベルトかみ合い音 ・タイミングベルト弦振動音 ・Vリブドベルトスリップ音

チェーン	・チェーンかみ合い音 ・チェーンばたつき音
ギヤ	・バックラッシュ音 ・かみ合い音
吸気系	・吸気系笛吹き音 ・エアサクション異音 ・ターボチャージャ異音
冷却系	・電動ファン音 ・メカニカルファン音
排気系	・開口部からの吐出音 ・パイプ振動による音
補機類	・コンプレッサ音 ・ポンプ類の脈動騒音

(3) 騒音の対策

(a) 音源別寄与率

騒音対策を行うには，前述したように音源別寄与率を求め，大きなものから進めるのが効率的であるが，これはエンジン，騒音レベルによっても異なる．

寄与率を求めるには，音源取り除き法あるいはマスキング法等により行われる．下表は，それらの結果の一例である．

表 5.5 音源別寄与率例（加速走行騒音）

音源 自動車の種類	エンジン	冷却系	排気系	吸気系	タイヤ その他
乗 用 車	46	14	8	14	18
大型トラック	30	17	26	5	22
二 輪 車	27	—	22	25	26

(b) 主要対策方法の留意点

● **燃焼音対策**　対策としては，燃焼圧力の低減が良いが，排出ガス，燃費，出力等との複雑な関連で決定されるものであるから，総合的な見地から行われる必

要がある．

- **機械音対策**　この問題については，
  ①クリアランスを縮小して，衝突エネルギーを小さくする
  ②運動部重量の減少による慣性力の低減
  ③シリンダブロック，ヘッド等の剛性向上による振動・振幅の低減を，各種振動解析および構造解析を駆使して重量とのバランスを考慮しながら，効果的に検討する（図5.12）
  ④振動伝達の遮断を有効に行うこと
- **エンジン回転速度の低速化**　単に回転速度の低速化のみであると出力の低下を招くので，シリンダ容積の増大，燃焼系の変更等を同時に行う必要がある．
- **遮蔽による方法**　これには，全体的な場合と部分的な場合とがあり，いずれの場合でも温度上昇，火災安全性，整備性等に関する問題もあるので検討が必要である．また，この場合，吸音材の利用も併せて考慮する．
- **冷却系騒音対策**　冷却ファンについては，ファン形状，ファンブレード枚数の増加等の変更により，風量を増加して，回転速度を低下させるのが有効である．また，ファンシュラウドレイアウトも検討すべきである．

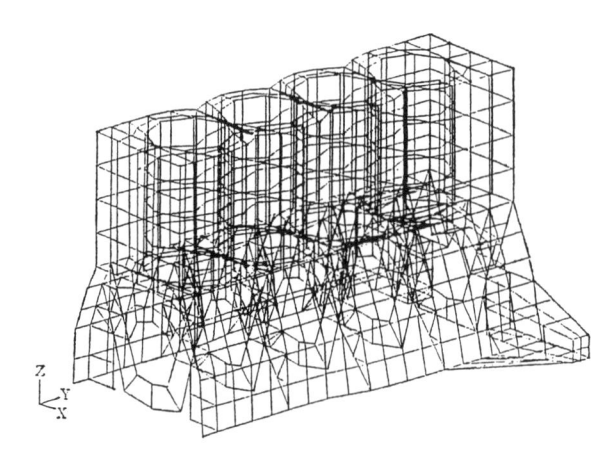

図 5.12　構造解析の一例（有限要素モデル）

(c) 具体的対策(キーワード)

ここでは，騒音対策例を項目として列挙することに留める．

● **エンジン本体**
- ・燃焼騒音　　　　　：特にディーゼルエンジン燃焼制御
- ・シリンダブロック：肉厚，リブ，ベアリングビーム，火打ち，トランスミッション結合剛性，遮音カバー等
- ・運動部分軽量化　：ピストン，コンロッド，動弁系等
- ・クランクシャフト：クランクピン太軸化，トーショナルダンパ
- ・カムシャフト　　：プロフィル最適化，クリアランス自動調整
- ・カバー類（ロッカカバー，オイルパン等）：
　　　　　　　　　防振，剛性向上，制振鋼板，アルミニウム
- ・コンピュータによる最適設計
- ・エンジン回転速度低減

● **吸排気騒音**
- ・エアクリーナ　：形状，取り付け位置，エアホーン長さ，放射音
- ・排気管，マフラ：排気管2重構造，フレキシブルパイプ，マフラ構造

　冷却騒音
- ・冷却ファン　：形状，枚数，不等ピッチ，回転速度，電動ファン，ファンクラッチ
- ・シュラウド

● **車内騒音**
- ・エンジン振動の低減
- ・エンジンマウントの最適化
- ・マウント系振動遮断（ゴムマウント，液体マウント等）

● **エンジン異音**　これまでに述べた騒音以外に，必ずしも公害ではないが，エンジンによって発生する不快な音，異常に感じる音を「エンジン異音」として改善し，商品性を向上する必要がある．それらの数例を説明する．

①冷間時ピストンスラップ音

　この音は，寒冷時のエンジン始動直後に発生しやすい．理由は，ピストンとシリンダボアの熱膨張率が異なり，冷間時の方がクリアランスが大きくなるためであり，ピストンとシリンダが衝突し音が発生する．対策としては，ピストンピンをオフセットするとこの衝突力はスカート下部で緩衝され，改善される．

②ピストントップランド打音

　この音は，スラップ音よりもエンジン回転速度が高く，エンジン負荷の低い運転条件で発生する場合が多い．この音もピストンオフセット等，ピストン諸元の影響が大きい．

③カーボン堆積によるピストン打音

　燃焼室内にカーボンが堆積し，ピストンと干渉して打音が発生するケースである．冷間時に発生するのは，これもピストンクリアランスが大きくなり，ピストン挙動が大きくなって干渉が起こりやすくなるためである．対策としては，ピストン頂部クリアランスの最適化，ピストン諸元改善，カーボンの堆積の減少等である．

④クランクシャフトメインジャーナル異音

　クランクシャフトメインジャーナルとベアリングの衝突により発生する．その要因の1つは，タイミングベルトや補機系駆動ベルトの張力によりクランク先端が持ち上げられるためで，メインジャーナルの下部クリアランスが大きくなった状態で爆発荷重がかかり，発生するものである．対策は，クランクシャフト剛性の向上，メインジャーナルとクリアランスの最適化，ベルト張力の最適化，クランクプーリへのダイナミックダンパの設置等である．

⑤タイミングベルト弦振動音

　ベルトの弦共振周波数とベルトのかみ合い次数の一致によるものである．対策としては，ベルトの共振周波数を常用域から外す必要があり，スパン長さ，張力を適合させる．

⑥タイミングベルトのかみ合い音

　高回転域で発生するヒューン音で，クランクプーリとタイミングベルトのかみ

合い部から発生する．両者の摩擦性状の変更が良い．

⑦吸気系打音（ランブリングノイズ）

　吸気系内の定圧波モードの影響による．サージタンクへのマニホールド接続方法，サージタンク形状の改善，吸気レゾネータの採用等を検討する．

⑧吸気系エアサクション異音

　排気脈動を利用した2次空気導入システムの，リードバルブの共振周波数と排気脈動周波数の一致のために起こる．リードバルブ共振周波数の適合，吸気レゾネータの設置等で改善する．

⑨ターボチャージャのヒューン音

　ロータのアンバランスにより，ロータ回転1次周波数で発生する．ロータのバランス精度改善，排気系の構造共振周波数の上昇等を考慮する．

⑩ターボチャージャのサージング音

　スロットルバルブ開→閉時の吸気系異音，過給吸気がスロットルバルブからUターンした時の騒音で，ウェイストゲートバルブ開弁圧の適合を検討する．

(4) 騒音規制法

(a) 自動車交通による環境騒音

　自動車交通による環境騒音は，次図のような構成になっている．

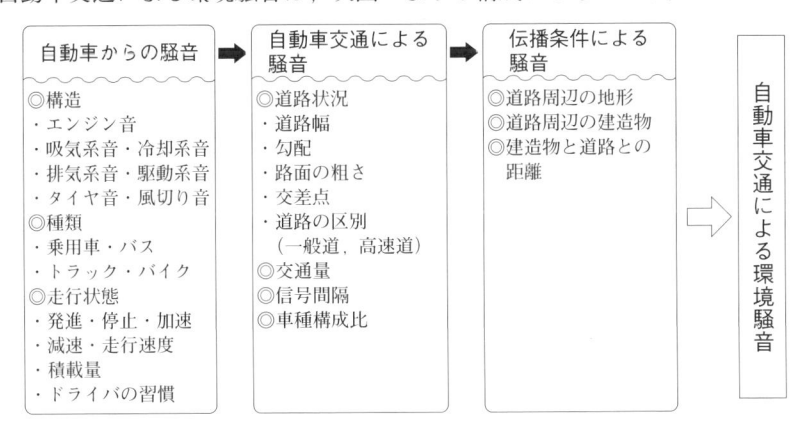

図 5.13　自動車交通による環境騒音

(b) **規制における騒音測定**

　法令による自動車騒音測定の種類には，定常走行騒音，近接排気騒音，加速走行騒音があり，それぞれ測定法が決められている．詳細は第9章に譲るとして，ここでは簡単にポイントのみを説明する．

● **定常走行騒音**　　平坦な舗装路面を，エンジン最高出力時回転速度の60％の走行速度で，7m離れた時の騒音を測定する．

● **近接排気騒音**　　エンジン最高出力時回転速度の75％の回転速度で，無負荷運転の状態からスロットルバルブを全閉とし，排気管開口部から0.5mの距離で測定する．

● **加速走行騒音**　　平坦な舗装路面をエンジン最高出力時回転速度の75％で走行し，その状態からスロットルバルブ全開加速を行い，加速区間20mでの最大騒音を測定する．

(c) **騒音規制値**

　自動車騒音は，道路運送車両法の保安基準により，その大きさが表5.6のように定められており，その数値を超えてはならないことになっている．

表5.6　騒音規制値（道路運送車両法の保安基準第30条）

(単位：ホン)

自動車の種別		定常走行騒音	近接排気騒音	加速走行騒音
2輪自動車（側車付2輪自動車を含む）		85 (74)	99	(75)
乗車定員10人以下の乗用車		85 (70)	103	(78)
大型特殊自動車および小型特殊自動車		85	110	
上記以外の自動車	車両総重量が3.5トン以下の自動車	85 (74)	103	(78)
	車両総重量が3.5トンを超え，エンジン最高出力が200馬力以下の自動車	85 (78)	105	(83)
	車両総重量が3.5トンを超え，エンジン最高出力が200馬力を超える自動車	85 (80)	107	(83)

※（　）内は新車の完成検査時に適用．

第6章　センサとアクチュエータ

6・1　概説

近年，一層厳しさを増す燃費，排気エミッションおよびドライバビリティへの要求に対し，熱効率や燃焼自体の改善を目的としたエンジントータルシステムの開発が行われており，これらを達成するためには，エンジン本体の改善と共に新たな制御システムの構築が必要である．

これらの命題を解く一手段として，従来個別に制御してきた各要素の総合的制御が必要で，これはエレクトロニクス（コンピュータ）の実用化によって可能であり，その場合に不可欠なものがセンサ，アクチュエータである．

すなわち，このシステムが成立するためには，エンジンの状態を正確に把握するセンサ，計算に必要なプログラム，データを記憶するメモリ，これらの情報により最適状態を見出すコンピュータ，それにエンジンを直接制御するアクチュエータが必要である．さらに，システム構成部品故障診断，故障時安全保護策等も追加される．

本章では，その中のセンサとアクチュエータについて述べることとする．

6・2　自動車センサおよびアクチュエータに必要な条件

(a) センサ
・小型，軽量，安価であること
・温度特性に優れていること
・耐振性に優れていること

- いかなるアクチュエータにも使用可能なこと（拡張性，フレキシビリティ）
- 経年変化のない安定性を有すること（長寿命，耐久性）
- 応答性の良いこと
- 温度，腐食，塵埃，湿度等に強いこと
- 精度，再現性，信頼性に優れていること
- 出力レベルの大きいこと
- センサ信号の共用，加工が可能なこと

(b) アクチュエータ ─────────────
- 小型，軽量，安価なこと
- 耐振性に優れていること
- 長寿命であること（耐久性）
- 応答性の良いこと
- 温度，耐候性，耐薬品性に強いこと
- 精度，再現性，信頼性，ヒステリシス等に優れていること
- 出力荷重が大きく，余裕のあること
- ストロークを大きくとれること（小パワーで動くこと）
- ダイナミックレンジが大きいこと
- 故障モードがシステム中，安全側に起きること

6・3　各種センサとアクチュエータ

(1)　システム構成 ─────────────

　構成の概略を図6.1に示す．制御ユニット（コンピュータ部分）としては，ハードウェアとして，マイクロコンピュータ（CPU），記憶装置（RAM，ROM），入出力処理回路で構成されている．ソフトウェアとしては，記憶装置の中に制御プログラムと最適制御マップが収められている．
　センサの入力信号に応じて制御プログラムが作動し，エンジン制御変数の最適設定値を制御マップから読み出し，アクチュエータに出力することにより最適制

6・3 各種センサとアクチュエータ

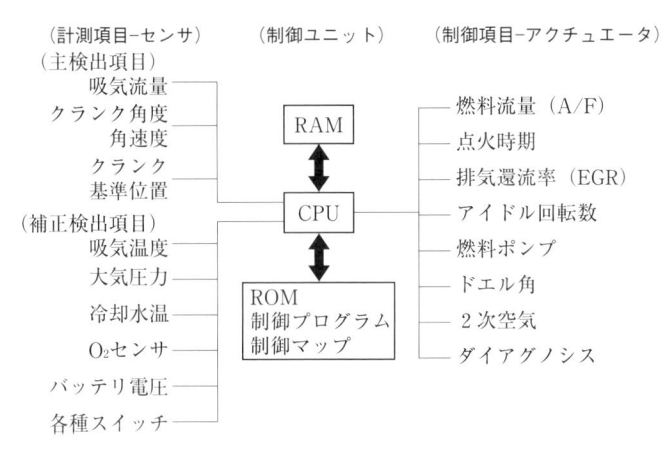

```
(計測項目-センサ)      (制御ユニット)      (制御項目-アクチュエータ)
(主検出項目)
    吸気流量 ─┐
  クランク角度 ─┤          ┌─────┐         ┌─ 燃料流量（A/F）
    角速度 ─┤          │ RAM │         ├─ 点火時期
    クランク ─┤          └──┬──┘         ├─ 排気還流率（EGR）
    基準位置 ─┤             ↕            ├─ アイドル回転数
(補正検出項目)          ┌──┴──┐         ├─ 燃料ポンプ
    吸気温度 ─┤          │ CPU │─────────┼─ ドエル角
    大気圧力 ─┤          └──┬──┘         ├─ 2次空気
    冷却水温 ─┤             ↕            └─ ダイアグノシス
    O₂センサ ─┤          ┌──┴──┐
   バッテリ電圧 ─┤          │ ROM │
   各種スイッチ ─┘          │制御プログラム│
                        │制御マップ  │
                        └─────┘
```

図 6.1 制御システムの構成

御される．

本構成中，センサおよびアクチュエータがハード部分としては主要であるので以下に簡単に説明する．

(2) センサ

表 6.1 に主要なエンジン制御用センサを示す．センサには，主検出項目と補正検出項目があり，前者では吸入空気量，クランク位置等があり，後者では大気条件，エンジン運転状態を検出するセンサがある．

各種センサは，単独あるいは組み合わせ情報からきめ細かくエンジンの状態を判断し，制御を行う．さらに，センサ自身がより高度な信号処理を負担し，自己診断，自動較正，データ記憶，複合情報の提供等センサの集積化，多機能化によるインテリジェント化も進みつつある．

表 6.1　エンジン制御用センサ

測定項目	適用センサ
吸入空気量	メジャリングプレート式，カルマン渦式，ホットワイヤ式，ダイヤフラム式，
吸気管圧力	半導体圧力センサ，ベローズ式
燃焼室圧力	圧電型センサ，ストレンゲージ型センサ
大気圧	半導体圧力センサ，ベローズ式
クランク位置，カム位置	電磁式ピックアップ，光電式ピックアップ
エンジン回転速度	電磁式ピックアップ，光電式ピックアップ
スロットル開度	ポテンショメータ
温度	サーミスタ，熱電対，バイメタル
燃料流量	噴射弁パルス巾，回転ボール型
空燃比	ZrO_2系O_2センサ，TiO_2系O_2センサ SnO_2薄膜NOxセンサ
ノッキング	磁歪式，圧電素子式

(3) アクチュエータ

アクチュエータは，制御システムの手足に当たるものであり，エンジン関係では，燃料系統，点火系統，EGR，アイドル時吸入空気量制御等である（表 6.2）．

表 6.2　エンジン制御用アクチュエータ

制御対象	制　御　法
燃料噴射弁	電磁ソレノイド－燃料制御
点火時期	フルトランジスタ点火装置
EGR	電磁ソレノイド－圧力・流量制御
アイドル吸気量	電磁ソレノイド－圧力・流量制御
2次空気量	電磁ソレノイド－圧力・流量制御
スロットル位置	ステップモータ、電磁ソレノイド
燃料蒸発ガス捕集装置	電磁ソレノイド

第7章　エンジン用油脂

7・1　概説

　ガソリン，軽油，エンジンオイルを中心とするエンジン用油脂も，現在自動車に求められている環境改善，省エネルギーをサポートするものとして技術開発が求められている．燃料電池による自動車の駆動は，これまでのエンジン燃料体系を大幅に変化させる可能性を秘めており，いわゆる代替燃料の開発と併せ，それらの技術が進展しつつある．

　また，潤滑油についても上記命題とは大いに関係があり，低エミッション性，排気システムの被毒抑制，省燃費性，ロングライフ化等を中心に開発が行われている．さらに本章では，エンジンをサポートする部品としてエンジン冷却水も含めて説明する．

7・2　燃料

(1)　ガソリン

(a)　要件

　一般にガソリンエンジンの燃料として要求される性能としては，

- アンチノック性
- 適度な揮発性（寒冷時始動性と高温時耐ベーパロック性）
- 揮発しにくい重質物を多量に含まないこと（堆積物生成，オイル希釈の抑制）
- 貯蔵安定性（貯蔵中のガム質生成の抑制）
- 耐腐食性
- 清浄性（PCVバルブ，EGRの詰まり）

・有害排出ガスの原因にならないこと
・排気ガス後処理装置に対する被毒抑制
等がある．

(b) 製法

石油系液体燃料は，原油を蒸留して適当な沸点範囲の留分を採取し，それを精製して製造する．

原油は，原油蒸留装置によって，その成分の沸点または揮発度の差を利用して分離し，LPG，ガソリン，灯油，軽油および残渣油に分けられる．

ガソリンの製法については，**蒸留法**と**分解法**があり，蒸留法は原油の蒸留により，分解法は軽油や重油等の加熱分解または触媒を使っての接触分解によるもので，前者を**直留ガソリン**，後者を**分解ガソリン**という．その他，天然ガスに伴って噴出したものから分留した**天然ガスガソリン**，重質ナフサを高温，高圧下で水素と共に触媒と接触させ，炭化水素の構造を変えて作った**改質ガソリン**がある．

市販ガソリンは，分解ガソリン，改質ガソリンを主体に直留ガソリンや天然ガスガソリンを適切に調合したものである．

なお，図7.1に，代表的な石油精製工程の概略を示した．

(c) 特性

● **一般的特性**　表7.1に，ガソリンの一般的特性について列記する．また，ここに軽油，LPGについても併記する．

・高発熱量：燃焼ガスに水蒸気が含まれている時，これが冷却され凝縮すると凝縮熱を放出するので，それを含めた発熱量
・低発熱量：実際のエンジンでは，水蒸気は燃焼ガスと共に放出され凝縮熱は利用されないので，それを含まない熱量．エンジン関係の計算には低発熱量を利用

● **蒸留特性**　ガソリンの揮発性の良否を示す特性であり，その製造にも燃料性能にも影響する重要な性状の1つである．

本特性を調べるには，**ASTM蒸留法**と**平衡空気蒸留法**がある．前者の蒸留装置を図7.2に示す．燃料を加熱し温度が10K上昇するごとに留出量を測定し，

7・2 燃料

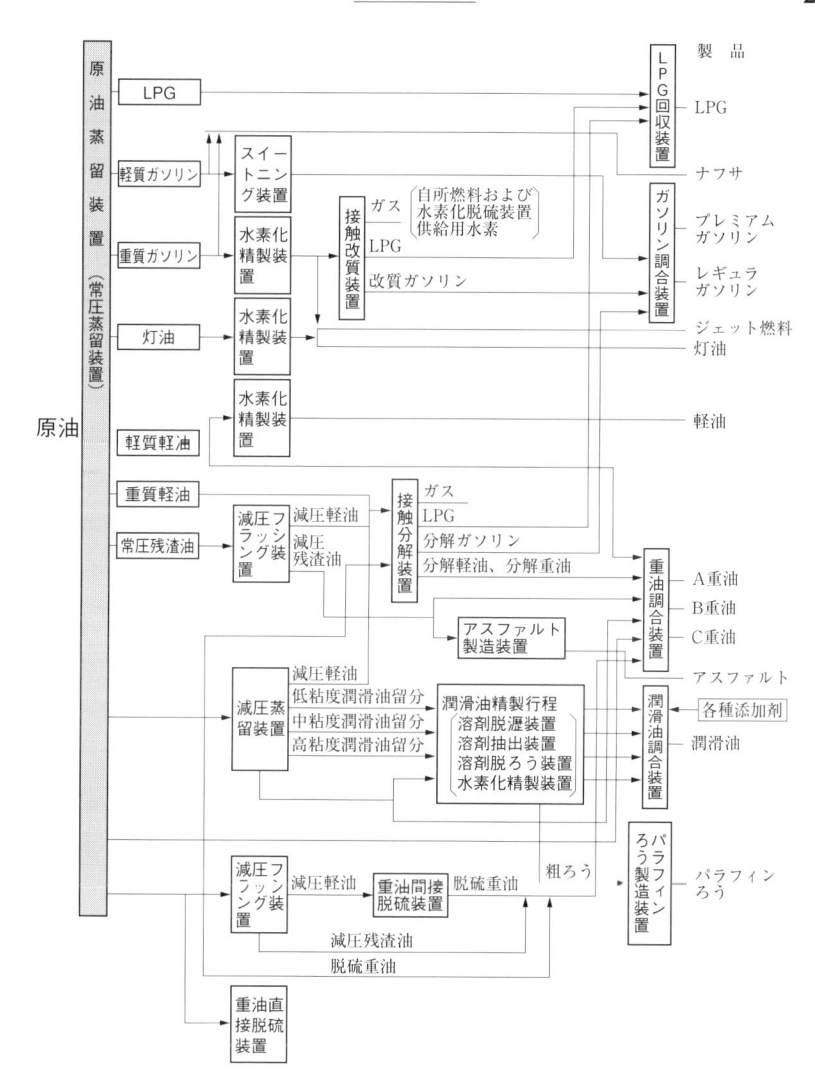

図 7.1 石油精製工程の概略

表7.1 燃料の一般的特性

特　性	ガソリン	軽　油	LPG
比　重	0.72〜0.77	0.80〜0.90	液　0.50〜0.63 ガス 1.45〜2.07
低発熱量〔kJ/kg〕	43500〜44400	42300〜44000	46050前後
引火点（〔℃〕、裸火、火種あり）	-35〜-46	45〜80	プロパン -104.4 ブタン -82.7〜-73.8
着火点（発火点）（〔℃〕、火種なし）	約500	約350	440〜540
オクタン価　1号 　　　　　　2号	96< 89<	—	94〜100

(注) 燃料の発熱量：1 kgの燃料を燃焼させた時に発生する熱量〔kJ/kg〕.

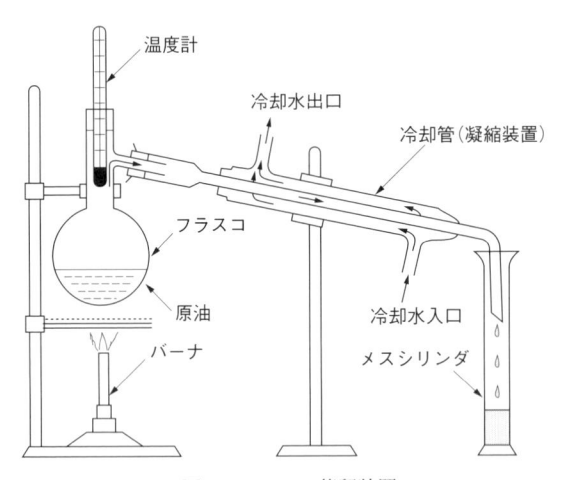

図7.2 ASTM蒸留装置

ASTM蒸留曲線を求める（図7.3）.

ここで，蒸留液が最初にメスシリンダに留出した時の温度を初留点，全燃料の10％が留出した時の温度を **ASTM10％点** という．

蒸留特性については，

・10％留出温度：低いと気化しやすく始動性には良好であるが，ベーパロッ

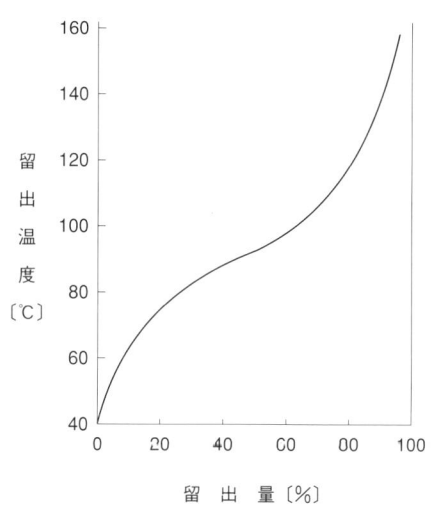

図7.3 ASTM 蒸留曲線

　　　　　　ク，パーコレーションが発生しやすくなる
・50 %留出温度：低いと加速性が良好になる
・90 %留出温度：高いと混合気の気化が悪く，エンジンオイルの燃料希釈が
　　　　　　　　多くなる

したがって，揮発性は適度なものが良い．

(d) アンチノック性 ────────

　ガソリンエンジンにおいてはノッキングを抑制することが重要で，ガソリンのアンチノック性を表す尺度を**オクタン価**といい，オクタン価が高いほどノッキングを起こしにくいガソリンとなっている．

　その決定方法としては，アンチノック性の高いイソオクタンと低いノルマルヘプタンを任意に混合した標準燃料と試料燃料のアンチノック性を CFR エンジンを用いて比較し，試料燃料と同じアンチノック性を示す標準燃料中のイソオクタンの容積割合をオクタン価とするものである．CFR エンジンとは，米国協同燃料研究指導委員会（Cooperative Fuel Research Committee）設計の，試験用圧縮比可変水冷4サイクル単筒エンジンである．

なお，100オクタン以上の場合には，四アルキル鉛を添加し標準燃料としている．現在市販されているガソリンの大部分を占める自動車用には，JIS 1 級（プレミアム級，オクタン価96以上），JIS 2 級（レギュラ級，オクタン価89以上）の2種類がある．

オクタン価測定法には**リサーチ法**と**モータ法**があり，それぞれの運転条件を表7.2に示す．表7.2のように，モータ法の方が，エンジン回転速度および温度条件が高く苛酷である．リサーチ法オクタン価（RON）は低速運転時，モータ法オクタン価（MON）は高速運転時における耐ノック性を表している．

さらに，実際の自動車で燃料を使用した時のオクタン価を，**走行オクタン価**（ロードオクタン価）といい，測定法としては**修正ユニオンタウン法**と**修正ボーダライン法**がある．前者は，アイドリング時の点火時期設定を変えることにより走行中にノッキングを起こさせ，標準燃料と比較してオクタン価を求める．後者は，走行中に手動で点火時期を変え，オクタン価を求める．

表7.2 オクタン価の測定条件（JIS K 2280）

試 験 条 件		リサーチ法 (RON)	モータ法 (MON)
エンジン回転速度	$[\text{min}^{-1}]$	600±6	900±9
吸入空気湿度　g(H_2O)/kg（乾燥空気）		3.56〜7.12	←
混合気温度	[℃]	—	149±1.1
潤滑油温度	[℃]	57±8.5	←
潤滑油圧力	[kgf/cm²]	1.8〜2.1	←
冷却液温度	[℃]	100±1.5	←
冷却液の温度変化	[℃]	±0.5以内	←
点火時期	[°BTDC]	13.0	圧縮比により 自動調整
燃料空気比		最高ノック強度に 調整	←

※試験用機関：CFRエンジン（圧縮比可変水冷4サイクル単筒）
　圧縮比：4〜18，標準シリンダ内径：83mm，行程：114mm，排気量：612cc

(e) 揮発性

ガソリンの揮発性は蒸留特性によって評価されるが、実用性能との間には以下のような関係がある（図7.4）．

● **ベーパロックおよびパーコレーション**　ベーパロックとは、ガソリンが燃料系統で多量に蒸発して混合気が希薄になることによりアイドル不調あるいは加速不良を起こし、ついにはエンジン停止に至る現象である．また、一時に多量の蒸気が発生し、ガソリンがあふれ出て混合気が過濃となり、始動不良あるいはエンスト等を起こすことを**パーコレーション**という．

● **低温始動性**　低温始動性は、蒸気圧の高いほど、10％点の低いほど良好になる．

● **暖機性**　エンジンの暖機性には、90％点の低いことも有効であるとする結果が報じられている．

● **気化器氷結（アイシング）**　最近は気化器の利用が少なくなっているが、ガソリンの気化潜熱により気化器の温度が低下し、吸気中の水分が気化器内部のスロットルバルブ等に氷結してエンジンが不調になる現象である．燃料の性状としては、50％点の影響が大きい．対策としては吸気加熱が効果的で、排気対策の手段とも同方向であり、問題は少なくなっている．

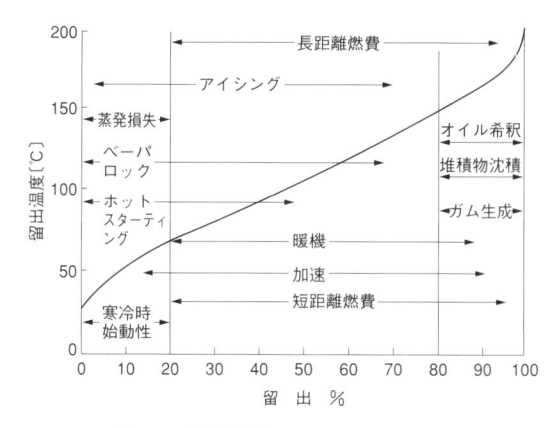

図 7.4　蒸留特性と実用性能の関係 [12]

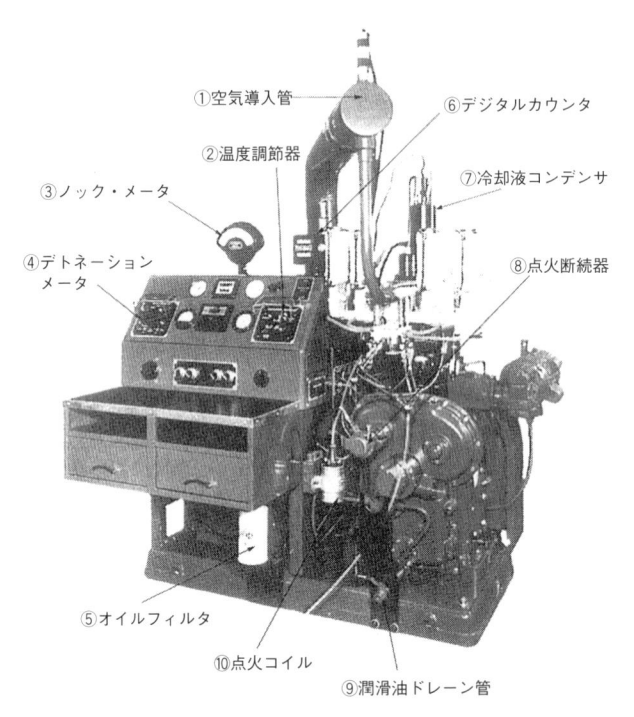

図7.5 CFRエンジン試験装置

① 空気導入管
② 温度調節器
③ ノック・メータ
④ デトネーションメータ
⑤ オイルフィルタ
⑥ デジタルカウンタ
⑦ 冷却液コンデンサ
⑧ 点火断続器
⑨ 潤滑油ドレーン管
⑩ 点火コイル

● 排出ガス　揮発性と排出ガスの関係については，下記のようなものがあり，それぞれ対策が進められている．

・燃料蒸発ガス防止装置の設置
・ガソリン気化分配の改善，触媒系の暖機促進等によるコールドスタート時のCO，HC低減

(f) その他 ─────

● 低硫黄化と無鉛化　燃料中の硫黄濃度が高いと，触媒再生のためのリッチスパイクの頻度が多くなり，燃費改善効果が小さくなる．したがって，さらなる硫黄分の低減が求められている．また，無鉛化については，触媒の鉛被毒の問題で既に対応済である．

● その他の性状
 ・銅板腐食：ガソリンによる腐食性を表し，硫黄の存在の度合いを表す
 ・蒸気圧　：揮発性を表すもので，高いとベーパロック，低いと始動不良を起こしやすい．また，貯蔵時，運搬時に蒸発しやすく，危険度が高い
 ・実在ガム：ガソリンが揮発した時に残る粘着性ガム状物質である．これは，吸気マニホールド等への沈着物の生成および吸気バルブ膠着（スティック）の原因となる
 ・色　　　：灯油等との識別のため，オレンジ色に着色している

ガソリン用添加剤を表7.3に示すが，燃料の組成，使用状況，気象条件により，使い分けられている．

表7.3　主要な添加剤とその働き

添加剤	働き
酸化防止剤	ガソリン成分が酸素と結合してガム状物質，腐食性酸化物質を生じることを防止する．
清浄剤	燃焼室，インジェクタ，燃料タンク，気化器，吸気マニホールド等への堆積物の清浄化，吸気バルブスティック防止．
氷結防止剤	ガソリンが蒸発熱を奪い，アイシングを発生することを防止する．
金属不活性剤	ガソリンには金属イオンが微量含まれているので，不活性化してガソリンの貯蔵安定性を向上させる．
堆積物改質剤	燃焼室内表面着火，点火プラグ汚染の防止．
腐食防止剤	燃料系統金属の腐食防止．
染料	自動車ガソリンとしての識別．

(2) 軽油

(a) 要件

 ・高速ディーゼルエンジンに必要な着火性（セタン価，ディーゼル指数の大きいこと）
 ・良好な噴霧形成特性があること
 ・良好な燃焼，始動性，暖機性確保のための，適度な揮発性と蒸留性状がある

こと
- 低温始動性，運転性確保のために必要な低温流動性，低温ろ過性を有すること
- 燃焼室堆積物および排気黒煙を生成しないこと
- 芳香族成分の少ないこと（対 NOx, PM）
- 低硫黄性（後処理装置の劣化，エンジン腐食摩耗，研削摩耗防止）
- EGR 導入によるエンジン部品腐食防止
- 燃料ポンプの摩耗防止に必要な適度な粘度と潤滑性
- 燃料ポンプ等の錆，摩耗，固着防止のため，灰分，水分，夾雑物等が少ないこと
- 貯蔵と取り扱い安全のため，引火点が高く，毒性がなく，酸化，劣化しないこと

(b) 製法

軽油は，原油を常圧蒸留装置により直接分留したものが大部分で，必要に応じて，水素化精製装置により硫黄等の不純物を除去したものが用いられている（図 7.1 参照）．

(c) 特性

● **一般的特性**　表 7.1 を参照．
● **蒸留特性**　蒸留特性は，主として高速ディーゼルエンジンにおいて重要な役割を果たし，特に寒冷時の始動性，暖機性，白煙発生等に影響する．
　特に，90％留出温度が高いと黒煙が発生しやすく，エンジンオイル汚損，カーボン付着が多い．
● **セタン価**　セタン価は着火性を表す指標であり，ディーゼル指数と共に用いられている．
　セタン価は，手間と精度上の問題で測定が困難であるので，物理的性状，比重，50％留出温度からセタン指数を求めて使用するか，あるいはセタン指数—セタン価の相関関係を用い，セタン価を求める．
　セタン価の測定には CFR エンジンを用いるが，これは単気筒圧縮点火エンジ

ンで，運転中に圧縮比を変えることができるようになっている．

まず，供試燃料によりテストエンジンを運転し，上死点前一定時期（13°BTDC）に燃料を噴射し，上死点で発火する圧縮比を求める．次いで，ノルマルセタンとヘプタメチルノナンとの混合物である標準燃料を用いて，混合割合を変えながらテストエンジンを運転する．供試燃料と同一圧縮比で同様の発火が生じる時の，標準燃料中の両成分の体積割合を求め次式で決定する．

$$セタン価 = ノルマルセタン（\%）+ 0.15 ヘプタメチルノナン（\%）$$

軽油のセタン価は 50～60 の範囲にあるが，90％以上が残渣油である C 重油のセタン価は 25 程度である．

図 7.6 は，セタン指数を求めるグラフの一例で，比重 0.859，50％留出温度 288 ℃ の場合の求め方を示したものである．

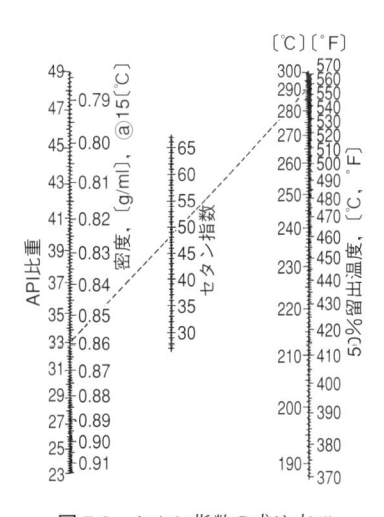

図 7.6 セタン指数の求め方 [13]

(d) 軽油の添加剤

● **セタン価向上剤** 硝酸エステルにその向上効果が認められており，工業化されている．

- **排気煙低減剤** 油溶性のバリウム塩やバリウム炭酸塩のコロイド状分散剤に低減効果が認められているが，エンジン型式，運転条件，整備状況でケースバイケースであることと，硫酸バリウム微粒子の影響が不明であり，留意する必要がある．
- **低温流動性向上剤** 低温において析出したワックスが成長して軽油の凝固を防止し，流動性を維持するものと，析出ワックスを微細な状態に保つものとがある．一例として，前者にはポリメタアクリレート，後者にはエチレン硝酸ビニール系ポリマ等がある．
- **清浄分散剤，酸化防止剤** 長期間貯蔵でのスラッジの生成を防止し，燃料噴射ノズルへのカーボンデポジットの付着を防ぐ添加剤で，安定性に問題のある熱分解軽油留分に添加されることもある．
- **その他** 貯蔵タンク底に蓄積した水と燃料の界面にかびが繁殖することを防止する防かび剤，金属表面の錆の生成を防ぐ防錆剤等がある．

(3) LPG（液化石油ガス，LPガス）

常温で加圧すると，容易に液化する炭化水素である．

LPGの主要成分は，炭素数3および4の炭化水素すなわちプロパン，プロピレン，ブタン等であるが，その他の炭化水素を少量含むこともある．

LPGは，軽質炭化水素の混合物を液化したもので，精製工程で図7.1に示した通り，製油所精製工程中に発生するガスおよび天然ガスである．また，燃料タンクに高圧容器を用いる必要があり，高圧ガス取締法の適用を受けるので，ボンベおよび付属品の修理，検査は指定工場の有資格者により行われる．

実用性能に関しては，以下のようになる．
- **アンチノック性** プロパンのリサーチ法オクタン価は110以上，ブタン主体の市販LPGでも100近い値を示す．
- **加速性および燃料消費率** ガソリンと比較した場合，エンジン出力は通常3〜10％程度低下し，燃料消費率は通常5〜10％程度良くなるといわれている．
- **始動性** 冬季寒冷地においては，ブタン主体のLPGの場合，始動性が低下

する傾向が見られるため，プロパン等比較的気化しやすい成分を増量したものが使われる．
● **排気ガス**　LPG は混合気が均一化されやすいので，CO，HC はガソリンよりも少なくなるが，NOx は同等か高くなるともいわれている．しかし，排気ガス中の有害物質の発生過程は一般的にガソリンエンジンと同じであるので，同一の対策を考えれば良い．
● **その他**　LPG は減圧されると気化し空気中に拡散するが，空気より重いので下方に澱みやすく，混合比によっては何らかの火花によって引火爆発するようになるので，現在の LPG には漏れを感知できるように着臭してある．

7・3　潤滑油

(a) 概説

● **分類**　潤滑剤を分類すると，図 7.7 のように潤滑油，グリース，固体潤滑剤に分けられる．エンジン用としては，エンジンオイル，グリースが主に用いられている．

● **エンジンオイルの働き**　エンジンオイルの働きには，主に次のようなものがある．

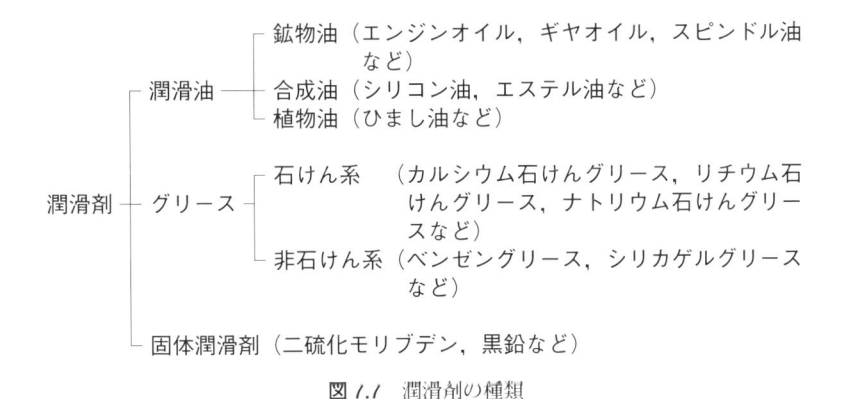

```
                ┌─ 鉱物油（エンジンオイル，ギヤオイル，スピンドル油
                │         など）
        ┌ 潤滑油 ┼─ 合成油（シリコン油，エステル油など）
        │       └─ 植物油（ひまし油など）
        │
        │       ┌─ 石けん系　（カルシウム石けんグリース，リチウム石
潤滑剤 ─┼ グリース┤             けんグリース，ナトリウム石けんグリー
        │       │             スなど）
        │       └─ 非石けん系（ベンゼングリース，シリカゲルグリース
        │                     など）
        │
        └ 固体潤滑剤（二硫化モリブデン，黒鉛など）
```

図 7.7　潤滑剤の種類

- 潤滑作用　　：あらゆる摺動条件に対応して適切な潤滑作用を行うこと
- 劣化防止作用：酸化や汚損等によるエンジンオイル自身の劣化を防止，あるいは劣化による害を防ぐこと
- 副次的作用　：エンジンオイルに関連して起こり得るエンジン性能低下を防ぐこと（要求オクタン価増加，表面着火，触媒・O_2センサ劣化等）

(b) 製法

図7.1に示したように常圧で蒸留し，ガソリン，灯油等の軽質分を取り除いた後の常圧残渣油を減圧蒸留して，潤滑油を取り出す．しかし，この中には不純物が多く含まれているので，精製する必要がある．これらが使用目的に応じてそれぞれの特性を持つように，種々の添加剤を加えて製品化する．

(c) 特性

エンジンオイルの一般的特性とは，比重，粘度，油性，引火点，流動点，全酸価，全塩基価，残留炭素，硫酸灰，泡立ち性等である．これらの各項目は，JIS規格やASTMで規定されている．以下に主要な特性について説明する．

● **粘度**　　粘度とは，液体の流動性の程度を示す尺度で，ある一定量の流体が細

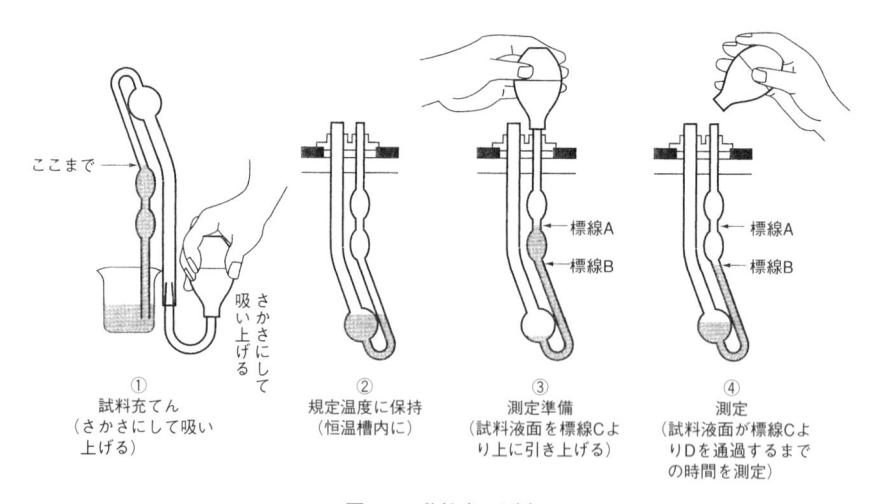

図7.8　動粘度の測定

7・3 潤滑油

管または小孔を通って流れ落ちる時間で表示する．わが国の測定方法は，粘度をその流体の同一状態（温度，圧力）における密度で除した**動粘度**で表す．これは，流体の重力作用で流動する時の抵抗値であり，単位は平方ミリメートル毎秒 $[mm^2/s]$ あるいはセンチストークス $[cSt]$ で併用可能としている．要求特性としては，高すぎると粘性抵抗が大きくなって動力損失，燃料消費が増大し，また低温始動性が不良となる．低すぎると油膜が切れやすくなって潤滑作用が不足し，油消費量が増加するので，適性な粘度が必要である．

● **粘度指数** 　粘度と温度との関係を表す数値で，大きいほど温度による粘度変化が小さいことを示し，低温始動性，摩擦損失が良好となる．40℃および100℃における動粘度をもとに，計算によって求める．図7.9に粘度指数の考え方を示したが，①の方が粘度指数が大きく良好ということになる．

● **油性** 　油性とは，摩擦係数に影響を及ぼす粘度以外の要因や強い油膜を作る性質の総称で，境界潤滑状態における静止摩擦係数，油膜強さ，表面張力および金属表面の油分子の配列状態等で構成されている．特性としては，油性の良いことが必要である．

● **流動点** 　流動点とは，低温における潤滑油の流動性の尺度である．試験方法

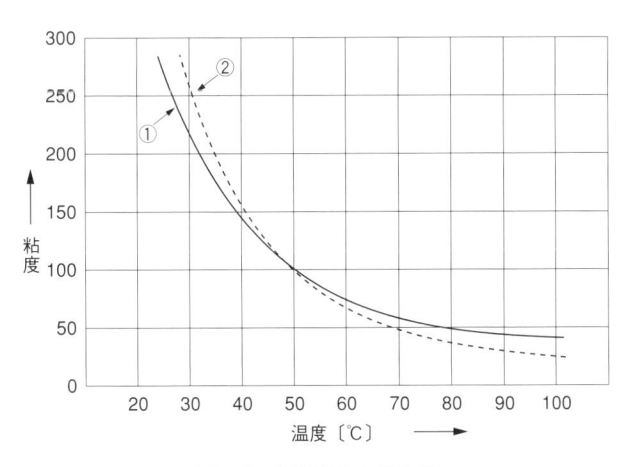

図7.9 粘度指数の考え方

は，試験管内の試料を 45 ℃に加温後冷却し，試料温度が 2.5 ℃下がるごとに試料が動かなくなった時の温度を求め，この値に 2.5 ℃を加えた値を流動点としている．極低温においても流動性のあることが必要である．

● その他の必要な特性

　・化学的に中性で金属面を保護し，酸化腐食の少ないこと
　・気泡を生じにくいこと
　・耐摩耗性が良いこと
　・清浄性が良いこと

(d) エンジンオイルの分類

● 粘度による分類　　エンジンオイルは，エンジンの種類，環境条件により適切な粘度を選ぶ必要がある．粘度分類には種々あるが，SAE（Society of Automotive Engineers：アメリカ自動車技術者協会）粘度分類が広く用いられている．

表 7.4 においては，粘度番号が大きくなると粘度が高くなる．また，番号に付けた W は，冬季用または寒冷地用を表す．

しかし，1 種類の粘度番号のオイルではすべての条件の潤滑をカバーできないので，運転条件または外気温度（季節）によって異なる粘度番号のオイルを使い分ける．このように，条件を限定しているオイルをシングルグレードオイル（SAE10W，SAE30 等），使用条件を限定せず広範囲な使用条件に適するように作られたものをマルチグレードオイル（SAE10W‐30，SAE20W‐40 等）という．

具体的には，SAE10W‐30 は，低温始動性の面では SAE10W，高速，高負荷，高温時には SAE30 の性能を有し，広範囲な使用条件に適している（図 7.10）．

最近は低燃費型エンジンオイルとして，低粘度用の 5W‐20，5W‐30 等が用いられている．

表 7.4　SAE 粘度分類

SAE粘度番号	粘度
0W	低い
5W	↑
10W	
15W	
20W	
25W	
20	
30	
40	↓
50	高い

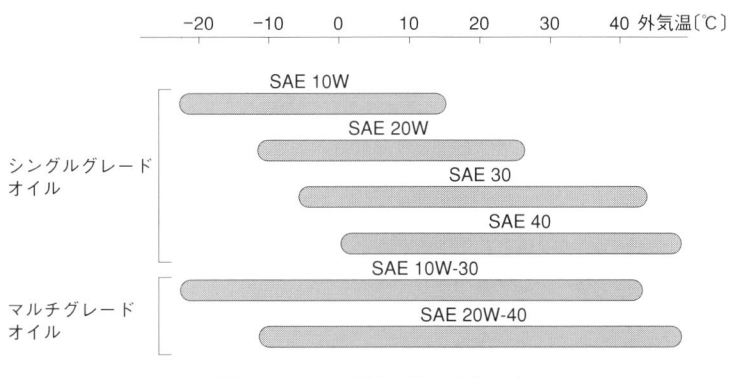

図 7.10　SAE 番号と使用可能温度

● **性能および用途による分類**　他方，API（American Petroleum Institute：アメリカ石油協会）サービス分類のものも一般に用いられている（表 7.5 はガソリンエンジン用，表 7.6 はディーゼルエンジン用）．随時，性能向上，使用条件の苛酷度から改訂されている．

(e) エンジンオイルの添加剤

　添加剤の選択においては，その機能を十分把握することと，添加剤間には相乗効果，相殺効果があって複雑であるので，十分な配慮が必要である．

　その種類および機能は以下の通りである．

・酸化防止剤　　：油の酸化や変質の防止，堆積物の抑制
・清浄分散剤　　：炭素やスラッジをオイル中に分散，清浄化維持
・粘度指数向上剤：熱変動に対し，適正な粘度の維持
・流動点降下剤　：低温時のワックス生成を阻止し，油の凝固を防止
・油性向上剤　　：金属表面に対するなじみ，強固な油膜の形成
・摩耗防止剤　　：強固な油膜を形成，摺動部の摩耗防止
・摩擦調整剤　　：摩擦の減少，適切な摩擦特性の保持，燃費向上
・腐食防止剤　　：酸化防止性，酸中和性，保護被膜の強化
・防錆剤　　　　：金属表面に吸着，皮膜の形成
・消泡剤　　　　：泡立ちを防ぎ，オイルポンプ機能低下防止

表 7.5 ガソリンエンジン用 API サービス分類（2006 年時点）

SA	添加油を必要としない軽度の運転条件のエンジン用．特別な性能は要求されない．
SB	添加剤の働きを若干必要とする軽度の運転条件のエンジン用．スカッフ防止性，酸化安定性および軸受け腐食防止性を備えることが必要．
SC	1964 年から 1967 年までの乗用車およびトラックのガソリン専用．ガソリンエンジン用として，高温および低温デポジット防止性，摩耗防止性，錆止め性および腐食防止性が必要．
SD	1968 年以降の乗用車およびトラックのガソリン専用．デポジット防止性から腐食防止性まで，SC クラス以上の性能が必要．
SE	1971 年以降の一部および 1972 年以降の乗用車および一部のガソリントラック車用．酸化，高温デポジット，錆，腐食などの防止に対し，SA，SC クラスよりもさらに高い性能が必要．
SF	1980 年以降の乗用車および一部のガソリントラック車用．酸化安定性および耐摩耗性において SE クラスよりもさらに高い性能が必要．
SG	1989 年以降のガソリン乗用車，バン，軽トラックに適応．デポジット，酸化，摩耗，錆，腐食などの防止に対し，SF クラスよりさらに高い性能が要求される．
SH	1993 年以降のガソリン車に対応．耐デポジット性能，耐酸化性能，耐摩耗性能および耐錆性能，防食性能で SG クラスの最低性能基準を上回る性能を有するもの．
SJ	1996 年以降のガソリン車に適用．耐ブラックスラッジ性能，耐酸化性能，耐摩耗性能および耐錆性能，防食性能で SH クラスの最低性能基準を上回る性能を有するもの．
SL	2001 年以降のガソリン車に適用．SJ クラスの最低性能基準を上回る性能を有し，高温時におけるオイルの耐久性能・清浄性能・酸化安定性を向上すると共に，厳しいオイル揮発試験に合格した環境対策規格．
SM	SL クラスよりも，省燃費性能の向上，有害な排気ガスの低減，エンジンオイルの耐久性を向上させた環境対応オイル．これまで試験のなかった劣化油の低温粘度を計る試験が追加され，低温流動性，酸化劣化に優れたベースオイルを使用する必要がある．

表 7.6 ディーゼルエンジン用 API サービス分類（2006 年時点）

CA	軽度から中程度の負荷条件のディーゼルおよび軽負荷条件のガソリンエンジン用で，良質燃料使用を条件とし，この条件下での軸受け腐食防止性および高温デポジット防止性が必要．
CB	軽度から中程度の負荷条件のディーゼルエンジン用で，低質燃料使用時の摩耗およびデポジット防止性を必要とする．高硫黄分燃料使用時の軸受け腐食防止性および高温デポジットも必要．
CC	軽負荷過給ディーゼルエンジンの中程度から過酷運転条件用．高負荷運転のガソリンエンジンにも使われる．軽荷重過給ディーゼルでの高温デポジット防止性，ガソリンエンジンでの錆止め性，腐食防止性および低温デポジット防止性が必要．
CD	高速高出力運転での高度の摩耗およびデポジット防止性を要求する過給ディーゼルエンジン用．広範な品質の燃料を使用する，過給ディーゼルを満足させる軸受け腐食防止性および高温デポジットが必要．
CE	1983 年以降製造の高負荷の過給ディーゼルエンジンで低速高荷重と高速高荷重で運転するものの両方に用いる．CD クラスよりさらにオイル消費性能，デポジット防止性能，スラッジ分散性能を向上させたもの．
CF	CE クラスよりさらに軸受け腐食防止性，熱酸化安定性およびオイル消費性を向上させたもの．
CF-4	1990 年代の低硫黄（0.5%以下）の軽油を使用する最も苛酷な条件で運転されるディーゼルエンジン用で，CE に比べ特にデポジット性能，スラッジ分散性の向上を図るとともに，熱安定性およびオイル消費防止性を向上したもの．

7・4　冷却水不凍液

　水は，自動車用エンジンの冷却には，比熱が大きいこと，蒸発潜熱が高いことから最適の冷却剤であるが，気温が 0 ℃以下になると氷結する欠陥を持っている．そこで，水とよく混合してなるべく水の冷却性能を落とさず，かつ氷結点を低下できるような不凍液が必要となる．

(a) 不凍液の目的 ──────────
　・凍結防止

・冷却系統，金属部品の腐食防止
(b) 要求性能
・凍結温度低下
・冷却系統の防食
・伝熱効果の維持
・ゴム部品に対する腐食性回避
・低温粘性が過大でないこと
・科学的安定性
・泡立ちの少ないこと
・蒸発損失の少ないこと

(c) 不凍液の凍結温度

図 7.11 に示すように，不凍液 60 ％以上では，かえって凍結温度は上昇する．一般に，25 ～ 35 ％濃度で使用する．

上記要求を満足するものとして，エチレングリコールが基材として使われている．

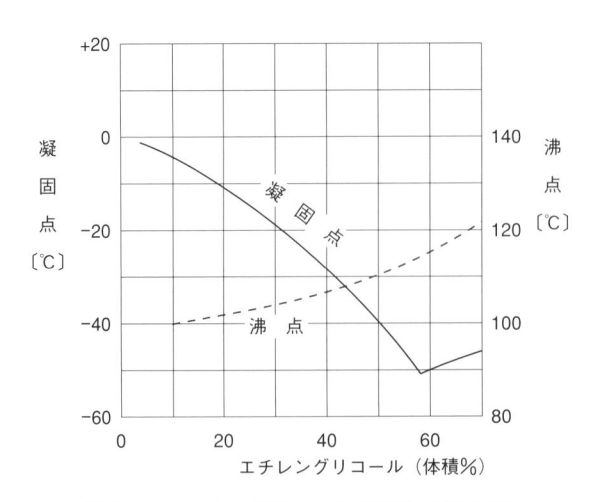

図 7.11　エチレングリコール水溶液の凍結温度

(d) 種類

不凍液関係の JIS（Japanese Industrial Standards：日本工業規格）としては，下記のものがある．

- ・1種アンチフリーズ（AF）：凍結防止，防食，冬季のみ使用
- ・2種ロングライフクーラント（LLC）：凍結防止，金属腐食性向上，年間使用可

7・5 代替燃料

現在のエンジンは，石油の供給に支えられながら進化してきたといっても過言ではない．しかし，その埋蔵量には限界があり，予測は困難であるが，50～60年ともいわれている．

そこで，石油資源の有限性を考えると代替エネルギーの導入が必要となり，実際に使用可能と思われる代替燃料について研究が進められているので，それらの候補について簡単に表示してみることにする（表7.7）．

表7.7 代替燃料の種類

燃料名称	製造関係	特徴
CNG（天然ガス）	石油より多い	・高オクタンでオットーサイクルに好適 ・出力は低いがリーン化可能で，熱効率，PM，NOxで有利だが，総合効率ではディーゼルに劣る ・充填回数当たりの航続距離は短い ・貯蔵，運搬は冷却し液化，自動車の場合には高圧タンクが必要 ・コスト低減，充填設備の整備が課題 ・イタリア，ロシア，アルゼンチン，アメリカ，ブラジル等で実用化
LPG（液化石油ガス）	原油，天然ガスの随伴ガス，石油精製時にも生産可能	・高オクタンでオットーサイクルに好適 ・NOx，PM等環境性能は良好 ・総合エネルギー効率，CO_2はディーゼルに劣る ・体積当たり発熱量が低く，一充填距離に課題

DME (ジメチルエーテル)	天然ガス，石炭，バイオマス等より合成し製造可能	・常温，常圧でガス体，加圧・低温で液化 ・セタン価が高く，ディーゼルサイクルに好適 ・PMはほとんどなく，EGRによるNOx低減可能 ・低硫黄のメリットあり ・噴射特性の最適化，高速・高負荷出力が課題 ・総合エネルギー効率は軽油より低い ・体積当たりの発熱量が低く，一充填距離に課題
GTL (Gas to Liquid)	天然ガス，石炭等から合成液化	・天然ガスを原料として，液体燃料を合成するプロセス ・セタン価が高く，ディーゼルサイクルに好適 ・軽油に比べて，硫黄，アロマ分がゼロであるが，容積当たりの発熱量はやや低い
ニート	既存燃料との混和で使用	・軽油に比べてセタン価はかなり高いが，そのメリットの生かし方が課題 ・硫黄，アロマ分ゼロのメリットの生かし方が課題 ・燃料タンク新設等，インフラ整備が課題
バイオマス燃料	植物油，廃食油のエステル化により製造	・バイオエタノールのガソリン混和，エマルジョン化による軽油混和，バイオディーゼルの軽油混和等が考えられる ・バイオディーゼルはセタン価が高く，ディーゼルサイクルに好適 ・CO_2対策の最後の切り札 ・冬季寒冷地では流動性に難点があるので，軽油との混和使用が必要 ・ブラジル（さとうきび），米国（とうもろこし）の生産量が高い
水素	化石燃料の改質水の分解，バイオマスからの製造	・常温常圧で気体，単位体積当たりのエネルギー密度が小さいため，輸送・貯蔵は難易度が高い ・エネルギー損失，安全性，貯蔵速度により，一充填距離，経済性の課題が多い ・水素の燃焼によるガスは水蒸気でクリーンであるが，NOxの抑制が課題．充填量減少による出力低下，最小点火エネルギーが小さいことによる過早着火も問題 ・効率が良く，安価な水素製造技術の開発が必要 ・自動車用燃料電池開発中．オットーサイクル用出力，燃焼，ディーゼルサイクル用安定着火，熱効率向上が課題
アルコール	石炭，天然ガス，農産物等から製造可能	・常温で液体．性状がガソリン的でエンジン改造もほとんど不要なので，ガソリン代替燃料の最右翼 ・オクタン価が高く出力，燃費良好

7・5　代替燃料

	で資源的に有利	・リーン燃焼可能 ・発熱量小 ・気化しにくいので始動性が良くない ・金属，ゴム，樹脂の耐久性が問題 ・ディーゼルには不向き（自己着火性による） ・低温暖機時のホルムアルデヒド，未燃焼排出物対策が必要 ・実用化については， 　①バイオエタノール（さとうきび，とうもろこし）は，ブラジル，米国で実用済み 　②メタノールは，石炭，天然ガスによる化学合成で製造するが，毒性に問題がある

第8章 特殊エンジン

　これまでの章では従来タイプのエンジンについて述べてきたが，この章では，いわゆる新発想の特殊エンジンについて簡単に説明することにする．
　現在我々は，排出ガスによる地球環境への負荷やいずれ訪れる化石燃料の枯渇問題等の課題を抱えており，特殊エンジンの開発はこれらの問題を解決するものでなければならない．

8・1　ハイブリッドエンジン

(a) 概要

　内燃機関（エンジン）と電気モータを組み合わせ，緻密な制御によりそれぞれの特長を最大限に活用すると共に，アイドリングストップ，減速時のエネルギー回収等，省エネルギーと低公害の両面を狙ったエンジンである．従来は，燃料電池エンジンまでのワンポイントリリーフともいわれていたが，その実用性が評価され，かなり格付けが上昇している．
　種類としては，以下のものがある．

- シリーズ型　　　　：エンジンで発電し，モータで車輪を駆動する（大中型車用，都市バス，マイクロバス等）
- パラレル型　　　　：エンジンを主体として，大きな負荷がかかる時（加速時等）にモータでエンジンをアシストする（乗用車，都市バス等）
- シリーズパラレル型：シリーズ，パラレルの両方の機能を有するもの（乗用車等）

　さらに，ストロングハイブリッド，マイルドハイブリッド等もある．

(b) 内容・特徴

エンジンの効率は，低負荷運転時に低下し，負荷の増加と共に効率が向上して最大負荷近傍で最大となる．一方，モータの効率は負荷によらず一定であるので，運転条件によってこの2つの動力源の役割分担を最適化する．その他，以下の特徴がある．

- エンジンは，アトキンソンサイクルエンジン（高膨張比サイクルエンジン，図 2.21 参照）と併用するケースもある
- 電池は，リチウムイオン電池およびニッケル水素電池等が採用されている
- 熱効率は，一般ガソリンエンジン車の約2倍である

(c) 課題

- 2つの動力源を有するため，車両重量が大きく，コスト高になる
- 高電圧部品を含む，複雑で高度な電気システムが搭載されているので，ハイブリッドシステムの整備訓練システムが必要となる

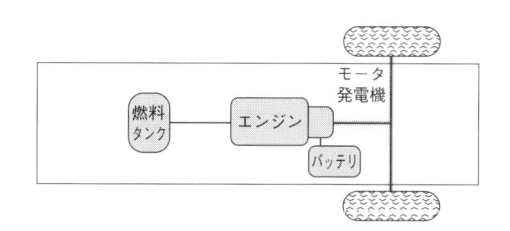

図 8.1　ハイブリッドエンジン

8・2　電気エンジン

(a) 概要

電源に蓄えた電気を使い，モータで走行する．日本の自動車メーカは，1970，1990 年代に開発に取り組んだが，コスト，技術両面の課題から普及が進まず，国内販売は少数に留まる．

(b) 内容・特徴 ─────────

　最近では電池の研究開発が進み，従来の鉛電池に代えて高性能のニッケル水素電池やリチウムイオン電池が実用化され，またモータにもエネルギー効率の高い交流同期式が採用され，航続距離は向上しつつある．

　本エンジンは，排出ガスをまったく出さず，低騒音，低振動であり，エネルギーの総合効率の高さと共に，多様なエネルギー資源が活用できるため，エネルギーの有効利用，CO_2排出量の削減，エネルギーセキュリティの確保等，優れた特長を持っている．

(c) 課題 ─────────

　航続距離が短く充電に時間がかかること，また，充電インフラおよびコスト面で未だ次のような大きなハードルが残されている．

・高性能電池の開発
・標準化，規格化
・利用分野の評価とそれに基づく普及計画の策定

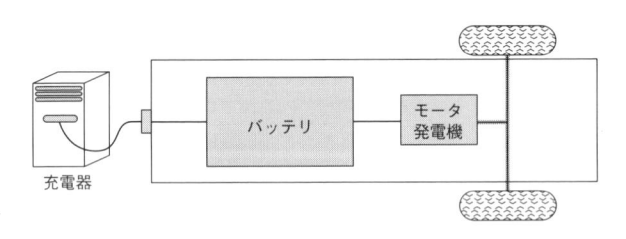

図8.2　電気エンジン

8・3　燃料電池エンジン

(a) 概要 ─────────

　水素は，水の電気分解，天然ガス等から作られる．その水素と大気中の酸素を反応させて発生する電気エネルギーを動力源とするエンジンで，クリーンで高効

率のポテンシャルを有する．現在開発中であるが，次世代エンジンの本命といわれており，日本の開発動向としては，国土交通省認定車両として試験的リース販売がスタートしている．

(b) 内容・特徴

水素は，酸素と反応して普通は爆発的に燃焼するが，特殊な膜を介して時間をかけて混合させると電流が流れる．これを動力源として利用する．その他の特長は以下である．

- 理論発電効率の高いことが，最大の注目点である
- 排出物は水のみで，省エネルギー，低騒音，燃料充填すれば充電不要，レイアウト自由度が高い等，自動車用に好適である
- 各メーカ開発中のシステムは，モータは交流同期電動機，交流誘導電動機，燃料には水素，メタノール，電池にはニッケル水素電池が主である
- 多様な燃料エネルギーの利用が可能である

(c) 課題

- 低コスト化，水素価格の低減
- 低温始動性，耐熱性，エネルギー効率，航続距離の向上，安全性，耐久信頼性の確立，小型軽量化
- 燃料のインフラ整備，地域性，用途経済性等の普及性
- 社会的受容性，法規，標準化等諸制度の整備
- 実用性，普及性，コスト面でハイブリッドエンジンからかなり遅れており，今後相当の開発努力が必要である

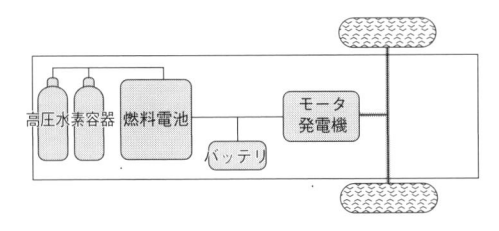

図 8.3 燃料電池エンジン

8・4 天然ガスエンジン

(a) 概要

天然ガスは,地中に埋蔵されている天然の可燃性ガスで,その埋蔵量は石油を凌ぐと予想されており,低公害の石油代替燃料使用のエンジンとして注目されている.

天然ガスの組成は,メタン90％以上,残りはエタン,プロパン等であり,貯蔵,運搬は通常,冷却・液化した液化天然ガス(LNG)で行われるため,高圧タンクが必要である.

南米でのこのエンジンの普及率は高く,アルゼンチン,ブラジルで世界全体の約60％を占めている.

(b) 内容・特徴

HC,NOx,PM,CO_2の排出が少ない代替エネルギーで,性格上,特にディーゼルエンジンに代わるものともいわれている.

単位重量当たりの発熱量はガソリンより高いが,体積が大きいため,同体積で比べると出力が低い.しかし,オクタン価は120～130と高いので,圧縮比で出力を多少補える.また,リーンバーンも可能であるので,熱効率,NOx対策にも有利である.

エンジン構造は基本的にガソリンエンジンと同じで,燃料供給装置が多少異なる程度である.

(c) 課題

・エネルギー密度が低いので,航続距離が短い
・ディーゼルエンジン用ではセタン価が低いため,軽油,天然ガスのデュアルフューエル方式を考える必要がある
・出力性能,耐久性
・天然ガススタンドのインフラ整備
・コスト低減

・燃料容器ボンベの軽量化

8・5 水素エンジン

(a) 概要

　水素は，燃焼しても水を発生するだけで有害物質を排出しないので，環境的には理想的である．さらに，水を分解して製造可能であるので，省資源の点からも望ましい．

(b) 内容・特徴

　エンジン構造も，基本的な部分はガソリンエンジンとほとんど同様で，展開に便利である．また，リーンバーンが可能で，低負荷時の燃費，NOxは良好である（高負荷時はNOxが高くなる）．その他，以下の特徴がある．

- 自発温度が高いため，圧縮点火は困難である
- 体積当たりの発熱量，異常燃焼の関係等で，ガソリンエンジンより出力が制限される

(c) 課題

- 火炎伝播速度が速いため，燃焼圧力，燃焼温度が高く，NOx，過早着火対策（水噴射等）が必要
- 充填効率低下による出力低下．熱効率を含め，ガソリンエンジンに劣る
- 最小点火エネルギーが小さいための異常燃焼
- 貯蔵，運搬のための温度，容器等の特殊性
- 製造，貯蔵コスト，航続距離，安全性，水素供給インフラの整備

8・6 アルコールエンジン

(a) 概要

　常温で液体であること，既存のガソリンエンジンを改造せず使用できること，石炭，天然ガス，農産物等から製造でき，石油燃料のように埋蔵量が心配なく，

資源的にも有利であること等から，ガソリン代替エンジンの第一候補である．

アルコール燃料としては，エタノール，メタノールがある．メタノールエンジン車は現在，日本，アメリカ等で少数走行しており，技術的にはかなり熟成されている．

(b) 内容・特徴

アルコール燃料のみで使用するストレートと，ガソリンに混合する方法がある．

ストレートの場合はオクタン価，圧縮比が高くでき，また出力・熱効率が期待でき，リーンバーンが可能である．

オットータイプでは，ガソリンエンジン並みの排出ガス清浄化が可能である．ディーゼルタイプではNO_xは少なく，PMの発生もないので，期待されている．また，貯蔵性，輸送性に優れている．

(c) 課題

- 低温始動性
- セタン価が小さいので自己着火しにくく，ディーゼルには課題
- 低温時，暖機時等の不完全燃焼によるホルムアルデヒド，未燃焼燃料に対する浄化装置が必要
- 腐食，膨潤性があり，材料の耐久性は要注意
- ピストン，シリンダ，軸受け等の耐摩耗性
- 点火プラグ，燃料噴射装置の耐久性
- 異常燃焼の防止
- 燃料の低コスト化
- 普及のためのアルコール供給スタンドの設置

8・7 ガスタービンエンジン

(a) 概要

現在，航空機用エンジンの主流になっている．多種燃料を使用でき，排出ガス清浄化も容易で，小型軽量化も可能な次世代低公害車候補の1つである．

8・7 ガスタービンエンジン

ガスタービンエンジンには，内部に燃焼ガスで回転するタービン（翼車）を有し，その回転を動力として取り出すものと，燃焼ガスの噴射力を推進力とするもの（ジェットエンジン）がある．

(b) 内容・特徴

連続燃焼を行う速度形エンジンで，図 8.4 のように吸入，圧縮（圧縮機），膨張（燃焼室），排気の行程となっている．

その他，以下の特徴がある．

- 既存のディーゼルエンジンに比べて有害排出ガスが少なく，多種燃料的である
- 回転運動のみなのでトルク変動，振動が少なく，高速回転が可能
- 容積形の制約がないのでノッキングがなく，低質燃料の使用が可能
- 連続燃焼のために点火の問題がなく，リーンバーンが可能で，排気ガス清浄性で有利
- 摺動部が回転部分のみで潤滑系もシンプル
- 油消費量が少ない
- 比較的構造が簡単で，耐久性，信頼性良好

(c) 課題

- ディーゼルエンジンに比べて，熱効率，燃料経済性に劣る
- タービン翼の耐熱性により燃焼温度が制限され，熱効率が抑制される

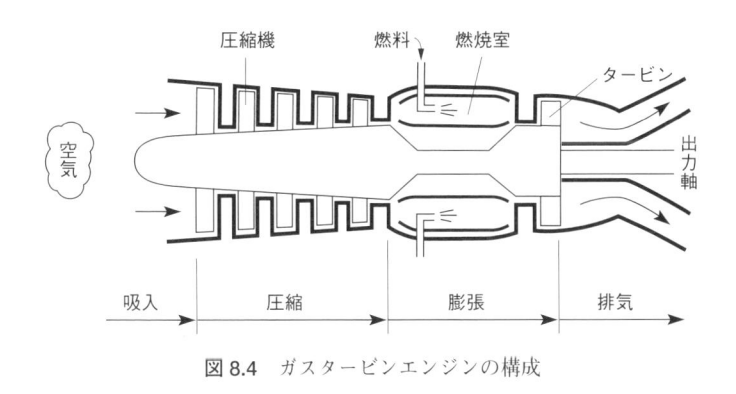

図 8.4　ガスタービンエンジンの構成

- レスポンス不足
- 吸排気騒音高い
- 製造コストが高い
- 国内で普及させるためには，法規の整備が重要

8・8 スターリングサイクルエンジン

(a) 概要

密閉サイクル，容積形，外燃エンジンで，密閉した系路内の気体を外部より加熱・冷却し，その膨張・収縮によりピストンを動かし，動力を得る．

自動車用としては，都市バス，産業車両用等がより有望である．

(b) 内容・特徴

動作流体は，通常，分子量の小さい空気，水素，ヘリウム等である．

構造は，膨張用，収縮用の作動室をそれぞれ設け，この2室をつないで，それぞれの室内の動作流体で，一方は加熱，一方は冷却という行程を繰り返して膨張，収縮させ，出力取り出し用ピストンを動かす．その他，以下の特徴がある．

- 再生器により熱エネルギーを有効利用できるので，熱効率はディーゼルに近い

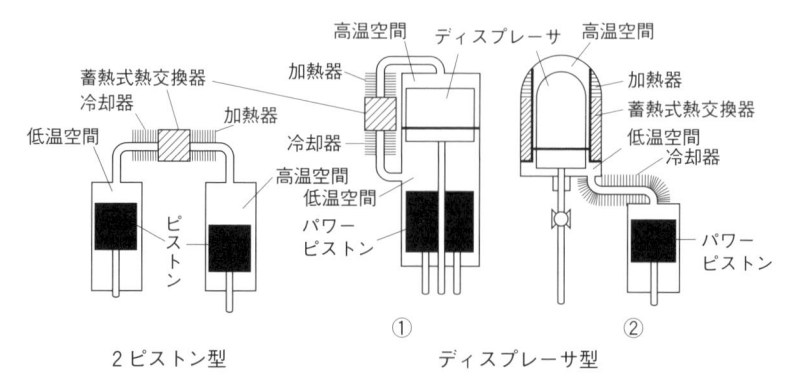

図8.5 スターリングエンジンの構成

- 連続燃焼のため，燃焼制御が容易で，排気浄化が可能．緩やかな燃焼で騒音，振動が少ない
- 外燃機関で燃料の制約が少ない（石炭，太陽熱等も可能）

(c) 課題
- 動作流体密閉形であるので，出力制御が困難
- 小型軽量化が困難
- 動作流体の漏洩（シール性）
- 出力の低さ，耐久性，コスト
- 短期的普及は困難で，長期的視野での開発が必要

8・9　予混合圧縮自己着火エンジン（HCCI）

(a) 概要

予混合圧縮自己着火エンジン（HCCI：Homogeneous Charge Compression Ignition Engine）は，シリンダ内に供給された予混合気をピストンにより断熱圧縮し，多点同時的な予混合気の自己着火により運転するもので，火炎伝播限界を超えた希薄域での運転が可能であり，高効率，低公害を実現できるポテンシャルを有する次世代のエンジンとして注目されている．

(b) 内容・特徴

圧縮途中の早期に燃料を噴射して，長い着火遅れ期間に希薄化した予混合気を圧縮着火させるもので，ディーゼルエンジンにおける低温での希薄燃焼を実現して NOx の大幅低減を可能にし，かつ PM を同時に減少させることができる．

現状では，着火は圧縮過程の温度に大きく左右され，高負荷条件では燃焼が急激になるため，部分負荷のみに限定されている．すなわち，部分負荷では HCCI 燃焼を行わせて高コストな NOx 触媒を使用しない希薄運転を行い，高負荷では圧縮着火から通常の火花点火へ運転を切り替えるコンセプトが実用的に提案されている．

(c) **課題** ────────

　最大の課題は，失火（低負荷時）とノッキング（高負荷時）をどう回避し，高負荷運転を可能にするかである．したがって，着火時期および燃焼率の制御が重要である．

　実用化のためには，各種センサ，エンジン可変機構等の高度な燃焼制御法の確立，有効圧縮比の変更，残留ガス制御，オクタン価の適正化等も課題である．

　また，圧力波に伴う熱損失や希薄化によるHC，COの増加対策，気筒間のバラツキの抑制，加減速時の制御等も必要である．

　さらには，運転可能範囲が燃焼騒音により制限されることもあるため，燃焼騒音低減も必要であり，燃焼反応を抑制して燃焼期間を延ばす方策等も課題となる．

第9章　エンジン計測法

自動車用エンジンに関する主要な計測法を紹介する．

なお，計測データの処理と解析も計測法の一部であるが，ここでは触れていない．したがって，最近著しく進歩，発達しているコンピュータ処理および同シミュレーションについても省略した．

9・1　出力

(a) 概要

エンジンの回転軸出力は，トルクを任意に設定する装置である動力計を用いて求める．動力計は，基本的にトルクを求めるものであり，同時にエンジン回転速度を測定して，これらの積から軸出力を求める．

すなわち，第4章で述べたように，まずトルク T を実測し，次いで出力 P を次式により算出する．

$$P = 2\pi TN$$

(b) 測定機器および方法

動力計には種々の形式があり，一般的に水動力計と電気動力計が使用されている．分類としては，吸収動力計と伝達動力計の2種類がある．

● 吸収動力計　　種々の方法により，出力を吸収するものである．

①摩擦動力計
- 機械的摩擦により出力を吸収するもので，吸収運転のみである
- 代表的なものとしては，ブローニブレーキ式，ロープブレーキ式等がある
- 構造は簡単であるが，安定で正確な測定は不可能

② 水動力計
　・一種の水ポンプで吸収運転のみである
　・比較的安価で，大荷重，高速測定も可能である
　・後述の電気動力計に比べると，制御性に欠ける
③ 空気動力計
　・一種の送風機で，吸収運転のみである
　・あらかじめ吸収特性を較正し，回転速度に対応した出力を求める
　・運転中のトルク調整は不可能で，精度は良くない
④ 電気動力計
　現在，最も多く用いられており，反力を秤あるいは荷重計で計測し，トルクを求める．
　　（イ）直流電気動力計
　・出力吸収，駆動の双方が可能
　・制御性，応答性良好
　　（ロ）渦電流式電気動力計（図9.1）
　・渦電流により，制動力を得る
　・駆動運転不可能
　・直流電気動力計より安価
　　（ハ）交流電気動力計
　・出力吸収，駆動の双方が可能
　・保守が容易
　・容量，回転速度に制約がある．あまり使用されていない

● 伝達動力計　エンジンと動力伝達系の途中で，伝動軸のねじれ等によりトルクを測定するもので，一種の軸トルクメータである．抵抗線歪計式，位相差式，磁歪式等がある．

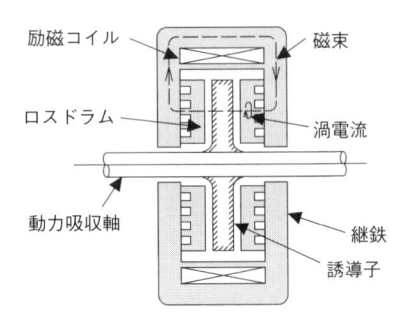

図9.1 渦電流式電気動力計 [14]

9・2 流量

(a) 空気流量の測定

● **絞り流量計**　エンジンの吸入空気量の測定には，丸型ノズルが用いられる場合が多い．絞りの前後圧を測定し，関係式あるいは図表より求めるが，実際の測定には，大きなサージタンクを用いて脈動を小さくする必要がある．図9.2，9.3に測定装置と丸型ノズルを示した．

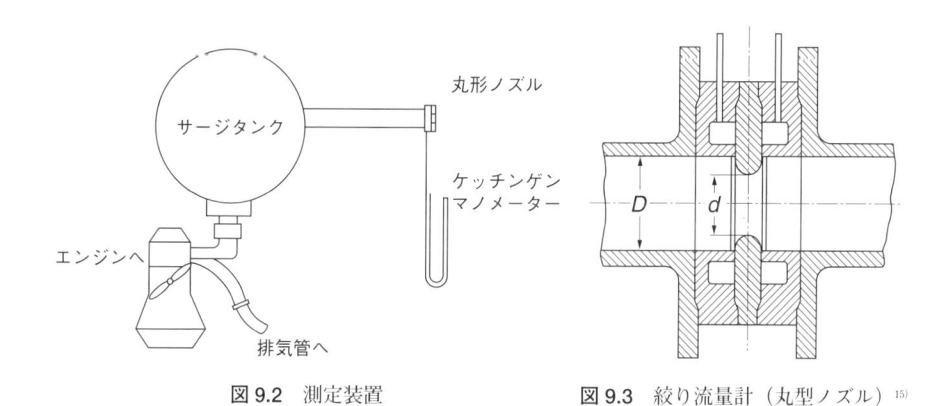

図9.2　測定装置

図9.3　絞り流量計（丸型ノズル）[15]

● **層流形流量計**（図9.4）　層流素子により流れを層流化し，素子の長さを長く，かつ隙間を小さくすることにより，素子両側の圧力差で計測する．この方式は，若干脈動が存在しても平均流量を求めることができる．

● **ルーツ式流量計**（図9.5）　回転子の回転速度により流量を求める．

(b) 燃料流量の測定

● **ビュレット法**（図4.1参照）　一定容量の燃料を設定し，その容量の燃料を消費するのに要した時間を測定する．測定には，ストップウォッチあるいは光電式，デジタル計測の組み合わせ等を使用する．

● **ベンチュリ形質量流量計**（図9.6）　質量流量が，ベンチュリ圧力差 $P_2 - P_3$

図 9.4 層流形流量計 [15)]

図 9.5 ルーツ式流量計 [15)]

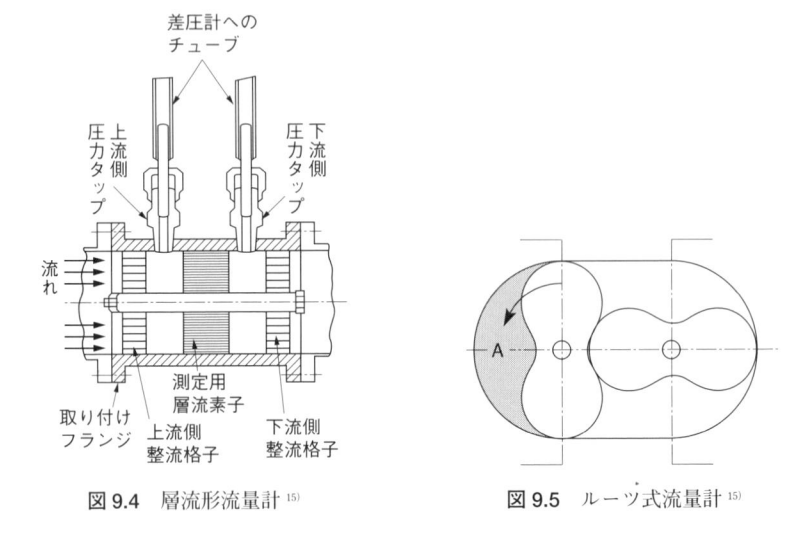

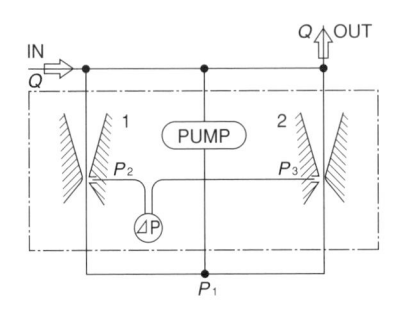

図 9.6 ベンチュリ形質量流量計 [15)]

に比例することを利用する．
- **重量式流量計** 天秤等を利用し，一定重量の燃料の消費時間を測定する．
- **熱線流量計** 燃料通路内の瞬間値を測定するもので，流れの方向も判別できる．

9・3 ガス流速

● **熱線流速計**　吸気，排気，掃気およびシリンダ内のガス流速等，非定常流の測定に用いる．また，この方式は，エンジンの燃料および点火時期制御のための，空気流量の計測にも用いられる．使用時には検定を行って用いるので，測定時のガス温度，圧力，組成が検定時と異なる場合には，補正が必要となる．

● **火花放電流速計**　エンジンのガス流速の測定に用いる．放電路が気流と共に流れ，下流の一定距離の位置に放電路検出用の探針を設置して放電開始からの時間を計測し，流速を求める．

● **その他**　流速測定法はその他，数多くある．名称を列記するので，参考にして頂きたい．油膜法，イオンプローブ法，タフト法，羽根車法，スモークワイヤ法，粒子軌跡法，レーザドップラ法，シュリーレン写真法，トレーサ法（火粉，金属粉，羽根等）等．

9・4 ガス圧力

● **圧電式**（図9.7）　燃焼室圧力計測の主流で，水晶あるいはチタン酸鉛系等の圧電素子に，加圧した時に生じるピエゾ電気を増幅して圧力測定を行う．

| 長所 | ・分解能，圧力感度，直線性，周波数応答性が良好
・高速現象であるノッキングの測定等にも用いられる |
| 短所 | ・静的検定が不可能
・湿度の影響を受けやすい
・温度によるスパンドリフトが大 |

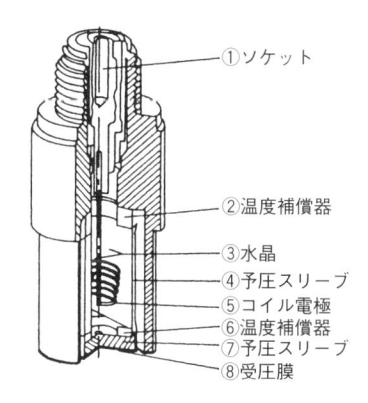

図 9.7　圧電式指圧計 [16]

①ソケット
②温度補償器
③水晶
④予圧スリーブ
⑤コイル電極
⑥温度補償器
⑦予圧スリーブ
⑧受圧膜

きい

(しかし,十分な防湿管理,水冷式による精度確保等により,多用されている)

● **ひずみ計式**(図9.8)　　受圧膜の変化を,ストレインゲージの電気抵抗変化により圧力検出する.

　|長所|　・静的検定が容易

　　　　・直線性,ヒステリシス,再現性が良好

　|短所|　・形状が大きい

　　　　・圧力感度が低い

　　　　・周波数特性が比較的低い

　　　　・寿命が短く,ショックや振動に弱い

　　　　・ゼロスパンドリフトがある

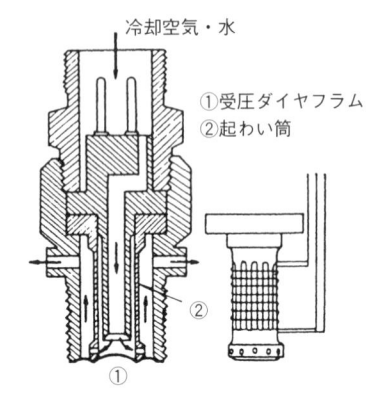

①受圧ダイヤフラム
②起わい筒

図9.8　ひずみ計式指圧計[16]

(しかし,周波数応答や冷却に注意すれば良い精度が得られるので,絶対値を重視する解析には良いとされている)

● **圧力平衡式**(図9.9)　　受圧膜の上面にかかる標準圧力と下面の測定圧力が一致した瞬間ごとに,一致時の標準圧力すなわち測定圧力を順次求めていくものである.この指圧計は,ガス交換,精密な燃焼解析,指圧計の動的検定器として注目されつつある.

　|長所|　・精度が良好

　　　　・温度ドリフトがおおむねゼロである

　|短所|　・圧力上昇率により感度が変わる

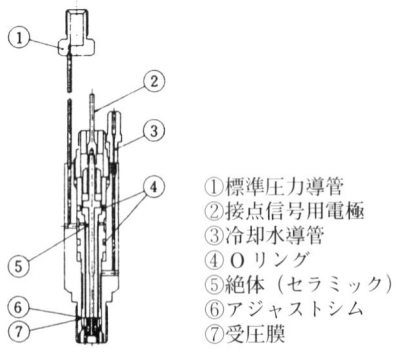

①標準圧力導管
②接点信号用電極
③冷却水導管
④Оリング
⑤絶体(セラミック)
⑥アジャストシム
⑦受圧膜

図9.9　圧力平衡式指圧計[16]

・形状が大きい

9・5 ガス温度および火炎温度

　燃焼室内ガス温度，火炎温度，吸排気温度等の測定は，非定常ガス流の急激で大幅な温度変化を測定することになるので，測定系の要因としては，
　・応答性の良好なこと
　・耐温，耐圧，耐振性に優れていること
　・エンジン機能，運転条件に変化を与えないこと
　・測定対象に変化を与えないこと
等が重要で，次のような諸測定方法が用いられている．

● **熱電対および抵抗温度計**　　白金—白金ロジウム熱電対，白金または白金ロジウム抵抗線が多く用いられている．

● **音の伝播による温度測定法**
　・音速法：ガス体中の音の伝播速度が，温度により変化することを利用する
　・周波数法：温度により，超音波の周波数が変化することを利用する

● **光を利用する方法**　　急激に変化する燃焼ガス温度に対する測定法で，次のような方法がある．
　・スペクトル線反転法
　・吸収発光法
　・単色放射強度法
　・2色測温法

● **圧力と密度により温度を計測する方法**　　状態式 $PV = RT$ より $P,\ V$ を同時測定することにより，ガス体の瞬時温度 T を算出する方法である．

9・6 エンジン各部温度測定

　ここでは，これまで取り上げた以外の，一般的なエンジン各部の温度測定法に

ついて説明する．温度測定の方法は，接触方式と非接触方式に大別される．

● **抵抗温度計**　温度による電気抵抗の変化を，温度測定に利用するものである．一般に用いられる測温抵抗体は，白金，銅，ニッケルの金属抵抗体である．サーミスタはそのうちの1つで，温度係数は負で大きく，安価で小型の利点を持つ．材質はマンガン，ニッケル，コバルトの酸化物からなり，最近ではゲルマニウム，シリコン抵抗体等も使用されている．

● **熱電温度計**　熱電温度計は，熱電対，電圧計または電位差計，冷接点および補償導線から構成される．熱電対は，2種の異金属で構成される閉回路で，その2つの接続点に温度差がある場合の熱起電力を利用して，温度測定を行う．JISに規定されている基準熱電対は，白金—白金ロジウム，クロメル—アルメル，銅—コンスタンタン熱電対である．また，これらの基準熱電対の他に，各種の熱電対が使用されている．

● **光高温計**　非接触方式の温度計で，測温物体からの熱放射を利用したもの．一般には700℃以上の場合に用いられる．

● **放射温度計**　測温物体から発する全放射エネルギーを測定して物体の温度を求めるもので，比較的高温の測定あるいは移動物体の表面温度の測定に用いられる．

● **電磁誘導法**　運動部品（ピストン等）の非接触温度計測技術として使用されている．センサは小型サーミスタを用い，被測定部表面の内側に挿入，モールドする．この例の場合は，ピストン下端に共振コイルを組み付け，電磁誘導量から温度を測定する．

● **テレメータによる温度測定**　回転あるいは摺動部品の温度測定において，測定箇所が小さくてセンサを装着できない場合，小型テレメータを用いるケースが多い．テレメータは電波を使用するため，電波障害防止が必要である．なお，このシステムは温度測定に限らず，応力，トルク計測等にも使用されている．

9・7 潤滑と摩耗

- 潤滑油消費量の測定
    - ・オイルパンオイルの重量またはレベルにより測定する
    - ・連続測定法（トリチウム法，硫黄放射能法，水素燃料測定法，亜硫酸ガス法）により測定する
- 摩耗の測定（ピストンリング，シリンダ，軸受け，タペット等）
    - ・寸法，重量減少度の測定
    - ・放射性同位元素法
    - ・金属摩耗粉の元素分析法
    - ・フェログラフィ法（摩耗粉の分類調査）
- 摩擦損失
    - ・モータリング法
    - ・部品取り外し法
    - ・ピストン摩擦力測定法（ピストンの各クランク角に対する摩擦力の直接測定）

9・8 騒音

(a) 測定機器

- 騒音計（表 9.1，図 9.10）　　騒音計は周波数補正回路を内蔵しており，JIS で

表 9.1　各周波数特性の説明（JIS）

周波数特性	説　明
A	人間の感覚によく一致．自動車，エンジンの騒音測定に多用．
B	あまり使用されていない．
C	大きな騒音の測定に使用．自動車の場合は警笛音測定に使用．
D	航空機音の測定に使用．

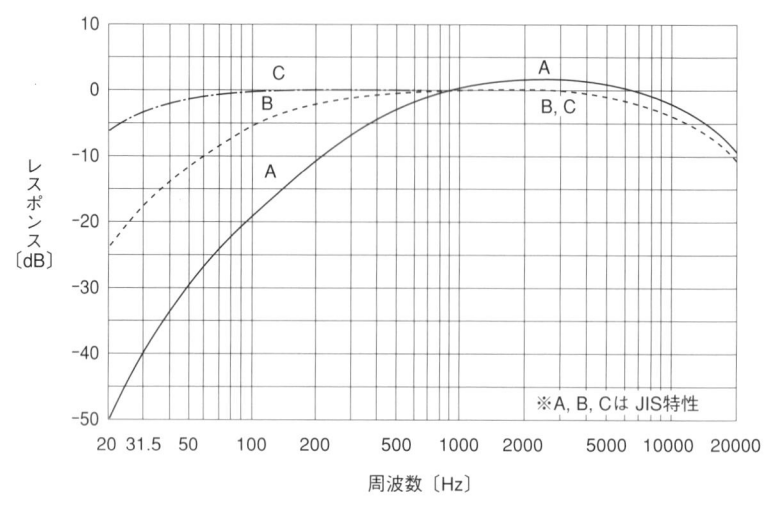

図 9.10 聴感度補正曲線

はCとAの2特性が規定されている．C特性は，ほとんど平坦な周波数特性である．単位記号はdB（C）で表す．A特性は，聴感特性に近似させることを目的としたものである．単位記号はdB（A）で表す．

● **周波数分析器**　　各周波数成分を抽出するために用いる．一般に，定比型の中の1/3オクターブバンドやオクターブバンドの周波数分析器が広く用いられている．

(b) 自動車の騒音測定方法

自動車の騒音測定方法は，国土交通省令による道路運送車両法の保安基準によって，定常走行騒音，近接排気騒音，加速走行騒音が定められており，その測定方法の詳細は表9.2，図9.11を参照されたい．

● **エンジン台上騒音測定方法**　　一般的にエンジンダイナモ無響室を使用し，主にエンジン全負荷性能試験時と同様の要領で騒音測定を行う．騒音レベルは，主にエンジンを直方体と見なし，各面の中心からそれぞれ1m離れた位置で測定する．ただし，下面についてはエンジン運転台の高さの制約から，適宜距離の近接音となる．図9.12に，エンジン無響室における測定例のレイアウト図を示す．

9・8 騒音

表9.2 自動車の騒音測定方法（道路運送車両法の保安基準第30条）

区　　分	測　定　方　法
定常走行騒音	自動車又は原動機付自転車が乾燥した平たんな舗装路面を原動機の最高出力時の回転数の60パーセントの回転数で走行した場合の速度（その速度が35キロメートル毎時をこえる自動車及び第二種原動機付自転車にあっては35キロメートル毎時，その速度が25キロメートル毎時をこえる第一種原動機付自転車にあっては25キロメートル毎時）で走行する場合に，走行方向に直角な車両中心線から左側へ7メートル離れた地上高さ1.2メートルの位置における騒音の大きさを測定する。この場合において，けん引自動車にあっては，被けん引自動車を連結した状態で走行する場合の騒音の大きさも測定する。
近接排気騒音	原動機が最高出力時の回転数の75パーセント（小型自動車及び軽自動車（二輪自動車（側車付二輪自動車を含む。）に限る。）並びに原動機付自転車のうち原動機の最高出力時の回転数が毎分5,000回転を超えるものにあっては，50パーセント）の回転数で無負荷運転されている状態から加速ペダルを急速に放した場合又は絞り弁が急速に閉じられる場合に，排気流の方向を含む鉛直面と外側後方45度に交わる排気管の開口部中心を含む鉛直面上で排気管の開口部中心から0.5メートル離れた排気管の開口部中心の高さ（排気管の開口部中心の高さが地上高さ0.2メートル未満の自動車又は原動機付自転車にあっては，地上高さ0.2メートル）の位置における騒音の大きさを測定する。
加速走行騒音	自動車又は原動機付自転車が乾燥した平たんな舗装路面を原動機の最高出力時の回転数の75パーセントの回転数で走行した場合の速度（その速度が50キロメートル毎時をこえる自動車（二輪の軽自動車（側車付二輪自動車を含む。以下この表において同じ。）を除く。）にあっては50キロメートル毎時，その速度が40キロメートル毎時をこえる二輪の軽自動車及び第二種原動機付自転車にあっては40キロメートル毎時，その速度が25キロメートル毎時をこえる第一種原動機付自転車にあっては25キロメートル毎時）で進行して，20メートルの区間を加速ペダルを一杯に踏み込み，又は絞り弁を全開にして加速した状態で走行する場合に，その中間地点において，走行方向に直角に車両中心線から左側へ7.5メートル離れた地上高さ1.2メートルの位置における騒音の大きさを測定する。この場合において，けん引自動車にあっては，被けん引自動車を連結した状態で走行する場合の騒音の大きさも測定する。

〔定常走行騒音〕

原動機の最高出力時の回転数の60%で走行した場合に（速度が35km/hで85ホン以下）

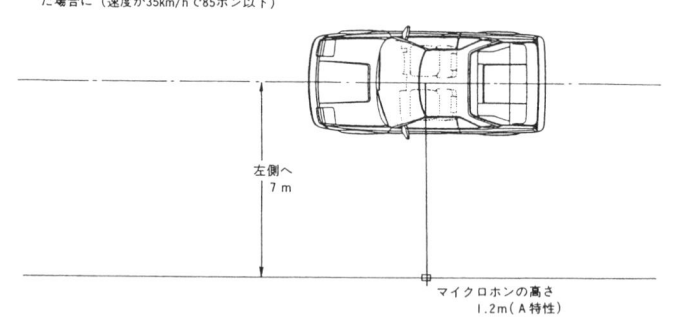

左側へ 7m

マイクロホンの高さ 1.2m（A特性）

原動機最高出力時の回転数の60%の回転数で走行（その速度が35km/hを超える自動車は35km/hで走行する）した場合85ホン以下

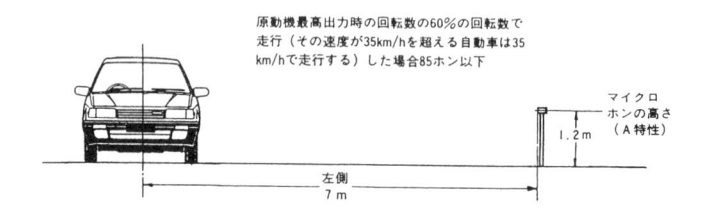

左側 7m

マイクロホンの高さ 1.2m（A特性）

〔近接排気騒音測定方法〕

○乗用車の例

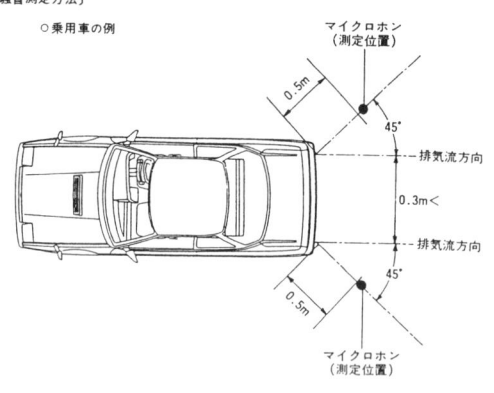

マイクロホン（測定位置）

0.5m

45°

排気流方向

0.3m<

排気流方向

45°

0.5m

マイクロホン（測定位置）

9・8 騒音

[加速走行騒音]

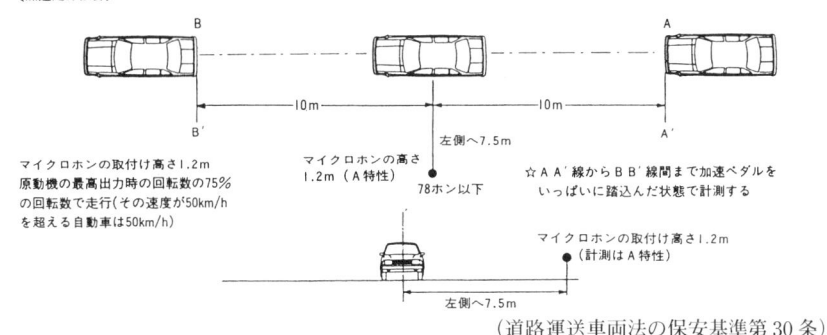

図9.11 自動車の騒音測定方法

（道路運送車両法の保安基準第30条）

マイクロホンの取付け高さ1.2m
原動機の最高出力時の回転数の75%
の回転数で走行(その速度が50km/h
を超える自動車は50km/h)

マイクロホンの高さ
1.2m（A特性）
78ホン以下
左側へ7.5m

☆AA'線からBB'線間まで加速ペダルを
いっぱいに踏込んだ状態で計測する

マイクロホンの取付け高さ1.2m
（計測はA特性）

左側へ7.5m

(c) 騒音源の探査手法

騒音対策を行う場合，騒音発生源を探査し，大きな発生源から対処していくことが効率的な方法である．そこで，それらの代表的な方法について述べる．

① 鉛カバー法

鉛その他の材料で他の場所を被覆し，目的の場所のみからの放射音を抽出する．

② 部分分析法

放射音の周波数を把握することにより，その原因と場所を予測する方法．

③ 近接プローブマイク法

測定対象部位以外の音の影響を極力防ぐため，マイクロホンを対象部位に近接

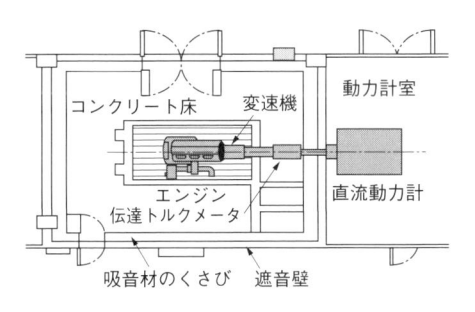

図9.12 エンジン無響室のレイアウト図[17]

させて，音圧レベル分布を測定する方法．

④音響ダクト法

　断面積が断面位置と共に次第に変化するような音響ダクトを作り，断面積の小さい方をエンジン側に，大きい方をマイクロホン側に位置するように取り付け，対象部位の音を測定する．

⑤音響インテンシティ法（2マイクロホン法）

　音源近傍の音響エネルギーを，波長より十分短い距離にある2本のマイクロホンのクロススペクトルから演算することにより，広い放射面について，騒音パワーレベルの等音線図を描かせるものである（図9.13）．

⑥音響ホログラフィ法

　レーザ光線を二分し，その1つを対象振動面に当て，その反射光と他の光線を干渉させることにより干渉縞を描かせ，振動モードを再現する．

⑦表面インテンシティ法

　被測定物表面の音響インテンシティを直接求める方法で，振動ピックアップとマイクロホンを対にして測定する．直接測定のため精度は高いが，高温部，回転

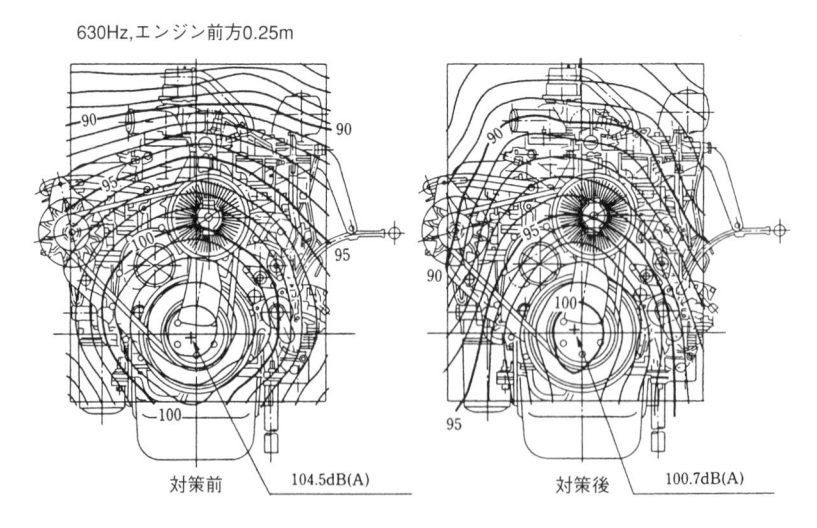

図9.13　音響インテンシティ法による解析[18]

表 9.3 エンジンの音源探査法

	解 析 法	目　　的	問　題　点
従来法	鉛カバー法	・部品または部位の音響パワー寄与度の把握	・多大な労力と時間が必要 ・鉛使用による衛生上の問題
	近接プローブマイク法	・近接面の音圧レベル分布の把握 ・異常音の探査	・騒音寄与度の把握が困難
	音響ダクト法	・部品または部位の音響パワー寄与度の把握	・測定部位ごとに音響ダクトの作製が必要
	音響インテンシティ法（2マイクロホン法）	・部品または部位の音響パワー寄与度の把握 ・音源からの音の放射ベクトルの把握 ・測定面のAI分布の把握	・三次元多点計測が必要であり，ロボット等の自動計測システムが必要
	音響ホログラフィ法	・任意面のAI分布の把握	・分解能，測定方法等の改良段階 ・多点計測が必要であり，自動計測システムが必要
	表面インテンシティ法	・部品または部位の音響パワー寄与度の把握 ・音響放射効率の把握	・高温の部品や回転する部品の測定不可

部は計測困難である．

表9.3に各手法の特徴を示した．

9・9　ガス分析

(a) 概要

目的　　：燃焼解析，性能解析，排出ガス測定，その他試験・研究用に広く用いられている．

測定対象ガス：N_2, O_2, CO_2, CO, NO_2, NO, NOx, N_2O, NH_3, SO_2, H_2,

H_2O,HC,RCHO,ROH,PM 等

(b) 試料ガスのサンプリング

　ガス分析においては，試料ガスのサンプリングも重要であり，試料を連続的に流しながら行う方法と，特定の容器に採取したバッチ試料を分析する方法とに大別される．以下に，自動車排気ガスのサンプリング方法を主に説明する．

● **トータルバッグサンプリング**　エンジンのある運転時間内の排気ガスの全量を，一旦容量の大きなフレキシブルなバッグに採取して，その後に分析する方法である．ガスの容器は排気量に適当な大きさで，プラスチックフィルム製のバッグを用いる．これにより，ある運転モードの排気ガスの全量を採取し，必要な成分の濃度を測定すれば，全運転条件における平均的な排気ガス成分を把握できる．本方式は，欧州の排気ガスサンプリング法として採用されている．

● **コンスタントボリウムサンプラ**（CVS：図9.14）　この方法は，排気ガス試料を常に希釈する手法で，希釈空気と排気ガス試料の量の和が一定量になるようにサンプリングするものである．そこで，排気ガスの一部をバッグに採取して，排気ガス濃度，質量を算出する．また，希釈空気はその汚染度を測定し，排気ガス測定値の補正を行う．排気ガス中の各成分の変化をできるだけ少なく測定できるのが特徴で，特に運転中の全サイクル，全モードの汚染物質の排出質量を簡単に測定でき，さらに各運転モードの排出状況の把握も可能である．なお，この方法は，主に日本および米国で行われている．さらに最近では，排出ガス規制強化

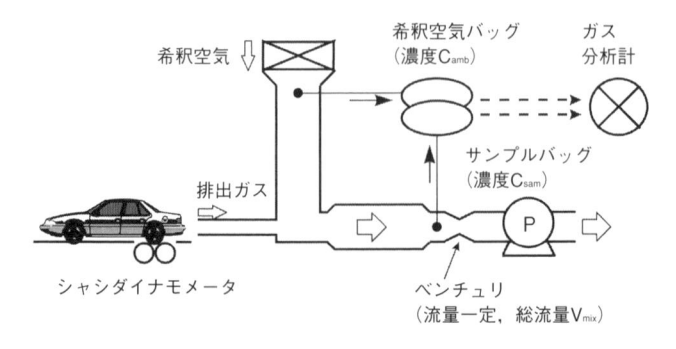

図9.14　CVS装置 [14]

に伴い，本装置の精度向上も進められている．
- **PM（粒子状物質）のサンプリング**

①フィルタ重量法

図9.15に示すように，定流量吸引装置を前部に設けた希釈トンネル部から排気ガスの一部を取り出し，フィルタに捕集されたPMの質量を測定する．

② ELPI（Electrical Low Pressure Impactor）法

エレクトロメータにより粒径分布，個数濃度をリアルタイムで計測する．

③ SMPS（Scanning Mobility Particle Sizer）法

静電式分級器と凝縮粒子カウンタによって，粒子径を解析する．

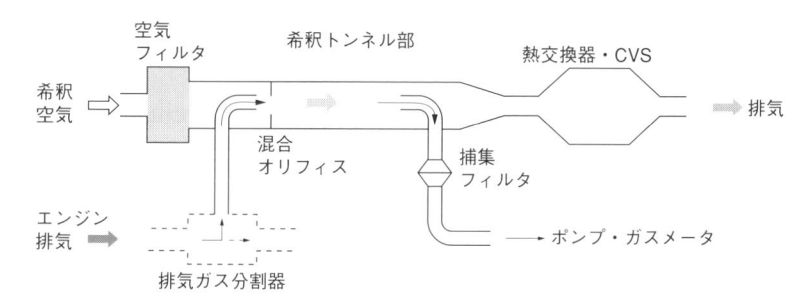

- **ガスサンプリングバルブ**　　エンジンの燃焼室や排気マニホールドにバルブを

図9.15　PM（粒子状物質）捕集装置

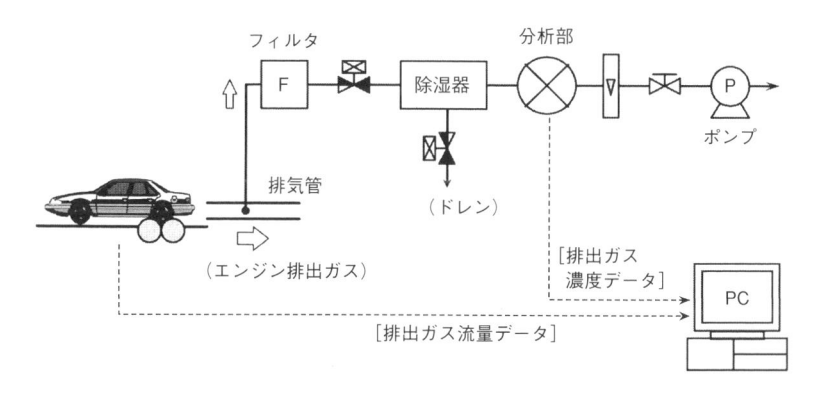

図9.16　ガスサンプリングによる排出ガス計測[14]

装着して，内部のガス試料を抽出・調査する．一般的には電磁式のものが使用されているが，大型弁には機械式あるいは油圧式のものもある．本バルブから抽出される試料は，普通はガスクロマトグラフ等により，分析されることが多い．

(c) **連続ガス分析方法** ─────────

自動車排気ガス等を連続的に応答良く分析するためには，非分散形赤外線分析計（NDIR）を基調として，CO，HC，CO_2 を計測する．

NDIR 分析計は，図9.17に示すように，測定セルには排気ガスを，基準となる比較セルには N_2 のような赤外線を吸収しないガスを封入しておき，両者を比較して測定値を求める．

HC には多くの成分が含まれ，NDIR 分析計には感度，温度条件等の点で難点があるので，多くの場合は水素炎イオン化検出器（FID）が用いられる．

NOx は，NDIR では H_2O の干渉排除に難点があるため，現在では NO とオゾン（O_3）との反応により生ずる化学発光式（CLD）が一般に使用されている．

● **黒煙濃度測定法** ディーゼルエンジンの黒煙濃度は，黒煙測定器により測定する．その方法は，一定量の排気ガスがろ紙を通過した時に付着した汚れで電気的に検出する．

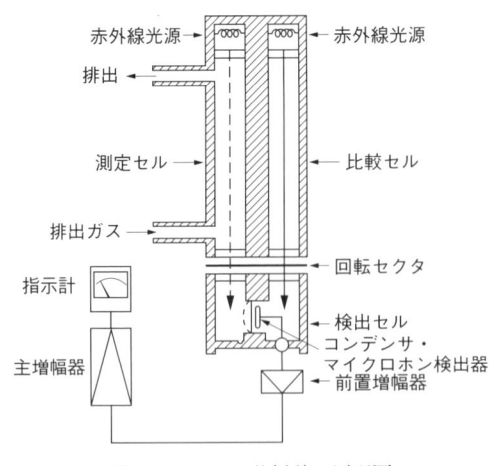

図 9.17 NDIR 分析計の原理図

9・9 ガス分析

● ガスクロマトグラフ　　燃焼ガス等の定量分析には，ガスクロマトグラフが一般的に利用されている．これは，H_2 等の不活性ガスをキャリアとし，試料を充填剤で満たしたカラムを通し，成分ごとに通過に必要な時間が異なることを利用して，各成分の溶出する時間帯で分離し，FID 等の検出器で濃度を高感度測定する．図 9.18 に実際のデータの一例を示した．

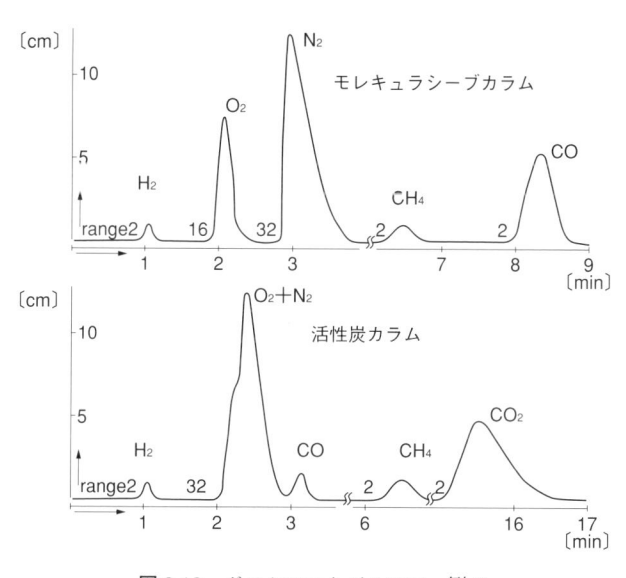

図 9.18　ガスクロマトグラフの一例[19]

(d) 排気ガスの測定

● 測定装置　　測定の場合には，エンジンあるいは車両を運転する必要があるので，エンジン台上の場合にはエンジンダイナモ，車両走行の場合にはシャシダイナモ，そして運転モードのペースメーカとしてドライバーズエイド等を使用する．

● 運転条件　　排出ガス量を測定する運転条件は，世界各国で法律上定められている．主要なものを表 9.4 に示した．また，図 9.19 に表 9.4 中の走行パターンの一例を示す．

表 9.4 排気ガス運転条件

モード名	エンジン(注)	測定装置	サイクル	国名
アイドリング	G, L	―――	ホット	日本
10・15モード	G, L, D	シャシダイナモ	ホット	〃
11モード	G, L	〃	コールド	〃
13モード	G, L, D	エンジンダイナモ	ホット	〃
黒煙3モード	D	エンジンダイナモ	ホット	〃
LA4CH	G, L, D	シャシダイナモ	コールドホット	米国

(注) G：ガソリンエンジン，L：LPGエンジン，D：ディーゼルエンジン

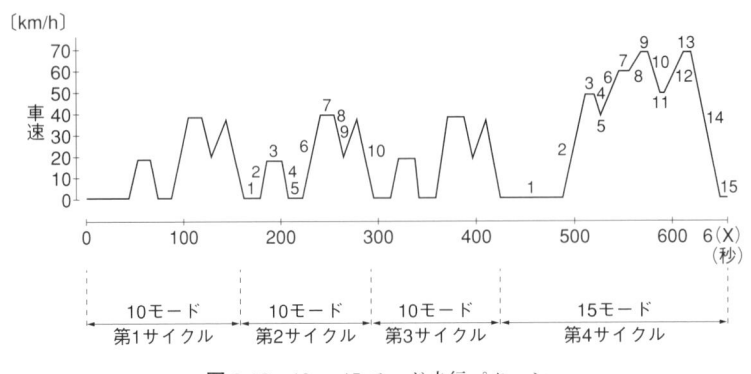

図 9.19 10・15モード走行パターン

9・10 画像解析

　画像解析とは，粒子群の光学的現象や気体の屈折現象等による光量の変化を高速カメラ等により撮影・記録し，画像濃度の持つ物理的意味を解析して，粒子群や気体の持つ情報を得ようとするものである（図9.20）．
　現在行われているエンジン関係の画像解析には，主に次のようなものがある．
①ガソリンエンジン関係
　火炎面の発達状況（乱流スケール等），燃焼室内空気流（スワール，スキッシ

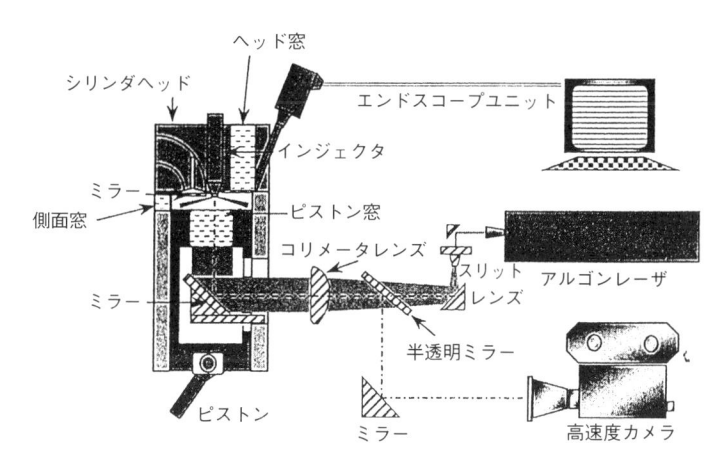

図 9.20 可視化システムの概略[20]

ュ,タンブル,積層混合気等),シリンダ内空燃比分布等
②ディーゼルエンジン噴霧
　粒径,噴霧角,噴霧到達距離,燃料粒子濃度等
③ディーゼルエンジン火炎
　火炎温度,すす濃度等

9・11 レーザ計測

レーザ(LASER:Light Amplification by Simulated Emission of Radiation)は従来の光線に比べ,下記の点で優れている.

- ・単色性　　　:安定な単一周波数を有する
- ・偏光性　　　:偏光面がよく揃う
- ・指向性　　　:光束の広がりがほとんどない
- ・高出力　　　:エネルギーが一般に大きい
- ・可干渉性　　:空間的,時間的に優れた干渉性
- ・空間的集束性:微小スポットの高エネルギー密度保有

・時間的集束性：ナノ秒単位の超短光パルスを有する

　一方，エンジン燃焼は流れや乱れを含んでおり，迅速な化学反応を伴う複雑な非定常現象である．このような燃焼現象を解析するためには，特定タイミングにおける局所情報を，現象を乱すことなく求める必要がある．したがって，エンジン関係計測系は十分な応答性を有し，空間分解能に優れ，非接触測定可能なものでなければならない．そのような意味で，レーザ計測の利用価値は高い．

　表9.5に，燃焼解析のレーザ計測例を示す．

　シリンダ内の主なガス流動レーザ計測対象としては，スワール，スキッシュ，タンブル，トーチ噴流，吸排気管内ガス流動等である．

表9.5　燃焼解析のためのレーザ計測[21]

種　類	原理と名称		計測の対象
ガス流動	ミィ散乱	周波数偏移（LDV）	特定時刻における局所の流速と乱れ
		時間差（L2F）	
噴霧・粒子	光強度	粒子カウント法	単独粒子の粒径と数密度
		噴霧光量法	粒子群の粒径または濃度
成分濃度・温度	分光分析	共鳴吸収法	光路上の濃度または温度
		ラマン散乱法	特定時刻における局所の成分濃度または温度
		CARS法	
ホログラフィ		フランホーファ法	粒子の粒径や数の三次元分布
		ホログラフ干渉法	密度または温度の分布

参考文献

1) 河野通方ほか：最新内燃機関，朝倉書店，1995
2) 落合一臣：ディーゼルエンジン　機関性能，新編自動車工学便覧（第4編），自動車技術会，1983
3) 田坂英紀：基本と性能　ガス交換，新編自動車工学便覧（第4編），自動車技術会，1983
4) 藤井功：基本と性能　ガス交換，新編自動車工学便覧（第4編），自動車技術会，1983
5) 神蔵信雄：高速ガソリンエンジン，丸善，1960
6) 式田昌弘ほか：自動車の強度，山海堂，1989
7) 佐藤勝次郎：エンジン機構の力学　動弁機構，新編自動車工学便覧（第4編），自動車技術会，1983
8) 三原省三：ディーゼルエンジン　構造，新編自動車工学便覧（第4編），自動車技術会，1983
9) 伊藤栄次ほか：ディーゼルエンジン　コモンレールシステム，自動車技術，Vol.59, No.2, 2005
10) 星満：自動車の熱管理入門，山海堂，1979
11) 秦好孝：ガソリンエンジン　最適制御法，新編自動車工学便覧（第4編），自動車技術会，1983
12) 保坂弘毅：ガソリンエンジンの燃料　揮発性，新編自動車工学便覧（第12編），自動車技術会，1983
13) 伊勢一：ディーゼル燃料油，新編自動車工学便覧（第12編），自動車技術会，1983
14) 堀場製作所自動車計測システム統括部：エンジンエミッション計測ハンドブック，山海堂，2006
15) 浜本嘉輔：計測法　流量，新編自動車工学便覧（第4編），自動車技術会，1983
16) 五味努ほか：計測法　ガス圧力，新編自動車工学便覧（第4編），自動車技術会，1983
17) 中嶋一博：エンジンダイナモ無響室，自動車技術，Vol.59, No.7, 2005
18) 新井進ほか：エンジンの振動・騒音解析技術について，自動車技術，Vol.40, No.12, 1986
19) 柳原茂ほか：ガスクロマトグラフィによる燃焼ガスの分析，自動車技術，Vol.18, No.3, 1964
20) 張瓏：可視化エンジンを用いた筒内撮影計測技術，自動車技術，Vol.55, No.3, 2001
21) 浅沼強：計測法　レーザー計測一般，新編自動車工学便覧（第4編），自動車技術会，1983
22) 大須賀和美：自動車整備士試験問題解説，精文館書店，1996
23) 長尾不二夫：内燃機関講義（上・下巻），養賢堂，1967
24) 日本自動車工業会：東京モーターショーガイド，日刊自動車新聞社，2005～06
25) 桧垣和夫：エンジンのABC，講談社，1996
26) 柳原茂：自動車公害とその対策技術，ナツメ社，1971

付　表

付表1　国際単位系（SI）

構成

SIは次のような構成になっている．

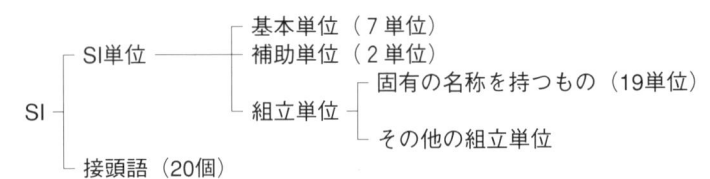

```
        ┌ SI単位 ──┬ 基本単位（7単位）
        │         ├ 補助単位（2単位）
SI ─────┤         └ 組立単位 ┬ 固有の名称を持つもの（19単位）
        │                    └ その他の組立単位
        └ 接頭語（20個）
```

基本単位

量	名　称	記　号
長　　さ	メートル	m
質　　量	キログラム	kg
時　　間	秒	s
電　　流	アンペア	A
熱力学温度	ケルビン	K
物　質　量	モル	mol
光　　度	カンデラ	cd

付　表

補助単位

量	名　称	記　号
平　面　角	ラジアン	rad
立　体　角	ステラジアン	sr

固有の名称を持つ組立単位

量	名　称	記号	定　義
周波数	ヘルツ	Hz	s^{-1}
力	ニュートン	N	$kg\cdot m\cdot s^{-2}$
圧力，応力	パスカル	Pa	N/m^2
エネルギー，仕事，熱量	ジュール	J	$N\cdot m$
仕事率（工率），放射束	ワット	W	J/s
電気量，電荷	クーロン	C	$A\cdot s$
電圧，電位	ボルト	V	W/A
静電容量	ファラド	F	C/V
電気抵抗	オーム	Ω	V/A
コンダクタンス	ジーメンス	S	A/V
磁束	ウエーバ	Wb	$V\cdot s$
磁束密度	テスラ	T	Wb/m^2
インダクタンス	ヘンリー	H	Wb/A
セルシウス温度	セルシウス度	℃	$t\text{℃}=(t+273)K$
光束	ルーメン	lm	$cd\cdot sr$
照度	ルクス	lx	lm/m^2
放射能	ベクレル	Bq	s^{-1}
吸収線量	グレイ	Gy	J/kg
線量当量	シーベルト	Sv	J/kg

接頭語

SI単位に対して,整数乗倍を表すもので接頭語を構成する.一般には,数の値が0.1〜1000の間に入るように適正な接頭語を選ぶことによって,実用的な大きさの単位を作ることができる.

接頭語の名称（略号）	単位に乗ぜられる倍数	接頭語の名称（略号）	単位に乗ぜられる倍数
ヨ タ(Y)	10^{24}	デ シ(d)	10^{-1}
ゼ タ(Z)	10^{21}	センチ(c)	10^{-2}
エ ク サ(E)	10^{18}	ミ リ(m)	10^{-3}
ペ タ(P)	10^{15}	マイクロ(μ)	10^{-6}
テ ラ(T)	10^{12}	ナ ノ(n)	10^{-9}
ギ ガ(G)	10^{9}	ピ コ(p)	10^{-12}
メ ガ(M)	10^{6}	フェムト(f)	10^{-15}
キ ロ(k)	10^{3}	ア ト(a)	10^{-18}
ヘ ク ト(h)	10^{2}	ゼ プ ト(z)	10^{-21}
デ カ(da)	10	ヨ ク ト(y)	10^{-24}

付表2　ギリシャ文字

ギリシャ文字		読み方		ギリシャ文字		読み方	
A	α	Alpha	arufa	N	ν	Nu	nyû
B	β	Beta	bêta	Ξ	ξ	Xi	kusai
Γ	γ	Gamma	ganma	O	o	Omicron	omikuron
Δ	δ	Delta	deruta	Π	π	Pai	pai
E	ε	Epsilon	ipusiron	P	ρ	Rho	rô
Z	ζ	Zeta	zêta	Σ	σ	Sigma	siguma
H	η	Eta	iita	T	τ	Tau	tau
Θ	θ	Theta	siita	Υ	υ	Upsilon	upusiron
I	ι	Iota	yôta	Φ	$\phi\,\varphi$	Phi	fai
K	κ	Kappa	kappa	X	χ	Chi	kai
Λ	λ	Lambda	ramuda	Ψ	ψ	Psi	pusai
M	μ	Mu	myû	Ω	ω	Omega	omega

索　引

■英数字
1次慣性力 …………………… 88
2サイクルエンジン ……… 6,103
2次慣性力 …………………… 88
4サイクルエンジン ……… 6,103
API …………………………… 233
ASTM 蒸留法 ……………… 218
CDI 方式 …………………… 178
CO …………………………… 191
CO₂ …………………………… 191
DOHC ……………………… 7,129
DPF ………………………… 199
HC …………………………… 191
HCCI ………………………… 249
LPG ……………………… 47,228
LPG 燃料装置 ……………… 148
MBT ………………………… 180
NDIR 分析計 ……………… 268
NOx ………………………… 191
OHC ……………………… 7,129
OHV ……………………… 7,129
PM ……………………… 66,191
Pv 線図 ……………………… 19
S/V 比 ……………………… 56
SAE ………………………… 232
SOx ………………………… 191
SV …………………………… 129
V 型 ……………………… 7,104

■あ行
アイシング ………………… 148
アクチュエータ …………… 216
浅皿形 ………………………… 68
圧縮行程 ……………………… 2
圧縮点火機関 ………………… 5
圧縮比 …………………… 34,187
圧電式指圧計 ……………… 255
圧油潤滑方式 ……………… 171
圧力 …………………………… 13
圧力波式 ……………………… 84
圧力平衡式 ………………… 256
アトキンソンサイクル …… 31
後だれ ……………………… 156
後燃え ………………………… 50
後燃え期間 …………………… 63
アフタバーニング …………… 47
アルコールエンジン ……… 245
アンダカット型 …………… 115

異常燃焼 ……………………… 47
インジェクタ ……………… 151
インジケータ線図 ………… 19
インタクーラ ………… 84,145
インテークヒータ方式 …… 182
インナカット型 …………… 115
インナベベル型 …………… 115

ウエッジ形 …………………… 55
ウエットサンプ式 ………… 171
ウォータポンプ …………… 164

エアクリーナ ……………… 139
永久機関 ……………………… 18
エネルギー …………………… 15
エネルギー基礎式 …………… 21
エンジン ……………………… 1
エンジンオイル …………… 229
エンジン回転速度 ……… 60,71
エンタルピー ………………… 18
エントロピー ………………… 18

オイルクーラ ……………… 175
オイルフィルタ …………… 175
オイルポンプ ……………… 175
オイルリング ……………… 116
横断掃気方式 ………………… 79
往復ピストンエンジン …… 85
オートサーミックピストン
　…………………………… 112
オーバラップ ………………… 83
オクタン価 ………………… 221
オゾン層 …………………… 190
オットーサイクル ……… 6,26
オフセットピストン ……… 112
音源別寄与率 ……………… 207
温度 …………………………… 13

■か行
改質ガソリン ……………… 218
外燃機関 ……………………… 3
外部掃気型 …………………… 78
火炎温度 …………………… 257
火炎核形成期間 …………… 49
火炎伝播期間 ………………… 63
火炎伝播速度 ………………… 46
化学的変化 ………………… 13
過給 …………………………… 83
過給器 ……………………… 144
過給気式 ……………………… 7
拡散燃焼 ……………………… 42
下死点 ………………………… 33
ガス温度 …………………… 257
ガスクロマトグラフ ……… 269
ガス交換 ……………………… 72
ガスサイクル機関 …………… 3
ガスタービンエンジン …… 246
ガス定数 ……………………… 21
ガス分析 …………………… 265
ガス流動 ……………………… 52
画像解析 …………………… 270
ガソリン ……………………… 46
ガソリンエンジン …………… 5
可燃限界 ……………………… 46
可燃範囲 ……………………… 46
可変バルブタイミングシステ
　ム ………………………… 81
カムシャフト ……………… 136
渦流室式 ………………… 67,69
カルノーサイクル …………… 25
間欠燃焼 ……………………… 43
慣性効果 ……………………… 74
慣性特性数 …………………… 75
間接噴射 ………………… 6,151

キーストン型 ……………… 115

索 引

機械損失 …………………… 40
気化器 ……………………… 147
気化器式 …………………… 6
危険回転速度 ……………… 96
気筒配列 …………………… 103
気筒配列方式 ……………… 7
希薄混合気燃焼 …………… 43
吸気圧力 ………………… 59,71
吸気温度 ………………… 59,71
吸気管効果 ………………… 76
吸気干渉 …………………… 74
吸気慣性効果 ……………… 75
給気効率 …………………… 41
吸気マニホールド ………… 140
吸入行程 …………………… 2
吸入方式 …………………… 7
強制点火 …………………… 44
均一燃焼 …………………… 43
均質燃焼 …………………… 43

空気過剰率 ………… 44,61,70
空気サイクル ……………… 24
空気動力計 ………………… 252
空燃比 …………… 44,58,187
空冷式 …………………… 7,163
クラークサイクル ………… 27
クラッシュハイト ………… 121
クランクケース …………… 105
クランク室圧縮型 ………… 77
クランクシャフト ………… 122
クランクシャフトベアリング
 ……………………………… 124
グルーブド型 ……………… 115
グロープラグ方式 ………… 182
グロス軸出力 ……………… 185

経済空燃比 ………………… 48
軽油 …………………… 46,225
ゲージ圧力 ………………… 13

高圧噴射 …………………… 7
後期燃焼期間 ……………… 63
行程 ………………………… 33
行程数 ……………………… 34
行程容積 …………………… 33
高発熱量 ………………… 44,218
黒鉛濃度測定法 …………… 268

コネクティングロッド … 118
コネクティングロッドベアリ
ング ……………………… 119
コモンレール式燃料噴射シス
テム ……………………… 157
混合気形成 ………………… 62
混合潤滑法 ……………… 171
コンスタントボリウムサンプ
ラ ………………………… 266
コンパクト燃焼室 ………… 56

■ さ行

サーモスタット ………… 164
サイクル …………………… 24
最小点火エネルギー ……… 44
最大出力 …………………… 186
最大トルク ………………… 186
最適制御法 ………………… 61
最適点火時期 …………… 180
サイドバルブ …………… 7,54
サイドポート方式 ……… 101
サバテサイクル ………… 6,28
皿形 ………………………… 69
産業廃棄物公害 ………… 190
三元触媒最適空燃比 ……… 48
酸性雨 …………………… 190

指圧線図 …………………… 19
軸出力 …………………… 186
軸トルク ………………… 186
自己清浄温度 …………… 180
自己着火 …………………… 44
仕事率 ……………………… 15
仕事量 ……………………… 15
自然吸気式 ………………… 7
湿度 ………………………… 59
絞り流量計 ……………… 253
シャルルの法則 …………… 20
修正ボーダライン法 …… 222
修正ユニオンタウン法 … 222
充填効率 …………………… 40
周波数分析器 …………… 260
重量式流量計 …………… 254
ジュール …………………… 15
主室 ………………………… 67
出力 …………………… 34,35,183
出力空燃比 ………………… 48

主燃焼期間 ………………… 49
潤滑油 …………………… 229
消炎 ………………………… 46
蒸気サイクル機関 ………… 3
上死点 ……………………… 33
蒸発形 ……………………… 69
正味仕事 …………………… 36
正味熱効率 ………………… 38
正味平均有効圧力 …… 36,37
蒸留法 …………………… 218
シリンダ数可変エンジン 98
シリンダ内径 ……………… 33
シリンダブロック ……… 105
シリンダヘッド ………… 107
シリンダ容積 ……………… 33

水素エンジン …………… 245
水平対向型 …………… 7,104
水冷式 …………………… 7,163
スイングアーム ………… 136
スーパチャージャ … 7,83,144
スカッフ ………………… 170
スカッフ現象 …………… 116
スキッシュ ………………… 54
すき間容積 ………………… 33
図示仕事 ………………… 36,38
図示熱効率 ………………… 38
図示平均有効圧力 …… 36,37
スターリングサイクル … 31
スターリングサイクルエンジ
ン ………………………… 248
スチールガスケット …… 108
スティック現象 ………… 116
ストローク ………………… 33
スプリットスカートピストン
 ……………………………… 111
スラストベアリング …… 125
スリッパスカートピストン
 ……………………………… 111
スロットルノズル ………… 71
スロットルバルブ開度 … 74
スワール ……………… 52,66
スワール比 ………………… 69

制御燃焼期間 ……………… 63
成層燃焼 …………………… 43
性能曲線図 ……………… 186

索引

セタン価 ………………… 226
絶対圧力 ………………… 13
セミフローティング方式 117
センサ …………………… 215
全負荷性能 ……………… 184

騒音 ……………………… 203
騒音規制法 ……………… 211
騒音計 …………………… 259
掃気効率 ………………… 41
早期着火 ………………… 47
走行オクタン価 ………… 222
総行程容積 ……………… 33
層状吸気噴射 …………… 7
層状吸気法 ……………… 57
層状燃焼 ………………… 57
総排気量 ………………… 33
層流形流量計 …………… 253
層流燃焼 ………………… 43
速度形 …………………… 4
ソリッドスカートピストン
 …………………………… 111

■ た行
ターボチャージャ … 7,84,144
大気汚染 ………………… 190
体積効率 ……………… 40,72
代替燃料 ………………… 237
タイミングギヤ式 ……… 136
タイミングチェーン式 … 136
タイミングベルト式 …… 136
ダイレクトイグニッション方式 …………………… 178
多球形 …………………… 55
タペット ………………… 137
多弁形 …………………… 55
単純噴射 ………………… 7
断熱変化 ………………… 22
タンブル ………………… 54

地球温暖化 ……………… 190
着火 ……………………… 44
着火遅れ ……………… 44,62
着火遅れ期間 …………… 63
中間冷却器 ……………… 84
直接駆動式 ……………… 7
直接燃焼期間 …………… 63

直接噴射 ……………… 6,151
直接噴射式 ……………… 67
直留ガソリン …………… 218
直列型 ………………… 7,104

定圧サイクル …………… 6
定圧燃焼期間 …………… 63
定圧比熱 ………………… 14
低圧噴射 ………………… 7
ディーゼルエンジン …… 5
ディーゼルサイクル … 6,28
ディーゼルノック ……… 64
低温腐食摩耗 …………… 170
抵抗温度計 ……………… 258
低発熱量 …………… 44,218
定容サイクル …………… 6
定容燃焼期間 …………… 63
定容比熱 ………………… 15
ディレクテッドポート … 66
テーパフェース型 ……… 114
テレメータ ……………… 258
添加剤 …………………… 233
点火時期 …………… 58,187
点火方式 ……………… 5,176
電気エンジン …………… 8,241
電気動力計 ……………… 252
電磁誘導法 ……………… 258
伝達動力計 ……………… 252
天然ガスエンジン ……… 244
天然ガスガソリン ……… 218
電流遮断式 ……………… 177

等圧変化 ………………… 22
等温変化 ………………… 21
動作流体 ……………… 1,13
動粘度 …………………… 231
動弁方式 ………………… 128
等容変化 ………………… 22
当量比 …………………… 44
トータルバッグサンプリング
 …………………………… 266
ドライサンプ式 ………… 171
トルク ……………… 34,90,183

■ な行
内燃機関 ………………… 3
内部エネルギー ………… 17

熱価 ……………………… 180
熱勘定 …………………… 39
熱機関 …………………… 1
熱効率 ………………… 18,38
熱線流速計 ……………… 255
熱線流量計 ……………… 254
熱電温度計 ……………… 258
ネット軸出力 …………… 185
熱力学の基礎式 ………… 17
熱力学の第一法則 ……… 17
熱力学の第二法則 ……… 18
熱量 ……………………… 14
燃空比 …………………… 44
燃焼 ……………………… 42
燃焼行程 ………………… 2
燃焼室形状 …………… 54,66
燃焼室容積 ……………… 33
燃焼準備期間 …………… 63
燃焼速度 ………………… 46
燃焼範囲 ………………… 48
粘度 ……………………… 230
粘度指数 ………………… 231
燃料 ……………………… 217
燃料供給方式 …………… 6
燃料消費率 ………… 34,183,186
燃料電池エンジン …… 9,242
燃料噴射式 ……………… 6
燃料噴射装置 …………… 150

ノッキング …………… 47,51

■ は行
パーコレーション … 148,223
排気圧力 ………………… 59
排気管効果 ……………… 76
排気行程 ………………… 2
排気損失 ………………… 39
排気マニホールド ……… 142
排気量 …………………… 33
排出ガス規制法 ………… 202
ハイブリッドエンジン
 …………………………… 9,240
バスタブ形 ……………… 54
バックファイア ………… 47
発熱量 …………………… 44
バランスシャフト … 92,126

索　引

バルブ ……………………… 132
バルブガイド ……………… 133
バルブクリアランス ……… 138
バルブシート ……………… 133
バルブスプリング ………… 134
バルブタイミング ………… 74
バルブリフタ ……………… 137
バレルフェース型 ………… 114
半球形 ……………………… 55

ヒートエンジン …………… 1
ヒートダム ………………… 112
ヒートバランス …………… 39
比エントロピー …………… 19
光高温計 …………………… 258
ピストン …………………… 109
ピストンスラップ ………… 95
ピストンバルブ …………… 78
ピストンピン ……………… 117
ピストンリング …………… 113
ひずみ計式 ………………… 256
比熱 ………………………… 14
比熱比 ……………………… 15
火花点火機関 ……………… 5
火花放電流速計 …………… 255
飛沫潤滑方式 ……………… 171
ビュレット法 ……………… 253
比容積 ……………………… 13

ブースト法 ………………… 184
深皿形 ……………………… 68
不均一燃焼 ………………… 43
複合ガスケット …………… 108
複合サイクル ……………… 6
副室式 ……………………… 67
輻射損失 …………………… 40
プッシュロッド式 ………… 7
物理的変化 ………………… 13
不凍液 ……………………… 235
部分負荷性能 ……………… 184
フライホイール ……… 93,126
フラッタ現象 ……………… 116
フルフローティング方式 … 117
プレイグニッション ……… 47
プレイグニッション温度 … 180
ブレイトンサイクル ……… 30
プレミアム級 ……………… 222

分解ガソリン ……………… 218
分解法 ……………………… 218
噴射圧力 …………………… 71
噴射時期 …………………… 70
噴射量 ……………………… 71
粉じん公害 ………………… 190
噴霧特性 …………………… 71

平均ピストン速度 ………… 34
平均有効圧力 ………… 34,36
ベーパライザ ……………… 150
ベーパロック ………… 148,223
ヘッドガスケット ………… 107
ヘリカルポート …………… 66
ペリフェラルポート方式
　…………………………… 101
ベンチュリ形質量流量計
　…………………………… 253
ペントルーフ形 …………… 56
弁配置 ……………………… 7

ボア ………………………… 33
ボアポリッシュ …………… 170
ボイルシャルルの法則 …… 20
ボイルの法則 ……………… 20
放射温度計 ………………… 258
ポストイグニッション …… 47
ポリトロープ変化 ………… 23
ポンプ損失 ………………… 40

■ ま行

マグネット式 ……………… 177
摩擦動力計 ………………… 251
マフラ ……………………… 143

水動力計 …………………… 252
脈動効果 ………………… 74,75
脈動次数 …………………… 75
ミラーサイクル …………… 32

メインベアリング ………… 124

モータ法 …………………… 222
モデリング ………………… 60

■ や行

油性 ………………………… 231

ユニフロー掃気方式 ……… 80
容積形 ……………………… 4
容積効率 …………………… 40
容量放電式 ………………… 177
予混合圧縮自己着火エンジン
　…………………………… 249
予混合燃焼 ………………… 42
予燃焼室式 ……………… 67,69

■ ら行

ラジエータ ………………… 163
ランオン …………………… 47
乱流燃焼 …………………… 42

リードバルブ ……………… 78
リエントフント形 ………… 68
リサーチ法 ………………… 222
流動形 ……………………… 4
流動点 ……………………… 231
理論空気量 ………………… 43
理論空燃比 ……………… 44,48
理論サイクル ……………… 25
理論仕事 …………………… 36
理論熱効率 ………………… 38
理論平均有効圧力 …… 36,37
リングキャリア …………… 112

ルーツ式流量計 …………… 253
ループ掃気方式 …………… 79

冷却損失 …………………… 39
冷却ファン ………………… 166
冷却方式 …………………… 7
レーザ計測 ………………… 271
レギュラ級 ………………… 222
連続燃焼 …………………… 43

ロータ ……………………… 98
ロータハウジング ………… 98
ロータリエンジン ………… 98
ロータリバルブ …………… 79
ロードロード法 …………… 185
ロッカアーム ……………… 136
ロッカアーム式 …………… 7
ロングライフクーラント
　…………………………… 167

【著者紹介】

長山　勲（ながやま・いさお）

略　歴	東京都生まれ（1934） 東京都立大学（現 首都大学東京）工学部機械工学科卒業（1959）
職　歴	プリンス自動車工業(株)入社．ロケットエンジン，自動車用エンジンの研究，設計，実験，試作開発に携わる． プリンス自動車工業(株)と日産自動車(株)が合併（1966）．その後も日産自動車(株)にて，一貫して新型エンジンの開発に従事． 東京工科専門学校にて，自動車エンジン関係の教鞭をとる（1988）． 社団法人自動車技術会シニアエキスパート（2006）．
著　書	「自動車エンジン基本ハンドブック」山海堂，2006

初めて学ぶ
基礎 エンジン工学

2008年11月30日　第1版1刷発行　　ISBN 978-4-501-41770-3 C3053
2017年 4月20日　第1版4刷発行

著　者　長山　勲
　　　　Ⓒ Nagayama Isao 2008

発行所　学校法人　東京電機大学　　〒120-8551　東京都足立区千住旭町5番
　　　　東京電機大学出版局　　　　〒101-0047　東京都千代田区内神田1-14-8
　　　　　　　　　　　　　　　　　Tel. 03-5280-3433（営業）03-5280-3422（編集）
　　　　　　　　　　　　　　　　　Fax. 03-5280-3563　振替口座 00160-5-71715
　　　　　　　　　　　　　　　　　http://www.tdupress.jp/

JCOPY ＜(社)出版者著作権管理機構　委託出版物＞

本書の全部または一部を無断で複写複製（コピーおよび電子化を含む）することは，著作権法上での例外を除いて禁じられています．本書からの複製を希望される場合は，そのつど事前に，(社)出版者著作権管理機構の許諾を得てください．また，本書を代行業者等の第三者に依頼してスキャンやデジタル化をすることはたとえ個人や家庭内での利用であっても，いっさい認められておりません．
［連絡先］Tel. 03-3513-6969, Fax. 03-3513-6979, E-mail：info@jcopy.or.jp

印刷：新日本印刷(株)　　製本：渡辺製本(株)　　装丁：高橋壯一
落丁・乱丁本はお取り替えいたします．　　　　　　Printed in Japan